君子蘭季劍葉長群芳

一哭王者香四時不讓松

从色搜綠點紅上廳堂

紫雲興中詩　公元二千零二年初夏　江仁捷書於鵬城

主 编
Chief Compiler
江 泽 慧
Jiang Zehui

　　江泽慧教授现任
全国政协人口、资源、
环境专门委员会副主
任,国家林业局党组成
员,中国林业科学研究
院院长,中国花卉协会
会长,国际竹藤组织董
事会联合主席等职

中國名花
百歲沙鸥門題

THE SERIES OF
CHINA FAMOUS-FLOWER

江泽慧　主编

中国名花专著系列

中国名花专著系列，
由著名花卉专家将其多年的
辛勤劳动成果——花卉培育经验、
花卉培育理论、花卉名品，
每品种以图文并茂的形式撰著成书，
自成体系，形成系列，
由中国林业出版社出版发行。
花卉产业在中国方兴未艾，
中国名花专著系列的出版
对中国花卉产业必将起到推动作用。

Chief Compiler Jiang Zehui
THE SERIES OF CHINA FAMOUS-FLOWER

The series of

China famous-flower

is authored by famous flower experts

who have rich experiences

and theories of flower culture.

Famous flowers and breeds with picture

and writing including in the books

form a series and are published

by China Forestry Publishing House.

This series will

do good to flower industry

which has a prosperous future in China.

長春君子兰甲天下

壬申早春　柴泽民

柴泽民，中国君子兰协会会长，中国驻美首任大使

咏君子兰二首

其一	其二
中国兰君子，长春尊市花。	君子兰花剑叶长
常绿叶舞剑，高雅香紫霞。	群芳一笑王者香
铭品传千里，真情系万家。	四时不让松竹色
蜚声海内外，奕世露芳华。	披绿点红上厅堂

2002年訾兴中作于安徽农业大学

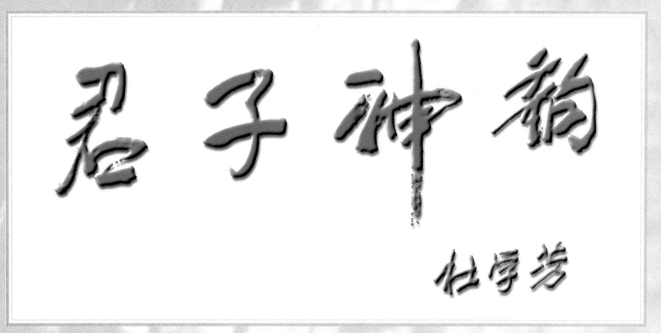

君子神韵　杜学芳

杜学芳，中共长春市市委书记

咏君子兰

悦目清心称雅品
难能绮翠护朱砂
群芳当受人恭敬
君子冠名唯此花

2002年林岫作于北京中国新闻学院

谦谦君子 花中之魁

李述

李述，长春市人大常务委员会主任

中国君子兰

柴浮民

中国君子兰协会　编著

中国林业出版社

图书在版编目（CIP）数据

中国君子兰／江泽慧主编.
中国君子兰协会编著.
－北京：中国林业出版社，2002.11
（中国名花专著系列）
ISBN 7-5038-3276-2

Ⅰ. 中…
Ⅱ. ①江… ②中…
Ⅲ. ①君子兰－观赏园艺－简介－中国
Ⅳ. S682.1

中国版本图书馆 CIP 数据核字（2002）第 088342 号

出版： 中国林业出版社
（北京西城区刘海胡同 7 号　100009）
010-66177226
http://www.cfph.com.cn
印刷： 深圳美光彩色印刷股份有限公司
发行： 新华书店北京发行所
版次： 2003 年 2 月第 1 版
印次： 2003 年 2 月第 1 次印刷
开本： 889mm × 1194mm 1/16
印张： 22
字数： 518 千字
印数： 1～3000 册
定价： 398.00 元

序言 FOREWORD

君子兰以它极高的观赏价值、经济价值、药用价值，为我国广大人民所钟爱。中国君子兰经过几代人的辛勤培育，不仅闻名全国，而且蜚声海外。

我国已加入世界贸易组织，花卉业也同其它产业一样，正面临着激烈的竞争和更大的发展机遇。值此，中国林业出版社出版了《中国君子兰》大型科技专著，是君子兰花卉业中的一件喜事，也是我国经济生活中的一件好事，可喜可贺！

《中国君子兰》是由专家、教授、养兰名家共同完成的第一部科技专著。在内容上立足国内半个多世纪的生产经验和科研成果，全面系统地介绍了君子兰起源与发展、形态特征与生理功能、栽培管理、品种繁育、国内外的科学研究概况、产业化进展、鉴赏标准等篇章。

《中国君子兰》内容丰富新颖、文字通畅易懂，图文并茂，更难能可贵的是编著者们立足国内丰富的实践，又借鉴了国外先进的成果，做到了实践性、先进性、科学性、观赏性的统一，不愧为国内一部精品的科技专著。专著开阔了我们的眼界，使我们全面认识了我国君子兰资源概况，必将为君子兰的合理开发利用作出新贡献，也必将促进中国君子兰产业化、商品化、国际化的进程。希望编著者及广大养兰名家继续努力，培养出更好、更多的精品，使中国君子兰早日"开遍全国，走向世界"！

柴泽民 美国密执根州立大学、美国康乃尔大学名誉法学博士。曾任中国人民对外友好协会会长，中国驻美首任大使。现为中国国际公共关系协会会长，中国君子兰协会会长等。

柴泽民

2002 年 10 月 25 日

前言 PREFACE

　　在全国各地关心、支持及从事君子兰研究、培育的科技工作者和爱好者热情支持下,《中国君子兰》一书终于出版了,这是一件值得庆贺的大事!

　　我国正面临农业结构的调整,发展花卉产业不失为一种明智的战略抉择;长春,作为我国君子兰的发祥地、最大集散地和品种培育中心,把扶持君子兰产业的发展作为农业产业结构调整的重要举措,全面推动君子兰花卉业向科学化、规模化、产业化方向发展,并取得了令人瞩目的经济效益。同时,君子兰是美好人生的象征,是高雅诚信的标志。在以德治国,大兴君子之风,促进社会主义精神文明建设过程中,君子兰花卉将日益显示其社会效益。

　　该书出版的重要意义,在于它第一次全面、系统、科学地,以图文并茂的形式,向国内外介绍了中国君子兰的由来和发展;总结了半个多世纪以来有关君子兰理论创新和实践经验;展示了在遗传与变异的遗传理论指导下,培育君子兰精品、珍品的可喜成绩;揭示了君子兰生长发育与环境因子的关系,特设了名家论坛篇章,以体现百家争鸣的方针;开辟了君子兰文化专栏,收入名人、名家的诗词、书法、绘画、邮票、摄影等艺术珍品,弘扬了君子兰文化,开创了科学技术与人文艺术相得益彰的先河。

　　该书作者是老中青几代学者的集合,有资深教授、高级工程师,有在学术界显露头角的中年学术骨干,还有热心于君子兰事业的众多民间培育者。这说明该书是中国名花君子兰的历史成果的积累,是我国君子兰花卉界科技工作者和广大民间培育者多年辛勤努力的成果。

　　我们相信,《中国君子兰》一书的问世,必将推动全国君子兰花卉产业的可持续发展,并将日益显示它的意义和价值。

祝业精,长春市市长

2003 年 1 月 25 日

目录 CONTENTS

中国君子兰
柴泽民

第一章

中国君子兰的起源及其栽培简史

一、君子兰的原产地

栽培的君子兰以它那宽厚光亮的绿叶，艳丽
的花簇及鲜红或橙黄的果实而深受人们的喜爱，
跻身于名花之列，成为群芳谱中的新秀。

君子兰不同于其他传统名花，它的原种从发
现到现在，只有近 200 年的历史。

1823 年，英国人鲍威（Bovie）等人首先在现
今的南非共和国的好望角一带发现了垂笑君子兰
（*Clivia nobilis*）（图 1-1）。

1828 年前后，在南非的纳塔尔省境内的德拉
肯斯堡山脉发现了君子兰（*Clivia miniata*）（图 1-
2），就是现在我国和世界一些国家广为栽培的原

图 1-1　垂笑君子兰

图 1-2　君子兰

图 1-3　戈登君子兰

图 1-4a 有茎君子兰（全株）

图 1-4b 有茎君子兰(花)

图 1-4c 有茎君子兰(果)

始种。

不久以后，又在南非的纳塔尔省的大菲什河一带发现了戈登君子兰（*Clivia gardenii*）（图1-3）和在德兰士瓦省内发现的有茎君子兰（*Clivia caulescens*）（图1-4a、图1-4b、图1-4c）。

1888年，在南非纳塔尔省森林中发现一个自然变种，黄花君子兰（*Clivia miniata var.citrina*）（图1-5）。

这些野生种均生长于南非温暖湿润气候的林内。年降水量在 1000～1500mm 左右。在富含腐殖质、微酸性的疏松土壤上和湿润庇荫的生态环境中生长繁茂。

南非共和国是君子兰属（*Clivia* Lindl.）及各

图 1-5 黄花君子兰

原始种的原产地和分布中心。

在1992年，南非成立君子兰俱乐部（Clivia Club）。1994年在比勒陀利亚（Pretoria）举行了第一届国际君子兰研讨会。1998年在开普顿Kirstenbosch国际植物园举行了第二届国际君子兰研讨会，并举办了花展（图1-6、图1-7）。

图1-6 南非君子兰花展

二、君子兰(*Clivia*)栽培的起源地

君子兰野生种经过人工选择培育新品种的初始地，称为栽培品种的起源地较为适宜。据此，笔者认为欧洲应为君子兰栽培品种的起源地。

在欧洲各国中，英国是从南非原产地引种栽培、观察、记载野生君子兰的最早国家。1828年前后，分别引进垂笑君子兰（*Clivia nobilis*）和君子兰（*Clivia miniata*）栽植，在详细观察的基础上，给予科学的命名，并建立了君子兰属（*Clivia* Lindl.）对君子兰的植物分类学发展做出了重要贡献。

今天，比利时是欧洲君子兰繁育的主要基地。比利时早在1648年，就有了种植者联合的组织（Brotherhood of St.Dorothy）；1808年创办了盖恩特农业和植物协会（Agricultural and Botanical Society of Ghent）；比利时的盖恩特市（The city of Ghent）及其毗邻地区是观赏植物栽培中心，在那里每年都举办展览会，人们通过交换可以获得喜欢的品种，君子兰就是通过这种方式进入比利时的。在"Flore des serres"（1853～1854）中，载有君子兰（*Clivia miniata*）的描述。当时这个种是评价最高、深受喜爱的花卉；1869年在该书又发表了查尔斯·雷斯（Charles Raes）培育的，由垂笑君子兰（*C. nobilis*）和君子兰（*C.miniata*）的杂交种——曲花君子兰（*Clivia cyrtaniflora*）。在1873～1878年，通过展览会引进了一系列君子兰（*C. miniata*）的新品种。同时，着重在花的数量和颜色方面进行育种。由西奥多·里麦尔斯先生育成的君子兰新品种（*Clivia miniata lindeni*），

它有一个很粗壮的花葶，上有排列紧密的，多达39朵美丽颜色的伞形花序。在1879年以前，它的幼苗在市场上供不应求。在第一次世界大战之后，又引进了诸如朱红色的、花紧密的、茁壮的君子兰品种，并注意对艳丽的花色和最宽的叶片的人工选择。

在第二次大战以后，人们对价格便宜的君子兰品种有了很大的需求量，对开花周期长达3～5年的品种不太感兴趣，花卉栽培者认为无利可图。在1950年，比利时的君子兰出口很时兴。在麦里（Melle），由欧内斯特（Ernest）和科斯泰尔（Coster）培育出能提早开花的君子兰新品种，这种君子兰的叶片宽5～7cm，可在两年开花。1990年，比利时成立了君子兰研究团体，它的目的是引导君子兰栽培者共同讨论栽培技术等问题，而建议、计划或推荐品种的搜集则由地方研究站负责。在1998年以后，绝大多数的君子兰莳养者都栽培早开花的品种，这对比利时的君子兰品系Belgian bybrid中的珍品（3年后开花）提出挑战！比利时是欧洲君子兰品种繁育和销售的基地，年产70万株。法国和意大利是比利时销售君子兰的客户。意大利近年来主要由国内扩大生产，满足需求，不足部分由比利时补充。

欧洲在君子兰原种的引种栽培、品种繁育、交流方面都走在世界其他地区的前面，它作为君子兰（*Clivia*）由野生变栽培的起源中心是当之无愧的。

三、君子兰的传播和繁育

从各种信息获悉,君子兰已在欧洲、亚洲、大洋洲、美洲等有关国家栽培观赏。其中,澳大利亚和日本的君子兰繁育工作是令人瞩目的。

澳大利亚是从1860年开始栽培君子兰,至今已有150余年的历史。起初从英国引进的君子兰(*Clivia miniata*)是狭叶的和杏黄色花,栽培在公园和私人花园中。

最初的苗圃主要是繁育这种君子兰,后来引进了许多品系的种子,如比利时杂交种、荷兰杂交种、法国杂交种、加利福尼亚变种、圣·巴巴拉变种、南非杂交种、欧洲杂交种等。在苗圃试种,经过挑选推广多个君子兰改良的新杂交种到市场销售,外地可以通过邮购获得。这样扩大了君子兰栽植范围,促进了君子兰市场的发展。以后出现了宽叶大花的君子兰,花大而艳丽,深橙色的花,增加了公园的美丽景观,很受欢迎。

1980年在庭园杂志上公布了一个新品种叫Aisa Dearing,这是黄花和普通型君子兰(*Clivia miniata*)的杂交种。多年以来,以佩恩·亨利(Pen Henry)的君子兰花园苗圃为基地,搜集克利夫·格罗夫(Cliff Grove)培育的君子兰新品种,进行君子兰(*Clivia* Lindl.)种类的研究。另外,在昆士兰(Queensland)的凯温·沃尔特兹(Kevin Walters)的君子兰繁育工作值得称赞。他在培育和开发君子兰花卉事业中一直工作了30多年,持续地进行着黄花品种君子兰的繁育工作,还能在规定时间内生产一些大花型和黄花君子兰品种。比尔·莫里斯(Bill Morris)的育种工作受到君子兰俱乐部(Clivia Club)的会员们关注。他早期

的育种目标是在耐寒的基础上改良花的颜色。他和艾伦·比尔(Alan Bill)合作开展工作。自1950年开始,从一位花卉工人处获得这种植物,1960年前后又从美国莱斯·汉尼巴(Les Hannibal)那里得到携带黄色基因的种子,生长出6株实生苗后,着手形成黄花育种方案,经过精心选择,获得了一个优良的黄花君子兰品种。他在搜集种质资源过程中还在专心致志地改良这个类型。

另外,菲奇先生(Mr. R. W. Finch)培育了一些很有希望的品种,如淡色花的,特别是花是全白的品种。澳大利亚的悉尼植物园栽植曲花君子兰(*Clivia cyrthanthiflorum*)、垂笑君子兰(*Clivia nobilis*)及君子兰(*Clivia miniata*)的一些品种。在澳大利亚的西部的某些地区还成片栽植戈登君子兰(*Clivia gardenii*)及君子兰(*C. miniata*)。有茎君子兰(*Clivia caulescens*)只是少数爱好者收藏的种类,没在苗圃或花园栽植。澳大利亚的君子兰爱好者对前景充满信心,他们的品种培育目标是多元化的,既有大花、小花、垂笑类型,又要有花色深、浅变化;花瓣要多的,形态要多样的,叶片的色泽也是多变的。澳大利亚的君子兰在繁育、栽培、研究及市场销售诸方面的经验都值得我们借鉴。

日本的君子兰栽培历史也是较长的。据日本小笠原亮所著《君子兰》一书所述:来自日本著名植物分类学家牧野富太郎的《名称由来》的记载,君子兰从欧洲引进日本是在明治年代中期(1890~1910年)。在横滨植木株式会社发行的明治44、45号的种苗目录中记载了君子兰(*Clivia*

图1-7　澳大利亚庭院栽植的君子兰

miniata）和大花君子兰（*Clivia miniata 'grandiflora*）就可以证明。在此之前，引进了垂笑君子兰（*Clivia nobilis*）。日本东京理科大学的大久保三郎根据该种的种加词的拉丁文"高贵"含义，取名君子兰。从此，该名称在日本、中国沿用至今。大正年代的宫泽文吾著的《草花园艺》（1925年）记载了日本名的由来、栽培方法等。接着石井勇义在《实用园艺》（1920年）杂志中写到："*Clivia miniata*本来是舶来植物，但现在几乎与日本的本地花草一样，在日本各地栽植……"当时在园艺爱好者之间是十分普及的植物。到了昭和年代初期，君子兰在东京府下瑞江村的小池农园、神奈川县茅畸的日本园艺会社、爱知县清州町的川崎农园、

滋贺县彦根的久荣育园、京都市的菊水园等进行了大量栽培。昭和30年（1955年）以后，适应插花和盆栽的销售需要，对品种进行分类，有高性种、中性种和矮性种的区别。以后滨松的池川等又从德国引进矮性品种，与今天的宽叶种改良有联系。

盆栽甚受欢迎的中型种、矮性种系统的主要栽培在育种农场。现在有东京东久留米市的秋田农园、静冈县掛川市的森平植物园、爱知县半田市的伊滕园艺场、香川县丸龟市的杉屋农园、广岛县能美町的大津农园等，致力于品种的改良和生产。全日本盆栽君子兰的年产量达10万盆左右，产量还在发展。

图1-8　澳大利亚街道栽植的君子兰

值得一提的是日本千叶县茂源市的中村君子兰育种园(Clivia Breeding Plantation)的中村喜一先生。他以一种奉献精神从事君子兰的育种工作，到世界各地搜集君子兰品种和资料，多次来中国进行君子兰品种交流。他对长春的宽厚亮丽叶色的君子兰给予高度评价，认为是举世无双的。最近他的育种目标是培育出既有鲜艳花色又具宽厚亮丽叶片的新品种。

四、中国君子兰的栽培及分布

我国君子兰栽培历史相对较短，在20世纪30年代初分别由日本和德国传入中国。主要有二种：垂笑君子兰（*Clivia nobilis*）和君子兰（*Clivia miniata*）。垂笑君子兰以华北、西北为多，君子兰以东北为多。特别是长春市培育的一系列精品君子兰，统称长春君子兰。以其叶宽厚圆亮、常年碧绿、花大艳丽、花期长久、端庄挺拔的株型而誉满中华。

长春君子兰于1931年由日本村田园艺家引入我国东北，当时在伪满皇宫内栽培，专供伪满皇帝溥仪等少数人观赏。1945年抗战胜利后，传入民间。主要品种见图1-9、图1-10、图1-11、图1-12等。

20世纪50年代到70年代中期，长春的君子兰爱好者之间用自己培育的君子兰互相交换种苗，交流杂交育种、栽培经验来增进友谊，提高莳养水平，但没有形成规模，更没有推向市场。

1963年5月，长春市城建局把市内各公园的君子兰集中到南岭动植物园，成为长春市第一个君子兰花卉培育基地。20世纪70年代末、80年代初，我国实行改革开放政策，激发了长春君子

图 1-10　技师

图 1-11　和尚花脸

图 1-9　胜利

图 1-12　青岛大叶

兰爱好者养兰热情，育兰、养兰、卖兰高潮迭起，此时的珍品如花脸系列、短叶系列——推出，各种君子兰名品、佳品开始从家庭窗台或小窖中拿出来摆在市场，形成了空前的市场规模。据税务部门统计仅在长春地质宫前广场的君子兰交易市场一天的税收额曾高达24万元。人们从全国各地纷纷来长春购买君子兰。长春开始成为中国君子兰的销售中心、传播中心、品种繁育中心。

在这种形势的鼓舞下，长春市园林工作者积极投身于这一热潮之中。以人民公园（儿童公园前身）为中心进行君子兰莳养、培育和展销活动，并于1981年元旦春节期间举办君子兰花展。由谢成元、张健身撰稿，姜荣健拍摄了我国最早一部介绍长春君子兰的专题科教电影短片，并在中央电视台播出。长春已经形成一个自发的群众性莳养君子兰热潮。一批养兰专业户正在兴起，这个热潮开始向全国扩展，吉林市、四平及哈尔滨、鞍山、沈阳、大连、大庆、天津、北京、济南、青岛、石家庄、太原、西安、兰州、乌鲁木齐等地。1983年3月长春市君子兰协会诞生，选举东北师范大学祝廷成教授为理事长，周兴灏为秘书长、杨殿臣、张广增为副秘书长。长春市首先成立中国第一个地方性君子兰协会。它标志长春君子兰由群众自发性繁殖莳养活动向有组织、有目的全方位进行开发的战略转变，是科学技术推动君子兰产业发展的里程碑。

1984年10月11日，经长春市第八届人大常委会第14次会议审议通过，并颁布了《关于命名君子兰花为长春市市花的决定》。决定认为：君子兰花在长春市花卉资源中较为普遍。把君子兰花定为市花，对促进长春市绿化、美化环境，丰富人民的精神生活，推进两个文明建设有积极意义。会议决定命名君子兰为长春市市花。

1986年7月，由中共中央顾问委员会常委王首道，全国人大常委会副委员长赛福鼎·艾则孜等70人倡议成立中国君子兰协会。倡议如下：君子兰花型团聚、姿态端方、四季常青、碧绿喜人，花、果、叶均具有较高的观赏价值，君子兰首先在我国东北地区，尤其是长春市发展起来的，以后向全国发展，成为新崛起的被人们所喜爱的花卉。为了发挥我国培养君子兰的技术优势，开发、利用君子兰资源，使它健康地向前发展。我们倡议，成立"中国君子兰协会"。以协调君子兰的科研、教学、生产和销售的关系，共同商讨君子兰近期发展计划和远期目标。

1986年8月7日，中国花卉协会批准同意成立中国君子兰协会。

1987年1月17日，中国君子兰协会在北京人民大会堂山东厅召开成立大会。来自全国各地代表100余人参加大会。中国花卉协会常务副会长朱荣及有关方面负责人到会祝贺。大会选举全国人民代表大会常务委员会副委员长赛福鼎·艾则孜为名誉会长，原中华人民共和国首任驻美大使柴泽民为会长。

1990年，一个新的君子兰热潮又在长春兴起，并逐步波及全国各地，从东北到西藏，从西北到东南沿海，到处可见君子兰的身影。

长春。第一个地方君子兰协会在长春诞生，是中国君子兰的发祥地。近些年来发展迅猛，成立了吉林省君子兰协会，对该市君子兰产业的发展做出了贡献。目前，一大批初具规模和实力的君子兰生产基地和集团，已经成为长春君子兰产业化发展的龙头。长春市政府已经把君子兰作为一个产业，采取积极措施扶持发展，使全市君子兰的科技开发、种苗繁育、培训推广、市场信息、联合销售融为一体，形成市场加企业、企业加基地、基地加养花户的生产经营体系，变资源优势为产业优势。长春已经成为我国君子兰花卉的最大集散地。

鞍山。鞍山的君子兰莳养历史较久，规模较大，君子兰协会成立也较早，产业化程度较高，鞍山市政府对莳养君子兰给予多种优惠政策，从而对增加就业机会，提高居民收入，保持社会稳定方面做出了一定的贡献。

沈阳、哈尔滨、大连、大庆、上海、沈阳、铁岭、锦州、抚顺、青岛、济南、天津、廊坊、苏州等地，也都先后建起了君子兰生产基地，并出现具有一定规模的养植专业户。

全国各地君子兰协会及广大会员，经过20多年的艰辛努力，有力地加速了科学研究进程，提升了莳养水平，增强了品种核心竞争力，使得我国君子兰在品种选育和莳养水平方面走在世界的前列，取得了举世瞩目的成就。另外，在开拓市场，促进流通，加速产业化方面也取得长足的进步。我们相信，在我国成为世界贸易组织成员的大好机遇面前，充分发挥品种和人才优势，建立大市场，搞活大流通，加速产业化、商品化、国际化步伐，一定会实现"君子兰开遍全国，走向世界的愿望！"

参考文献

[1]　谢成元. 君子兰. 长春：吉林人民出版社，1982

[2]　长春市君子兰协会. 首届君子兰科研报告会论文汇编. 长春，1983

[3]　荣玉芝. 君子兰. 沈阳：辽宁科学技术出版社，1983

[4]　中国君子兰协会. 首届科技成果研讨会记要，长春，1984

[5]　李锡琪译. 从日本过去的君子兰在中国兴旺繁茂. 日本：朝日新闻，1984.5.8

[6]　吉林人民出版社编. 君子兰莳养经验选. 长春：吉林人民出版社，1993

[7]　刘永义主编. 君子兰莳养新经验.哈尔滨·黑龙江：人民出版社，1985

[8]　村越三千男. 内外植物原色大图鉴（日文），1935

[9]　石井勇义. 园艺大辞典（日文）

[10] 小笠原亮. 君子兰（日文）.NHK，1994

[11] 南非君子兰俱乐部. 君子兰年报（英文），1998

[12] 江泽慧. 我国花卉业面临的形势和对策. 农民日报，2002.4.10

第二章
中国君子兰形态特征及生理功能

一、根

图 2-1 君子兰根和茎

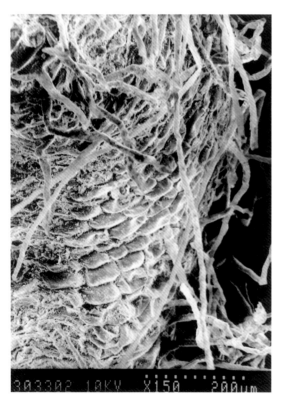

图 2-2 君子兰的根尖扫描电镜放大图
10kv150 200μm

君子兰的根为肉质根，圆柱形，长度可达40～50cm。根不分枝或少分枝。其肉质根一般有30～80条，根的横切面直径为0.5～1.1cm（图2-1）。

君子兰新生根乳白色，老根灰白色，盆栽君子兰的根系，由于受盆容积的限制，多呈弯曲状。君子兰的根系具有固着和支持作用，使地上部的茎、叶得以伸展，稳固地直立于地上。根尖的表面密生根毛，呈白色，肉眼能直接看见。根毛从土壤中吸收水分和溶于水中的无机养料，根毛除具有吸收功能外，还能分泌多种酸类，溶解土壤中不易溶化的养分，从而扩大吸收作用。

君子兰的根毛在根端2.5cm以上的部位开始发生，根毛密而长（图2-2），内有6～10层的复表皮（又称根被）。根被发生较早，在根冠以上就出现了。幼嫩的根被细胞的胞壁没有加厚现象，伴随着根被细胞的成熟，细胞壁逐渐出现网纹加厚，并发生木栓化。外皮层是由具有纤维质壁的薄壁细胞组成。里面间有一些通道细胞，它和一般的外皮层细胞的区别是体积较小，细胞质较浓厚。皮层宽广，约占根横径的7/10左右，多由薄壁组织细胞构成，于死细胞的细胞壁上有木质带加固。内皮层有凯氏带加厚，在横切面上可见细胞径向壁上的凯氏点，而无马蹄形加厚的特征。

君子兰的中柱属辐射中柱，木束外始式，常8～16原型；韧皮部分布于木束之间。

从君子兰肉质根的结构来看，既适于水分和养分的吸收又具有一定的抗逆性，比如，根被不仅起到了机械的保护作用，还能防止水分从皮层

过分丧失。这是君子兰具有一定的抗旱性，并能　耐短期干旱的原因之一。

<h1 align="center">二、茎</h1>

君子兰的茎（图2-1）属于短缩茎，长达5～10cm，其上密生着互生的单叶，在叶腋里抽生花葶和腋芽。脱落叶片后的茎一般埋在土壤中，在地面上见到的部分是由叶鞘集合而成的假鳞茎，并非真正的茎。君子兰的假鳞茎（图2-3），俗称"座"。假鳞茎的大小、整齐度、紧密度、造型等决定了君子兰的观赏价值。君子兰的假鳞茎分为元宝形、圆柱形和楔形（图2-3），一般公认元宝形为上选。

在光学显微镜下观察茎的横切面，便可发现君子兰的短缩茎的维管系统，为由多数典型的周木维管束构成的周木散生中柱（Amphivasal-atactostele)构成。这种维管系统，为由类似禾本科的散生中柱，木质部由原来的从内向外，三面包围韧皮部，最终形成环状包围，演化成像君子兰短缩茎内出现的周木散生中柱结构。它具有最大限度的输导水分、无机盐和有机养分的功能。维管束多，分散排列，这是进化水平较高的标志。

元宝形　　　　　　　圆柱形　　　　　　　楔形

图2-3　君子兰假鳞茎

三、叶

君子兰的叶着生于短缩茎上。叶鞘互相套叠形成假鳞茎。叶互生，叶片剑形、直立或弯曲（图2-4），排列整齐，呈扇形。叶缘多为全缘，君子兰宽叶品种的叶缘平滑，而窄叶品种及个别的中宽叶品种的叶缘有小齿。垂笑君子兰的叶缘也有小齿，并且很硬，抚摸叶缘有明显的刺手感觉。叶尖形状因品种而异，分为凹尖、平尖、圆尖、雀尖、渐尖、急尖、锐尖等（图2-5）。

叶脉为平行脉，脉纹就是贯穿在叶肉内的维管束，输导水分、养分并有支持叶片伸展的功能，与茎内维管束相连通。叶脉可分为主脉、侧脉、细脉。主脉较粗，最明显；侧脉为主脉的分支，一般较主脉细；细脉为侧脉的分枝，遍布在整个叶片中。君子兰多数品种的叶脉明显，另一部分品种的叶脉不明显。

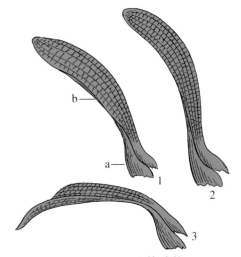

图2-4　君子兰的叶片
（1、2-直立叶；3-弯曲叶；a-叶鞘；b-叶片）

君子兰因其品种不同，叶片的长、短各异。叶片的长度在40cm以下的，为短叶品种；在40～50cm之间的，为中长叶品种；在60cm以上的，为长叶品种。叶片的长与短是相对而言的，品种鉴别不宜绝对化。叶片的宽与窄也因品种不同而异。窄叶品种的叶片宽度3～4cm；中宽叶品种的叶片宽度5～7cm；宽叶品种的叶片宽度8～10cm以上。

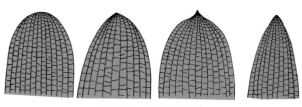

图2-5　君子兰叶尖
（从左至右：圆尖、渐尖、急尖、锐尖）

君子兰的叶片一年四季常绿，颜色也因其品种不同而各异，有浅绿色、绿色、深绿色，青筋黄地（图2-6、图2-7、图2-8、图2-9）为上选。缟兰由白、黄、灰白、绿白等条纹组成（图2-10、图2-11、图2-12）。

君子兰叶片扁平，左右两侧对称，多数品种叶片表面都具有光泽，呈革质。叶片厚度一般为

图2-6　浅绿色叶片

0.4～2mm，个别品种可达 2.2mm 左右。

君子兰的叶片在观赏中占重要地位，一般将叶作为鉴定君子兰品种优劣的重要标志之一。对优良品种的要求是叶片较宽、较短、直立、有亮度、有厚度、脉纹清晰凸出、叶色淡浅。

叶片在植株上可生长 2～3 年，随后衰老而脱落。老叶片脱落是正常现象，如果莳养得不好，叶片仅能在植株上生存 1～2 年就脱落了。当发现叶片过早脱落时，要及时查找原因，采取防治措施。

在光学显微镜下观察，君子兰叶片由表皮、叶肉、叶脉组成。表皮层一层，由沿叶长方向呈狭长的六角形细胞构成，胞壁平直，端壁倾斜，外壁平滑或稍呈乳突状，为一层角质所覆盖（近轴面厚，远轴面薄）。气孔器仅分布在叶之远轴面，属葱型（Allium type）不均匀的星散状分布（图 2-13）；保卫细胞之向孔面，有内外突起，形成明显的前腔和后腔. 保卫细胞与表皮细胞平或下陷。气孔可使叶内、外气体进行交换，水分也随之散失，所以叶片又是蒸腾作用的主要器官。叶肉由绿色的同化组织与非绿色的贮水组织构成。同化组织细胞呈圆形或椭圆形，其细胞内含有叶绿体，是光合作用的主要组织。在该组织能见到由一个细胞伸向另一个细胞的分支细胞. 在贮水组织中，偶尔能遇见大形的溶裂生胞间隙，它兼有通气组织的作用。贮水组织位于上下为同化组织所覆盖的束间区处。当水分多时，可贮存一定量的水分，一旦土壤中的水分减少，植物体仍可利用贮存的水分来维持生命，耐过干旱。平行脉的维管束几乎整齐地排列在叶肉细胞（同化组织）间的同一水平面上。中间隔以一定距离的束间区。维管束周围只发现大量排列不规整的不含叶绿体的无色透明细胞群，未发现有如莎草属（*Cyperus*）、玉米属（*Zea*）等 C_4 植物所具有的 C_4 光合碳同化结构。

图 2-7　绿色叶片

图 2-8　深绿色叶片

图 2-9　青筋黄底叶片

图 2-10　白黄绿灰相间叶片

图 2-11　白绿灰相间叶片

表 2-1　两种君子兰叶表皮层的比较

项目　　　　种名	表皮组织		气 孔			角质层	
	长(μm)	宽(μm)	数量 1mmm₂		位置	近轴	远轴
			近轴	远轴			
君子兰 Clivia miniata	70～266 (90～144)	7～9	无	0～6 (21～24)	平表皮	4～6	2～3
垂笑君子兰 C. nobilis	36～108 (65～80)	10～14	无	0～13 (7～8)	下凹	5～7	3.5～4

表 2-2　两种君子兰叶肉细胞的比较

项目　　　　种名	同化组织				贮水组织		
	层数	分枝细胞	晶簇	胞间隙 (μm)	细胞数量	细胞大小 (μm)	胞间隙 (μm)
君子兰 Clivia miniata	13～17	稀少	有	高 28～47 宽 37～52	4～7	高 32～58 宽 83～129	350～1325 420～780
垂笑君子兰 C. nobilis	11～14	丰富	无	高 22～29 宽 22～36	3～5	高 29～43 宽 36～94	280～650 300～500

表 2-3　两种君子兰叶维管束的比较

项目　　　　种名	维管束鞘细胞		木质部		韧皮部		束间距离	
	数量	形状	导管数量	导管直径(μm)	筛管数量	筛管直径(μm)	细胞数	距离(μm)
君子兰 Clivia miniata	16～25	圆形或横向椭圆形	7～12	14～22	12～17	13～14	43～88 (66～83)	504～1380
垂笑君子兰 C. nobilis	13～21	圆形或横向椭圆形	5～10	9～14	5～8	8～9	17～22	216～288

中国君子兰

初生木质部在叶的近轴面,由发育良好的导管构成。初生韧皮部在叶的远轴面,由具明显伴胞的筛管构成。

经过对君子兰和垂笑君子兰叶的表皮、叶肉、维管束的解剖构造研究,发现两种君子兰叶的构造有一定的差异,详见表2-1、表2-2、表2-3。

图2-12 白绿相间(鸳鸯)叶片

图2-13 君子兰叶片下表皮气孔

扫描电镜放大图 10kv × 30 100

20

四、花

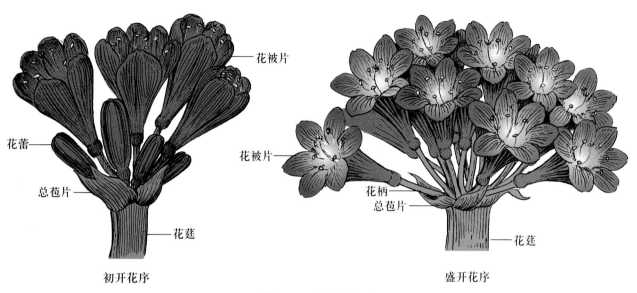

初开花序   盛开花序

图 2-14 君子兰花序

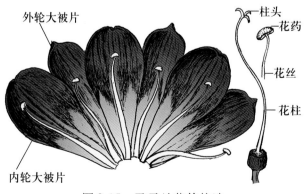

图 2-15 君子兰花的构造

君子兰的花序为伞形排列的有限花序（图 2-14），因为是顶端的花先开，又称为伞形聚伞花序。

君子兰的花葶（俗称花箭）粗壮，一般呈现半圆形或扁圆形。花葶高度因品种不同、莳养的技术条件不同而异，一般高度为 20～50cm。花着生于花葶顶端，每一花序有花 10～40 朵，最多可超过 50 朵以上。每朵花都有一个柄，花柄长一般

为 4～8cm，花没有苞片，同一个花序中的花柄基本是等长的。花在花序顶端呈两行或呈四行的"品"字形排列。

君子兰的花序具有薄膜状总苞片 1～2 轮。总苞片为离生，大小不等，其枚数少者 5～6 片，多者则超过 8～9 片以上。总苞片有的初期呈白色，干枯后变成膜质，脱落或宿存；还有少数的苞片始终呈绿色，并不干枯变成膜质，一直至果实成熟色泽不同。总苞具有保护花蕾的作用。

君子兰的花蕾呈棒锤形，长度一般为 6～8cm，个别品种的花蕾可达 9cm 以上。当花葶自假鳞茎长出，其花序就现出花蕾。初现的花蕾因其品种不同而其颜色各异，一般略呈嫩绿或黄绿色。花葶逐渐伸长，而花蕾则逐渐增大，花蕾的颜色也逐渐由嫩绿色或黄绿色变成桃红色，随之开放。花蕾开放的顺序为中间的花蕾先开，两端

图 2-16 　粉白色花

图 2-17 　黄色花

图 2-18 　绿色花

图 2-19 　橘红色花

的后开，基本上成对开放。

君子兰的花为花冠状，花被三大三小，呈内、外两轮排列。三枚大的花被片在内轮，三枚小的花被片在外轮，呈覆瓦状排列。花被片的基部彼此联合成花被筒（图2-15）。外轮的花被尖部有疣状凸起，外、内轮花被中脉都有一隆起，花被因其品种不同，颜色各异，一般基部色淡，呈黄白色，向顶部逐渐加深，呈橙红色或鲜红色。花被片基部中间呈黄色，两侧呈白色，中脉呈黄绿色。花被片正、背两面颜色基本相近。近年来又出现了白色、黄色、绿色等花被的君子兰（图2-16、图2-17、图2-18、图2-19、图2-20）。还培育出了花被8枚或更多的重瓣及有香味的品种。花被的主要功能是保护雄蕊和雌蕊，引诱昆虫传粉。

君子兰因其品种不同，花被的内轮与外轮宽度比例也不同。花被的长度6～8.5cm，内、外花被片的宽度比例为3：2.5，即内花被宽，外花被窄，尖部呈匙形，观赏价值较高；花被长8cm左右，内、外花被宽度比例为2.5：2.2，即内、外两轮花被片的宽、窄相近，花被呈长条形，花径较前者大。因花被窄，花被开张度大、发散，观赏价值不如前者（图2-21）。

君子兰的花为两性花，雄蕊6枚，雌蕊1枚。雄蕊短于雌蕊。雄蕊花丝基部插生于花被上，雄蕊由花丝、花药组成，花药呈长椭圆形，有4个花粉囊。一般在正常情况下在开花2～3天后，花粉成熟，花粉囊开裂，黄色粉粒状的花粉随之散出。雌蕊由子房、花柱和柱头组成。柱头3裂，在开花2～3天后，有黏液分泌，可粘住花粉粒。子房下位，一般为绿色，个别呈微红或鲜红色。中轴胎座，3室，每室有胚珠7～9个或只有1个，呈两行排列。

君子兰的花虽然一般无味，但由于花被大，

图 2-20　大红色花

颜色鲜艳，能吸引昆虫，为虫媒花。室内栽培必须进行人工授粉。

　　君子兰可全年开花，但以冬、春季为主。君子兰每年可开花一次或两次。第一次在元旦、春节前后，一个花序可开放 30～40 天，每朵花开放时间为 25～30 天；第二次在夏初，只有部分植株一年能开两次花。垂笑君子兰花期较迟，在 6～7 月开放，花期长达 30～50 天。

　　有时一株君子兰同时能抽生 2～3 支花葶，花朵陆续开放，提高了观赏价值并延长了花期。

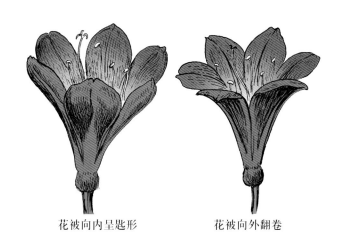

花被向内呈匙形　　　　花被向外翻卷

图 2-21　君子兰的花

五、果实

君子兰的果实为浆果,是由子房壁和花的其他部分共同形成的。未成熟的果皮颜色与叶同色。有绿、深绿、黄绿或具黄绿、黄白条纹,成熟后黄、绿、红色、金黄色或带多种条纹(图2-22、图2-23、图2-24、图2-25)。浆果大小因授粉条件区别很大;果皮较薄;浆果的形状因品种不同而异,分为圆球形、扁圆形、倒卵圆形、长圆形、菱形(图2-26)。

图 2-22 红色和黄色果实

图 2-23 金黄色果实

图 2-24　由黄转红的果实

图 2-25　绿色条纹果实

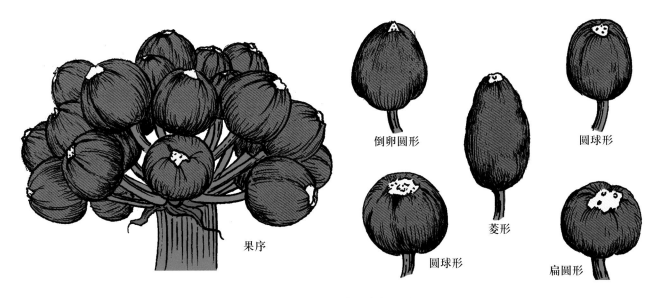

果序　　倒卵圆形　　圆球形　　菱形　　圆球形　　扁圆形

图 2-26　君子兰的果序与果实

六、种子

君子兰子房内的胚珠经双受精后，逐渐形成种子。种子由种皮、胚、胚乳3部分组成，种皮白色、乳白色或灰白色，其上有种脐和种孔。种脐是种子从种柄脱离后的痕迹，呈褐色，种脐的端部有一个深褐色小点，其大小似针尖，为种孔（芽眼），是种子萌发时，吸收水分的孔道，也是胚根伸出种皮的孔道。一个浆果中有种子1粒或多粒。由于果实中种子粒数不等，并且相挤在一起，所以君子兰的种子多呈不规则形（图2-27）。君子兰种子百粒重通常为80g～90g，大粒种子百粒重超过100g。

胚是君子兰种子中最重要的部分，它被发达的胚乳包围于种子中部，乳白色，呈棍棒状。在成熟的种子中，胚已发育成一个幼小植株的雏形。胚由胚芽、胚轴、胚根、子叶（1枚）4部分组成。君子兰胚乳里贮藏了丰富的营养物质。它能在种子萌发时供给胚发育期所需要的养分，使幼苗茁壮生长。正常情况下，种子需要开花后8～10个月才在浆果内成熟。

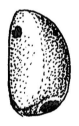
两粒种子形

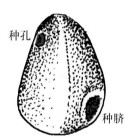
三粒种子形

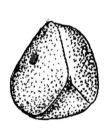
多粒种子形

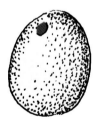
单粒种子形

图2-27　君子兰种子

参 考 文 献

[1] 谷安根等.维管束植物演化形态学.长春：吉林科学技术出版社，1993

[2] 谷安根等.子叶节区理论与被子植物演化形态学的进展.长春：吉林科学技术出版社，2000

[3] 陈俊愉等.中国花经.上海：上海文化出版社，1989

[4] 谢成元.君子兰.长春：吉林人民出版社，1981

[5] 潘瑞炽等.君子兰根被的初步研究.北京：植物学报（2).4.，1953

[6] A.Fahn.植物解剖学（吴树明等译）.天津：南开大学出版社，1990

[7] E.G.卡特.植物解剖学（李正理等译）.北京：科学出版社，1986

[8] K.伊稍.植物解剖学（李正理等译）.北京：科学出版社，1962

[9] 荣玉芝.君子兰.沈阳：辽宁人民出版社，1982

第三章
中国君子兰的生长和发育

通常认为，生长（growth）是植物体积的增大，它是通过细胞分裂和伸长来完成的；而发育（development）则指在整个生活史上，植物体的构造和机能从简单到复杂的变化过程，它的表现就是细胞、组织和器官的分化（differentiation）。在君子兰的发育过程中，由于部分细胞逐渐丧失了分裂和伸长的能力，向不同方向分化，从而形成具有特殊构造和机能的细胞、组织和器官。

在培育实践中，要使植株完美健壮、适时开花，达到观叶和赏花的目的，无不和生长发育有关。

一、君子兰的营养器官生长特性

（一）君子兰细胞生长过程

君子兰同其他植物组织、器官以至整体的生长一样，是以细胞的生长为基础的，即通过细胞分裂增加细胞数目和通过细胞伸长增加体积来实现的。在种子萌发后，由于细胞分裂和新产生的细胞体积的加大，幼苗迅速长大，同时由于细胞的分化，各器官也就不断形成。最后，成长为植株。

君子兰细胞生长过程从细胞分裂开始，经过逐渐伸长、扩大，而后分化定型。全部生长过程可分为3个时期：分裂期、伸长期和分化期。

1.细胞分裂期

具有分裂能力的细胞的细胞质浓厚，合成代谢旺盛，能把无机盐和有机物同化成细胞质。当细胞质增加到一定量时，细胞就分裂为2个新细胞。新细胞长大后，再分裂成为2个子细胞。细胞分裂结束到下一次分裂结束时所需的时间，称为细胞周期（cell cycle）。细胞周期包括分裂间期和分裂期（M期）。分裂期是指细胞的有丝分裂过程，根据形态指标可分为前期、中期、后期和末期等时期。而分裂间期（或称细胞生长期）又包括3个时期：复制前期（G_1期）、复制期（S期）及复制后期（G_2期）。

植物激素对细胞分裂起调节作用。细胞分裂过程最显著的变化是核酸含量的增加。尤其是DNA含量的变化。因为DNA是染色体的主要成分。生长素影响细胞分裂间期的DNA合成，细胞分裂素是有丝分裂必需的。因为它会诱导某些特殊蛋白质合成，进而引起细胞分裂。

另外，B族维生素（B_1）也影响细胞分裂。当缺乏维生素时，细胞分裂就停止，根或胚的生长受阻。

这个时期在形态和生理上的特点是：细胞数目增加，细胞小，充满原生质，没有液泡，细胞核较大细胞壁薄，氮代谢旺盛，具有高度合成核酸和蛋白质的能力，呼吸旺盛，持水力大。因此需要充足氧气和氮素条件。由于细胞体积小，所以这个阶段生长较慢。

2.细胞伸长期

接着细胞的分裂，位于生长点后面的细胞开始其体积迅速增大，过渡到细胞伸长期。在这个时期细胞的呼吸作用增强2～6倍，为细胞伸长提供能量和物质基础，蛋白质和核酸合成也明显地增加。细胞的伸长不只是细胞质的增加，也增加细胞壁。细胞壁的结构物质如果胶质、纤维素和半纤维素等含量也急剧上升，不断有新的纤维素分子填入细胞壁，使细胞壁加大加厚。在细胞体积增大过程中，细胞内形成液泡，先出现许多小液泡，以后逐渐合并，增大成一个大液泡，细胞质和细胞核被挤到边缘，使细胞膨压增大，水分大量进入细胞，使细胞伸长。这个时期由于细胞体积增加较快，因此生长迅速。细胞伸长生长时，为初生壁形成期。当细胞的生长接近停止时，开始产生次生壁。在次生壁中还有木质素、栓质等。

赤霉素和生长素促进细胞的伸长，脱落酸抑制细胞的伸长，细胞分裂素和乙烯则促进细胞扩大。

3.细胞分化期

当细胞生长完成后，细胞进入分化期。细胞分化是指形成不同形态和不同功能细胞的过程。分化期的特点是，薄壁细胞进行分化，细胞可分化成不同组织，如薄壁组织、输导组织、机械组织、保护组织及分泌组织等，进而形成同化器官、吸收器官等。

细胞分化期细胞体积一般已定型，不再增大，只是细胞壁一部分或全部进行不同程度的加厚。生长停止，代谢下降，呼吸作用和蛋白质含量稍微下降，细胞有了叶绿体，开始进行光合作用，糖类合成增加，每个细胞干物质含量也增加，这时需要光照条件。细胞分化是指形成不同形态和不同功能细胞的过程。高等植物大都是从受精卵开始不断分化，形成各种细胞、组织、器官，最后形成植物体，君子兰也是一样。所以分化是一个很普遍但有非常复杂的现象。它也是复杂的生化过程，包括一系列基因表达的调控活动。如维管组织的分化与生长素和蔗糖浓度有关。愈伤组织诱导分化出根和芽，取决于培养基中生长素和细胞分裂素含量的比值。

细胞生长过程的3个时期没有明显的界限，常互相重叠。如果水分充足，可延长伸长期，推迟分化期；相反，如果缺水则可缩短伸长期，使分化期提前。环境条件特别是光照与水分对细胞生长的3个时期影响较大。在弱光、高湿条件下，有利于细胞伸长，不利于细胞分化；反之，在强光，水少的条件下，则有利于细胞的分化，而不利于细胞伸长。总起来说，细胞生长表现了慢-快-慢的特征。

（二）君子兰细胞的全能性及组织培养

德国植物学家 Haberlandt 于1902年就提出细胞全能性概念。在20世纪五六十年代，越来越多研究的工作证实这一观点。君子兰组织培养的成功也证实了这一论点的正确性、科学性（陈为民，1986）。所谓细胞全能性（totipotency），是指植物体的每个细胞携带着一套完整的基因组，并具有发育成完整植株的潜在能力。因为每个细胞都是来自受精卵，所以带有与受精卵相同的遗传信息。完整植株中的细胞保持着潜在的全能性。细胞分化完成后，就受所在环境的束缚而相对稳定下来，一旦脱离原来所在的环境，成为离体状态时，在适宜的营养和外界的条件下，就会表现出全能性，生长发育成完整的植株。

组织培养（tissue culture）是在无菌条件下、分离并在培养基中培养离体植物组织（细胞或器官）的技术。它的理论基础是植物细胞具有全能性。也就是每个细胞包含着产生一个完整机体的全套基因。

在植物个体上由已分化的细胞和组织(如一个茎尖、一小块叶或一小段茎——称为外植体)，在培养条件下逐渐恢复到分生状态的过程叫脱分化。已脱分化的组织和细胞，在一定条件下，它们又可经过胚状体（由体细胞形成的胚）或愈伤组织再分化出根和芽，以形成完整的植株。在植物组织培养中所用接种的植物材料，必须是完全无菌

的，因为组织培养是在无菌条件下培养植物的离体组织的技术。在植物组织培养中应用的培养基，一般有 5 类物质组成：

①无机营养（包括大量元素和微量元素）。大量元素除 C、O、H 外，N 常用硝态氮和铵态氮，P 常用磷酸盐，S 用硫酸盐，还有 K、Ca、Mg 等。微量元素包括 Mn、Zn、Cu、B、Mo 和 Fe 等。

②碳源一般常用蔗糖，其质量浓度是 20～40g/L。蔗糖除作培养物的碳源外，还有维持渗透压的作用。

③维生素中只有硫胺素是必需的，而烟酸、维生素 B_6（吡哆胺）和肌醇对生长只起促进作用。

④生长调节剂常用的有 2，4-D 和 NAA，此外还有激动素、玉米素或 6- 苄基腺嘌呤等。

⑤有机物附加物是指氨基酸（如甘氨酸）、水解蛋白、酵母汁、椰子乳等可促进分化，但是，如果基本培养基的配方适当，则大多数组织是不需要的。总的来说，不同植物材料和不同的目的所需配方有些不尽相同。要自己进行实践摸索或参阅有关专著。

组织培养所需温度一般是 25～27℃，但组织不同，所需温度也略有差异，花果培养最好有昼夜温差，昼温 23～25℃，夜温 15～17℃，对光照要求因组织不同而异，茎尖、叶片组织需光，花、果以散射光或暗中培养为宜，根组织培养通常在暗处进行。

江苏省植物研究所陈为民 1986 年报道：用大花君子兰子房、花托和花丝培养再生植株，所用的光照为每天 10h，光强度为 1200lx，培养温度为 23±2℃。在此条件下获得了成功。

吉林省生物研究所徐玉冰等 1987 年利用大花君子兰的根尖进行组织培养，也获得再生植株。君子兰的组织培养在国外也有很多人进行研究。

如南非的纳塔尔（Natal）大学的 Dr. Jeffrey Finnie 就进行了外植体来源及技术的研究。由此可见，大花君子兰组织培养成功及其进一步完善，无疑为加速无性繁殖大花君子兰优良品种提供了一条新途径。如果能进行有效的科技开发，有可能获得可观的社会效益和经济效益。所以，应用组织培养进行君子兰无性快速繁殖，产生试管苗，不仅大大地提高了繁殖速度，而且为君子兰工业化生产提供了可能。当然，其中还有很多技术问题有待进一步研究。

（三）君子兰的生长大周期

从细胞生长的 3 个阶段看，在细胞分裂期，生长速度的增加是缓慢的。这时虽然细胞数目迅速增多。但体积小，而表现出生长较慢；到伸长期，则生长速度加快，到分化期则以细胞分化成熟为主，体积增加不多，生长速度逐渐减慢，最后停止。君子兰整个植株及每个器官生长速度同样表现出这个基本规律，即表现了"慢－快－慢"的生长特征。这种生长速度呈周期性变化所经历的 3 个阶段过程称为生长大周期，或称大生长期。

君子兰个体生长是以器官生长为基础，器官生长是以细胞生长为基础，由于细胞生长速率存在慢－快－慢的变化规律，使得整植株与器官生长同样表现出这种规律。植株的生长又受肥水等环境条件的影响。因此，根据这一生长规律，可采取相应的措施人为调节生长，达到所需生产目的。

（四）君子兰的根和地上部的相关

君子兰在优质栽培中还要解决好地上部与地下部生长相关性。

"根深叶茂""本固枝荣"这种现象，对君子兰地上部和地下部协调生长也是适用的。一般情况下，根系生长旺盛的植株，地上部叶片生长也较旺盛，地上部生长良好也会促进根系的生长。而根系与地上部的相关性，依赖与营养物质和生长调节物质的相互交换。君子兰的茎叶与根系生长，需要大量的无机物质和有机物质，地上部（叶片）通过光合作用产生糖类、维生素、生长素等物质，运送到地下部供根系生长和呼吸用；而根系吸收水肥，合成部分有机物质如氨基酸和细胞分裂素，通过木质部运输到地上部供叶片生长之需要，根系是全株的细胞分裂素合成中心，根系还能合成植物碱等。在君子兰生长中也有个壮苗先壮根的问题。但二者保持适当比例是必要的。

由于二者生长均需消耗糖类、氮素与其他肥料，从而也会出现竞争性制约。二者比例也受内外条件（生育期、环境因素及栽培措施）的影响。君子兰地上部和地下部生长的相互影响，主要是通过物质的分配而引起，而这种物质的相互调剂又与环境条件的影响分不开。如根尖合成的细胞分裂素和赤霉素向上运输促进地上部生长；根系处于逆境条件下（干旱或土壤透气性差），影响激素合成，也影响根部向地上部运送激素，从而影响地上部生长。因此，在栽培上要注意根系生长的外界条件，如土壤的调配、供水状况、通气性、酸碱度、养分的供给、栽培器具的尺寸大小等。

二、君子兰的营养生长与生殖生长

君子兰发芽出苗后，在整个生长发育过程中的前期，只有根、茎、叶的生长，这些部分在植物学上称为营养器官，这些器官的生长就叫营养生长。当君子兰生长到一定时候，才开始形成花芽、开花、结实，花、果实和种子是君子兰的生殖器官，它们的形成和生长就叫生殖生长。花芽开始分化，标志着生殖生长的开始，它们由弱到强，逐渐达到优势地位。因此，营养生长和生殖生长是君子兰生长周期的两个不同阶段。然而君子兰的营养生长与生殖生长有时并不能截然分开，一般是营养生长在前，生殖生长在后，开花后，营养生长并不停止且仍将继续生长，两者发生重叠。

营养生长是生殖生长的基础，即生殖器官（花、果、种子）的绝大部分养分是由营养器官（主要是叶片）供给的。只有在根、茎、叶生长良好基础上，到一定时候才能有花芽分化，开花结实。

君子兰在没有达到一定年龄或生理状态之前，即使满足了它所需要的外界条件，也不能开花。只有达到某种生理状态（花熟状态），才能感受所要求的外界条件而开花。君子兰这种生殖生理学特征是由基因所决定的。因此，营养器官生长的好坏，直接影响到生殖器官的发育。所以在君子兰早期要加强管理，使植株健壮，叶片完美，提早开花，使得花朵艳丽，果实肥硕，种子饱满。达到观叶、赏花以及得优良种子的完美统一。

一般家庭养殖君子兰在3~4年后于16片~20片叶子时可开花。但在专业养殖者，可在12~14片叶子时开花，一般在18个月至2年可提早开花结实。在生殖器官形成以后，往往对营养器官的生长产生抑制作用，当植株开花结实，体内养分主要运往生殖器官。在栽培中往往看到花莛抽出后，影响了周边的叶片的生长，由于营养物质

相对减少，使叶片变瘦弱变薄、变长。所以在实际栽培中协调好营养生长和生殖生长之间的关系，十分重要。

从营养生长向生殖生长的转化是有条件的。

花芽分化是在一定条件下，植株体内完成了某些生理生化过程的结果。不经过这些变化，植株就不能进一步正常发育。这里所指的条件主要是温度、光照、有机营养等。

三、外界条件对君子兰生长的影响

光、温度、水分和矿质营养等外界条件对君子兰的生长发育的影响，其中以光的影响最大。光对君子兰的影响主要有两个方面：一，光是君子兰光合作用所必需，离开光君子兰就不能进行光合作用、吸收光能、同化 CO_2 和水制造有机物质；二，光调节君子兰整个生长发育，以便更好地适应外界环境。这种依赖光控制细胞的分化、结构和功能的改变，最终汇集成组织和器官的建成，称作为形态建成，亦即光控制发育过程。

（一）光对君子兰生长的影响

光对君子兰生长有直接作用和间接作用。间接作用是光通过光合作用和物质运输而影响生长。叶片是君子兰进行光合作用的主要器官，而叶绿体是进行光合作用的主要细胞器。在叶绿体中有叶绿素及类胡萝卜素二大类色素，它们是吸收光能的物质。叶绿素中有叶绿素a和叶绿素b；类胡萝卜素中含有胡萝卜素和叶黄素。叶绿素吸收光的能力极强，叶绿素的吸收光谱有两个最强的吸收峰：一个是红光区（640～660μm），一个是蓝紫光区（430～450μm）。在光谱中的橙光、黄光、绿光部分只有不明显的吸收带，尤其是对绿光吸收最少，因此，叶片才呈现绿色。叶绿素a和叶绿素b的吸收光谱略有不同，叶绿素a的红光吸收峰比叶绿素b的高，而蓝紫光吸收峰则低于叶绿

素b的。在漫射光中，蓝紫光比较丰富，在庇荫的情况下，叶绿素b对吸收光能较为有利，所以叶绿素b有阴生叶绿素之称。君子兰在庇荫的情况下，是由叶绿素b吸收更多的蓝紫光。

胡萝卜素和叶黄素的吸收光谱与叶绿素不同，它们的最大吸收带在蓝紫光部分，不吸收红光等长波的光。叶黄素的最大吸收峰比ß-胡萝卜素的低并偏向于短光波方向。类胡萝卜素在光合作用中的功能，一是缓和叶绿素的光氧化作用；另一作用是吸收光能传递给叶绿素a。从叶绿素吸收光能特性上看，光质对光合作用是有影响的。光照强度可影响光合作用强度，在一定范围内随着光照强度的增强，光合作用强度也增加，但达到了一定强度时，光合作用也不再增加，出现光饱和现象。

东北师范大学周兴灏、单飞（1984年）用Anon法测定胜利品种大花君子兰幼苗叶片的叶绿素含量：叶绿素a为2.952mg.g^{-1}FW，叶绿素b为1.806mg.g^{-1}FW，二者比值为1.634，总叶绿素含量4.359mg.g^{-1}FW。用手提式红外线 CO_2 分析仪测定其光合作用强度为2～3mgCO$_2$dm^{-2}.h^{-1}～5.62mgCO$_2$dm^{-2}.h^{-1}。

不同叶龄的叶片光合强度是不同的，东北师范大学梁秀英（1986年）用红外线 CO_2 分析仪（QGD-07型）测定5年生翡翠品种叶片的光合强

度：在 $25\sim28℃$，CO_2 浓度为 $300\sim400mg/kg$ 光强度 7 万～9 万 lx 条件下。上层初展幼嫩叶片光合强度为 $4.5\sim5mgCO_2dm^{-2}.h^{-1}$；中层叶片（6～16 片）光合强度为 $2.8\sim4.5mgCO_2dm^{-2}.h^{-1}$；下层叶片（17～20 片）光合作用强度为 $1.3\sim1mgCO_2dm^{-2}.h^{-1}$。另外，从实验中也可看出，在不同的光照强度下君子兰叶片光合作用强度也发生变化：在光强度为 2 万～3 万 lx 时，光合作用强度 $4\sim5mgCO_2dm^{-2}.h^{-1}$；光照强度为 6 万 lx 时，光合作用强度为 $5\sim5.5mgCO_2dm^{-2}.h^{-1}$，光照强度为 6 万～9 万 lx，光合作用强度 $4.5\sim5mgCO_2dm^{-2}.h^{-1}$，光照强度增至 10 万 lx 时光合作用强度下降为 $3.7mgCO_2dm^{-2}.h^{-1}$。

（二）君子兰叶色与色素

君子兰叶片颜色是叶子中各种色素的综合表现，主要是由绿色的叶绿素和黄色的类胡萝卜素两大类色素之间的比例所决定的。君子兰叶片各种色素的数量因品种、叶片的老嫩、生育期及季节而不同。一般植物正常叶片中叶绿素同类胡萝卜素分子比例为 3:1，叶绿素 a 和叶绿素 b 也约为 3:1，叶黄素和胡萝卜素为 2:1。而君子兰叶绿素 a 和叶绿素 b 的比值小，叶绿素 b 的含量相对较多，二者比值一般不超过 2。由于绿色叶绿素比黄色的类胡萝卜素多，占优势，所以，正常叶子总是呈现绿色。在不正常的低温条件下或叶片衰老时，叶绿素较容易破坏或降解，数量减少，而胡萝卜素较稳定，所以叶片呈黄色。有时因降温造成叶片内积累较多糖分以适应寒冷，叶内可溶性糖多了，就形成较多的花青素，使叶子出现红色，花青素吸收光能不传给叶绿素用于光合作用。外界环境条件影响叶子的色素生物合成，从而也影响叶片颜色深浅。光是影响叶绿素合成的主要因素，又因叶绿素形成是生物合成过程，有酶参与，温

度影响酶的活动，从而也影响叶绿素的合成。叶绿素形成的最低温度为 $2\sim4℃$，最适温度为 $30℃$ 上下，最高温度为 $40℃$。矿质元素对叶绿素的形成也是重要因素。缺氮、镁、锰、铜、锌等元素时，就不能形成叶绿素，呈现缺绿病（Chlorosis）。氮、镁都是组成叶绿素的元素，当然不能缺少。铁、锰、铜、锌等元素，它们可能是叶绿素形成过程中某些酶的活化剂，在叶绿素形成过程中起间接作用。根据东北师范大学梁秀英（1993 年）对大花君子兰翡翠品种杂交后代 2 年生和 4 年生叶片中叶绿素和酸含量变化的研究表明：

叶绿素含量及叶绿素 a/b 值：叶绿素 a、b 含量（图 3-1），从顶数第 3 片叶叶绿素 a 含量为 $4.66mg.dm^{-2}$，第 5 片叶为 $6.64mg.dm^{-2}$，第 9～19 片叶为 $7.01\sim7.76mg.dm^{-2}$，第 20～23 片叶为 $7.3\sim5.13mg.dm^{-2}$。植株上层第 3 嫩叶到中层第 9 片叶叶绿素 b 含量为 $3.95\sim4.24mg.dm^{-2}$ 下层第 20～23 片叶叶绿素 b 含量为 $3.9\sim2.9mg.dm^{-2}$。

叶绿素（a+b）总量：植株上层第 3 片叶到中层第 9 片叶，叶绿素总量为 $7.24\sim10.55mg.dm^{-2}$，含量升高较快。第 10～11 片叶叶绿素总量为 $10.43\sim12mg.dm^{-2}$，含量达到最高值（图 3-2）。

叶绿素 a/b 值为 $1.81\sim1.95$，比值急速上升，中层第 8～19 片叶 a/b 值 $1.95\sim1.92$，比值渐渐下降。中层第 10 片叶到底层 22 片叶的 a/b 值由 1.85 降到 1.72，说明中、下层叶片叶绿素 a 含量减少，适应遮阴环境（见图 3-3）。

叶绿素 a、b 含量，叶绿素（a+b）总量的变化是上层叶片含量低，中层高，底层也低，呈缓慢的单峰曲线。叶绿素 a/b 值则上层叶片高、中层、下层低，各层叶片的叶绿素 a/b 比值均低于 2。叶绿素总量高，叶绿素 a/b 值底，说明君子兰适应在室内及庇荫处栽培，属于阴生植物特征。

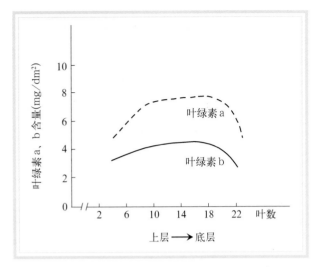

图3-1 君子兰不同叶位叶片叶绿素a、b含量

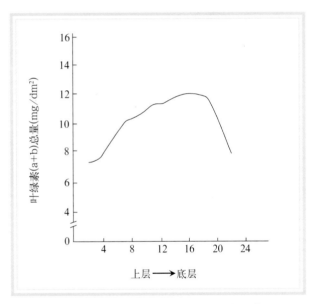

图3-2 君子兰不同叶位叶片叶绿素总含量

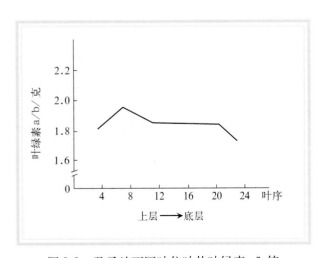

图3-3 君子兰不同叶位叶片叶绿素a/b值

总有机酸含量昼夜变化：植株鲜叶中，换算成苹果酸的总有机酸含量（W/W）是0.45%～0.69%，总有机酸昼夜变化值是昼高夜低。有机酸积累量也受根系营养、光照、温度等外界条件影响。

在温度为23℃，光照强度为2万～8万lx，荷格伦特溶液水培和无机营养加有机腐肥土培相比，二年生植株的片中总有机酸含量前者低后者高。

君子兰和仙人掌（Opuntia.brasilensis）、景天（Sedum alboroseum）、虎尾兰（Sansevieria trifasciata）等，CAM植物同时培养，在光强2万～12万lx，20～38℃高温、干燥环境中诱导，未有出现有机酸含量夜高昼低的CAM植物酸代谢特征（表3-1）。

可滴定酸含量昼夜变化 植株上层嫩叶可滴定酸度最高，向下各叶片酸含量渐渐减少。初展开的叶片中，可滴定酸含量夜间在日出前最高值为35μea.g⁻¹，昼间在日落前为23μea.g⁻¹。中层叶片可滴定酸含量夜间为25μea.g⁻¹。昼间为19μea.g⁻¹。下层老叶中的可滴定酸含量，在夜间为14～16μea.g⁻¹，昼间12μea.g⁻¹。上、中、下各层叶片可滴定酸昼夜变化平均差值为12、6、4μea.g⁻¹，比值小于2（图3-4）。

据测得的君子兰不同层次叶片中的叶绿素a、b含量，叶绿素（a+b）总量，是植株上层叶片数值低，中下层高，底层老叶数值也低。其原因是中下层叶片密度大，遮光严重，和君子兰原产南非山地林中、引入我国北方长期于室内栽培适应阴生环境有关。我们测得的君子兰叶绿素a含量达到7.78mg.dm⁻²，叶绿素b含量4.74mg.dm⁻²，叶绿素（a+b）总量12mg.dm⁻²。叶绿素a/b值为1.76～1.95，比值小于2。此结果同赵福洪等报道的耐荫植物吊兰（Chlorphytum comosum），叶绿素a/b值

表 3-1　　不同外界环境不同年龄君子兰叶片中总有机酸含量昼夜变化

叶片层次	时间\含量% \处理	光强2万～8万Lx 温度15～25℃ 2年生植株一般温室培养		光强2万～12万Lx 温度20～38℃ CAM环境土培	
		A.荷格伦特液水培	B.有机无机肥料土培	C.2年生植株	D.成龄植株
上	昼16时	0.64	0.68	0.58	0.65
	昼3时	0.56	0.58	0.52	0.62
中	昼16时	0.60	0.63	0.55	0.60
	昼3时	0.50	0.54	0.48	0.55
下	昼16时	0.54	0.56	0.50	0.52
	昼3时	0.44	0.51	0.46	0.50

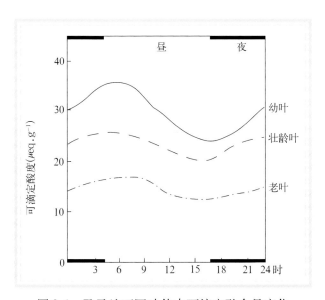

图 3-4　君子兰不同叶片中可滴定酸含量变化

2.3, 耐荫植物—叶兰（*Molaxis monopnyuos*）叶绿素 a/b 值 1.7 相比，君子兰叶绿素 a/b 值介于二者之间，所以属耐荫植物特性。

可滴定酸含量夜间（02：00）最高值 35μea.g⁻¹，昼间（14：00）为 23μea.g⁻¹，昼、夜差为 12～3μea. g⁻¹，昼夜酸含量比近于 1。同毛宗渊等人报道的不同光合碳代谢类型植物早、晚滴定酸含量及其差值、比值比较，其特点属非 CAM 植物类型。

总有机酸含量昼夜变化，夜间未出现明显增高。在高温、高光照、干燥条件下诱导未有出现 CAM 植物酸代谢现象。反而产生下层叶片黄化脱落造成生长不良。上述结果同仙人掌（毛宗渊 1985）等相比，CAM 植物夜间总有机酸和可滴定酸度是很高的，昼间则酸度下降很多。其中仙人掌叶片夜间总酸度是 210μea.g⁻¹，昼间分别下降到 10μea.g⁻¹，昼夜间酸度差为 200，比值 21，其差值大、比值高。君子兰叶片酸含量昼夜变化，不存在上述 3 种 CAM 植物的特点，君子兰不属 CAM 植物类型，只属耐荫植物类型，因而也不存在夜间吸收 CO_2 有净化室内空气之说。

光对生长的直接影响是很显著的。君子兰幼苗的发育也是受光控制的。幼苗见光后，卷曲叶片才展开，叶片才呈现绿色。

君子兰生长要求一定的光照强度，同时光照持续的长短，对营养生长也产生较大影响。除此而外，光的质量对生长也是有重要的影响。红光、橙、黄光有利于细胞伸长，蓝紫光对叶片、植株有矮化效应。特别是紫外线明显地抑制细胞伸长生长，但有利细胞壁的加厚和分化，结果增加了机械组织，使其更有刚性和硬度。

光对生长的抑制作用，这与光对生长素破坏有关。光对君子兰根的生长也有抑制作用，因为光可促进根内形成脱落酸。

（三）矿质元素对君子兰生长的影响

已知共有19种元素为高等植物所必需，其中碳、氧、氢、氮、钾、钙、镁、磷、硫、硅等10种元素植物需要量相对较大，称为大量元素，其余氯、铁、硼、锰、钠、锌、铜、镍和钼等9种元素植物需量极微，稍多即发生毒害，称为微量元素。除了上述19种元素以外，还有一些矿质元素，它们对植物生长有刺激作用但不是必需的或只对某些植物种类或在特定条件下是必需的。称这些元素为有益元素如硅（Si）是水稻生长所必需的，硒（Se）、铝（Al）对某些植物也是有一定有益作用。

碳、氢、氧：碳、氢、氧3种元素在植物体中含量最多，占植物干重的90%以上，是植物体有机物主要组成成分，如纤维素、半纤维素和果胶质等，是细胞壁的组成物质。也是生理活性物质的组成物质，如植物激素，它们也是糖、脂肪、酸类化合物的组成部分，而糖是合成蛋白质和核酸的基本原料。碳、氢、氧主要来自空气中 CO_2 和水，因此，一般不考虑作为肥料施用问题。由于君子兰在温室、大棚生产中多施用有机肥还可补充 CO_2 的需要。

氮：氮是君子兰植株蛋白质的主要成分，而蛋白质又是原生质的重要成分，是构成君子兰植株的基本物质。没有氮素就不能形成蛋白质和原生质，氮素也是质体和细胞核所需要的主要元素。氮素又是叶绿素和核酸、酶、维生素和生物碱的组成成分。氮素供应充足，叶绿素形成得多，有利光合作用增强，制造更多有机物质，使君子兰

生长旺盛，叶片宽厚，有利开花结实。

磷：磷存在于磷脂、核酸和核蛋白中，磷脂是细胞质和生物膜的主要成分。核酸和蛋白质是细胞质和细胞核的组成成分之一。磷是核苷酸的组成成分，所以磷在糖类代谢、蛋白质代谢和脂肪代谢中起着重要作用。

磷可促进细胞分裂和繁殖，使新根和幼苗生长发育加快，有利于成龄君子兰早开花，并使植株结果多、种子饱满。磷可增强光合作用，促进碳水化合物在体内的转变和运输。

钾：在植物体内不参加重要有机物的组成，它是40多种酶的辅助因子，对酶起着活化剂的作用。钾促进呼吸进程及核酸和蛋白质的形成。钾对糖类的合成和运输有影响。钾供应充分、糖类合成加强，纤维素和木质素含量提高，从而促进维管束发育，增强细胞壁机械组织强度，使君子兰根系粗壮，叶片宽厚挺拔，叶脉凸起清晰，从而可提高品种质量。

硫：硫是构成蛋白质和酶不可缺少的成分，也是细胞质的组成成分。硫是 CoA 的成分之一，CoA 又和氨基酸、脂肪、糖类等合成有关系。

钙：钙是构成君子兰细胞壁的一种元素，细胞壁的胞间层是由果胶酸钙组成的。缺钙时，影响细胞分裂或不能形成新细胞壁，因此，生长受到抑制，严重时，根尖叶尖溃烂坏死。钙对君子兰有一定抗病作用。

在细胞质溶胶中的钙与可溶性蛋白质形成钙调素（Calmodulin,简称CaM）。CaM 和 Ca^{2+} 结合形成有活性的 $Ca^{2+} \cdot CaM$ 复合体，在代谢调节中起"第二信使"的作用。

镁：镁是君子兰叶绿素的组成成分之一，缺镁，叶绿素不能合成，叶脉仍绿而叶脉间变黄，有时呈红紫色。若严重缺镁，则形成褐斑坏死。镁

可活化光合和呼吸过程的各种酶，也可活化DNA和RNA合成过程。

硅：硅是以硅酸（H_4SiO_4）形式被吸收和运输。硅主要以非结晶水化合物形式（SiO_2nH_2O）沉积在内质网、细胞壁和细胞间隙中，它可与多酚类物质形成复合物，成为细胞壁加厚的物质，以增加细胞壁的刚性和弹性，这一点对观叶君子兰是有益特性。有必要在君子兰栽培中作进一步的探索。

君子兰生长发育还需要若干微量元素，其中需要最多的是铁、锌、铜、锰、硒等。

铁：铁是体内多种氧化还原酶的组成成分，起着电子传递的作用。铁在呼吸、光合和氮代谢等方面的氧化还原过程中（$Fe^{3+} \underset{-e}{\overset{+e}{\rightleftharpoons}} Fe^{2+}$）都起着重要作用。铁影响叶绿体构造形成。大花君子兰的镁和铁含量水平都比较高。尤其花粉中的镁、铁含量特别高（分别为826.40=mg/kg和392.80=mg/kg），分析结果表明，花瓣含镁372.10=mg/kg，含铁246.40=mg/kg，都比叶片中的（分别为332.60=mg/kg和134.10=mg/kg）高。

锌：锌参与生长素前身（色氨酸）的合成。缺锌，植物体内生长素含量降低，因而影响生长。锌也是叶绿素生物合成必需元素。锌在大花君子兰的叶中含量很高，在根和花瓣中也具有较高的水平。

锰：锰是糖酵解和三羧酸循环中某些酶的活化剂。锰能提高呼吸作用，锰是硝酸还原酶的活化剂，它影响到对硝酸盐的利用，在光合作用中水的光解需要锰参与。在君子兰根和花瓣中含量相对较高。

铜：铜是某些氧化酶的成分，可以影响氧化还原过程。它存在于叶绿体质体蓝素中。质体蓝素是光合作用电子传递体系的一员。铜在君子兰中含量较少。

硼：硼加速花粉的分化与花粉管的伸长，促进受精作用进行。硼与糖类结合成络合物，促进糖类的运输。

东北师范大学刘武林等（1988年）用火焰发射原子吸收分光光度计和石墨炉原子吸收分光光度计分析了君子兰叶片、花瓣、花粉、果实外皮和根的铜、锌、铁、锰、铅、铬、钴、铬、镍、硒等11种元素含量，发现花瓣中镁、铁、锌含量都比较高。铜、铅、铬、镉、钴在君子兰体内含量较低。但硒含量很高，甚至高于吉林人参、甘肃岩昌黄芪和蒙古黄芪的含硒量（表3-2）。

分析发现君子兰体内的硒含量水平很高，各

表3-2　君子兰5种器官中的微量元素含量（mg/kg）

元素	叶片	根	花瓣	花粉	果皮
Cu	1.5	8.2	10.6	2.0	3.1
Zn	452.6	111.5	81.0	17.9	39.2
Fe	134.1	186.0	246.4	392.8	118.3
Mn	16.7	53.0	67.4	7.3	14.6
Mg	332.6	172.0	372.1	826.1	107.9
Pb	2.7	0.8	2.4	1.2	1.0
Cr	0	2.2	0.7	0	1.4

续上表

元素	叶片	根	花瓣	花粉	果皮
Co	0	1.6	1.0	1.1	1.8
Cd	0.8	1.0	1.3	0.5	0.4
Ni	34.1	17.4	13.9	20.0	10.6
Se	0.14	0.05	0.06	0.08	0.06

表 3-3 高等植物的必需元素

大量元素	符号	植物的利用形式	干重(%)	含量 (μmol/g 干重)	大量元素	符号	植物的利用形式	干重(%)	含量 (μmol/g 干重)
碳	C	CO_2	45	40 000	氯	Cl	Cl^-	0.01	3.0
氧	O	O_2、H_2O、CO_2	45	30 000	铁	Fe	Fe^{3+}、Fe^{2+}	0.01	2.0
氢	H	H_2O	6	60 000	锰	Mn	Mn^{2+}	0.005	1.0
氮	N	NO_3^-、NH_4^+	1.5	1 000	硼	B	H_3BO_3	0.002	2.0
钾	K	K^+	1.0	250	纳	Na	Na^+	0.001	0.4
钙	Ca	Ca^+	0.5	125	锌	Zn	Zn^+	0.002	0.3
镁	Mg	Mg^{2+}	0.2	80	铜	Cu	Cu^{2+}	0.0001	0.1
磷	P	$H_2PO_4^-$、HPO_4^{2-}	0.2	60	镍	Ni	Ni^{2+}	0.0001	0.002
硫	S	SO_4^{2-}	0.1	30	钼	Mo	MoO_4^{2-}	0.0001	0.001
硅	Si	$Si(OH)_4$	0.1	30					

部位平均含硒量为 0.078mg/kg，与李成义 1987 年的分析结果相似（0.072mg/kg），它高于吉林人参的平均含硒量 2 倍，与野生甘肃岩昌黄芪含硒量 0.08mg/g 和蒙古黄芪含硒量 0.07mg/g 近似。近年研究证明，硒是谷胱甘肽过氧化物酶的组分，它可以清除体内破坏性极大的氧自由基。君子兰植株和花的寿命都较长，是否与它的含硒量高有关，是值得探讨的课题。

为了更好地了解君子兰所需各种元素状况，现将高等植物的必需元素列表于下供参考（表 3-3）。

君子兰的无土栽培

无土栽培称溶液培养（Solution culture），又叫水培（Water culture），就是把植物培养在人工配制的包括各种矿质元素的营养液中，也就是营养液栽种植物的技术和科学。

无土栽培有很多优点，它有高产、改善品质、节约养分及水分等优点。无土栽培的花卉生长良好，开花早，味香，色艳，商品性好；同时无土栽培又有清洁卫生，减少病虫害，无不良气味，避免蚊蝇滋生，既改善植物生长环境，又改善美化人们生活环境。

近些年来，无土栽培技术在我国有了较大的发展并得到了广泛的应用，特别是在蔬菜规模化生产以及在花卉产业化等方面显示了诸多优越性，展现了广阔的发展前景。君子兰的无土栽培技术的研究已引起广大园艺科技工作者以及生产者的关注。1984年东北师范大学姜兆俊等人进行了这方面的尝试。他们的水培试验包括：①培养液的筛选，②水培中需氧量的测定，③营养需要状况。第一个问题是选用了3种花卉培养的营养液和一种作物培养液。第二个问题是设计不同的供氧量。第三个问题是测定了氮和磷吸收量的短时期的变化。实验用的材料是大花君子兰的1片叶至5片叶的幼苗植株。在①、②两试验中主要是测定鲜重、根系体积、根的长度及生育状况、叶片生长状况等。

从4个营养液的培养结果来看，以克里格培养液较好。

从培养过程中的需氧量来看是呈单峰曲线。本实验中供氧量以氧分压达到145mmHg时生长情况最好，而高于和低于这个浓度的生长皆受抑制。

从氮和磷的吸收来看，较为平稳，这和它的生长速度慢可能有关，大的植株吸收量多，而小的植株吸收量少。

这一试验只是初步的，但也可以看出大花君子兰虽是具有肉质根的植物，只要选用适宜的营养液，保证一定量的氧气供应，用水培法是能够进行正常生长的。这就便于进行营养研究，有利于搞清君子兰各个时期需要的营养成分、各种营养元素对它生长发育的影响以及不同营养元素之间的比例，对其生长发育、形态建成的影响等。

另据报道，君子兰无土栽培已获得成功，甚至可使成龄君子兰开花结实。实际上，我国北方广大君子兰生产者和爱好者，用松针、树叶、草炭等材料为基质，外施有机和无机液体肥料，已经是变相地应用了无土栽培技术，而且还取得了一些有益的经验。

君子兰的无土栽培技术，首先要解决好用基质问题。无土栽培可分为两大类，每一类又有许多栽培方法。一类为水培：包括一般水培、营养膜技术、漂浮培、雾培（气培）；另一类是固体基质培，因所用基质的不同，又可分为：砂培、砾培、锯末培、泥炭培、蛭石培、浮石培、珍珠岩培，以及其他各种混合基质培。基质必须是保水、保肥和透气性好，化学性质较稳定的物质。根据栽培目的以及栽培对象选好栽培基质。这是君子兰无土栽培的一个重要问题。

其次是营养液的配制。营养液培养首先必须保证溶液是一平衡完全溶液，在溶液中最有利于君子兰利用的各种离子的数量关系俗称为"平衡"。其最终浓度不宜超过0.1%～0.15%。即使君子兰苗培养亦不使其超过0.4%。培养液适宜的pH值5.5～6.5。

由于君子兰的品种不同以及不同生育阶段，有不同的营养需要，常用不同浓度的养分配方，所以在目前还没有比较成型或最优配方的情况下，今介绍几种常用配方供应用参考。

⑴克诺普氏（Knop）培养液：应用最早的配方，每升溶液中应加矿质元素毫克数：

$Ca(NO_3)_2 \cdot 6H_2O$ 800(mg/L)；KNO_3(200)；KH_2PO_4(200)；$MgSO_4 \cdot 7H_2O$(200)；$FePO_4$，微量；加蒸馏水1000ml。

⑵普里亚尼什尼柯夫氏（прянишников）溶液：NH_4NO_3(240)；KCl(150)；$CaSO_4 \cdot 2H_2O$(334)；$CaHPO_4 \cdot 2H_2O$(172)；$MgSO_4 \cdot 7H_2O$(60)；$Fe_{cl3} \cdot 6H_2O$

(85);加蒸馏水 1000ml。

(3)阿侬及荷格伦特(Arnon and Hoagland)溶液：

$Ca(NO_3)_2 \cdot 4H_2O(950)$；$KNO_3(610)$；$MgSO_4 \cdot 7H_2O(490)$；$NH_4H_2PO_4(120)$；酒石酸铁 (5)。加蒸馏水 1000ml。

在无土栽培过程必须定时更换培养液，一般 1～2 周换一次，因为养料经植株吸收后须不断补充；水分蒸发之后其浓度也须加以调整；同时，历时太久，植株根部分泌的物质积累过多，对植株可能有毒害作用。在培养进行时，须每隔 3～5 天测 pH 值反应，并加适当调整，使其处于 pH 值 5.5～6.5 的微酸性。pH 值的调整，普通应用磷酸、醋酸盐等对植物无毒害影响的缓冲剂。在培养过程也要注意光线和温度的调整。刚移植时，不宜放在阳光直接照射之下，当植株已在溶液中恢复正常生长，才能移置正常生长光照下。同时也要防止光线对根系的直接照射。温度调节，视品种、年龄、生育阶段而定。在培养过程中，要向培养缸通入空气，保证根系正常代谢所需氧气。平时要经常查看培养液中有霉菌及藻类生长，应将营养液盖起来，不给藻类生长机会，以免与培养植株争夺养分。

君子兰叶片营养

君子兰所需要的矿质元素，除了主要依靠根系从土壤中吸收外，还可从叶片等地上部来吸收，这个过程称根外营养，亦称叶片营养。把肥料配成一定浓度，喷洒到叶片上，供给君子兰吸收利用，这种施肥方法叫根外追肥。

营养物质通过气孔可以进入叶内，也可通过角质层透入叶内。角质层是多糖和角质（脂类化合物）的混合物，无结构，不易透水，但是角质层有裂缝，呈微细孔道，可让溶液通过。溶液进

入叶内最重要的通道是外连丝（ectodesma）。它是表皮细胞的通道，它从角质层的内侧延伸到表皮细胞膜。当溶液由外连丝抵达质膜后，就转运到细胞内部，最后到达叶脉韧皮部。营养元素进入叶片的数量与叶片内外因素有关。嫩叶比老叶吸收速度快而且量大。另外，叶片只吸收液体，固体物质是不能透入叶片的，所以溶液在叶面上时间越长，吸收矿物质的数量就越多。君子兰叶片上附有蜡质，溶液很难附着。为使溶液更好地吸附在叶片的表面，在溶液中加入降低表面张力的物质（表面活性剂或沾湿剂）如吐温等。喷洒溶液浓度，大量元素为 1.5%～2.0% 以下，微量元素一般在 0.01%～0.1%，以免烧伤叶片。叶片营养的优点是，如根系受损或受病害使之吸收能力受到影响时，特别是产生生理缺素症时，进行喷施见效快，用量省。喷施杀虫剂（内吸收）、杀菌剂、植物生长物质等都是根据叶片营养原理进行的。

（四）水分对君子兰的影响

君子兰的细胞分裂和伸长都必须在水分充足的情况下进行。水分是细胞质的主要成分，细胞质的含水量一般在 70%～90%，使细胞质呈溶胶状态，保证了旺盛的代谢作用正常地进行。根尖、花茎的伸长生长如水分减少会使生长受阻。水分是代谢作用过程的反应物，光合作用的原料、呼吸作用、有机物质合成和分解过程，都离不开水分参与。水分是君子兰对物质吸收和运输的溶剂。一般来说，君子兰不能直接吸收固态的无机物质和有机物质，这些物质只有溶解在水中，才能被植物吸收。同样各种物质在君子兰体内的运输，也要溶在水中后才能进行。水分能保持君子兰的固有姿态。由于细胞含有大量水分，保持细胞的紧张度（即膨压）使叶片挺立，便于充分接受光

照和气体交换，也体现了株型美；同时花茎才能伸出，花朵才能开放，有利于开花结实。

（五）温度对君子兰生长的影响

君子兰（包括茎）只有在一定的温度条件下才能生长。君子兰要求生长温度范围同它的原产地类似。君子兰原产南非共和国纳塔尔省亚热带森林中，气候温和，各季平均气温为15℃，夏季少有酷热，平均气温为25℃。气温没有急剧的季节变化，而且湿度大，为君子兰等亚热带喜温植物创造了有利的条件。在君子兰适宜温度范围增加温度可加速叶片形成的速度。如果水分过多，温度可促进叶片生长。

培养君子兰要注意昼夜温差变化，自然条件下也具有日温较高和夜温较低的周期性变化，植物对这种昼夜温度周期性变化的反应，称为生长温周期现象。在实践中也要注意到适宜的土壤温度，因为土壤温度对根系和地上部的生长都十分重要。

四、内部条件对君子兰生长的影响

（一）植物激素与君子兰生长发育

植物激素是植物在新陈代谢过程中产生的一类微量化学物质，在植物体内含量极其微少，但它有很强的生理活性，并能从产生部位运输到起作用的部位。它们的生理作用十分广泛。君子兰的细胞分裂、伸长和分化以及种子发芽、生根、长叶、开花结实、成熟和衰老等每一生命过程都离不开植物激素的调节和控制。目前，已知有生长素、赤霉素、细胞分裂素、脱落酸和乙烯等几大类天然植物激素。到1995年植物生理生化学家们又将油菜素内酯、茉莉酸、水杨酸、多胺类列入植物激素的名单之中。在君子兰的组织培养中生长素类、细胞分裂素类等已被广泛地应用。随着科学研究的进展，植物激素在君子兰各生命活动中的作用被揭示，将会为应用植物激素调控君子兰的生长发育展示出广阔的前景，如促进君子兰重新发根、无土培养、控制开花、延长花期、促进花粉萌发……

（二）君子兰的向光性运动

君子兰的向光性运动是植物的向性运动之一。君子兰向着光的方向弯曲生长的能力，称为向光性。如君子兰叶子和花茎有向光性的特点，可以使叶子和花茎尽量处于最适宜利用光能的位置。然而由于叶子向光生长而造成叶形排列不整齐，使株形失去美感，造成观赏性差。特别是花茎的向光弯曲生长，更是应注意纠正的。在栽培实践中都知道转换花盆位置，使叶片能按人们的意志的方向生长，达到培养植株美观、叶片整齐的目的。君子兰的叶子为什么会发生向光弯曲生长呢？由于君子兰叶片内的ß-胡萝卜素和核黄素这两种受体吸收光后，引起组织的不均等生长而产生向光性反应。关于组织不均等生长是由生长素分布不均匀造成的。生长素移动的原因，可能是单方面的光照引起器官尖端不同部分产生电势差，向光的一侧带负电荷，背光的一侧带正电荷，由于弱酸性的吲哚乙酸阴离子向带正电荷的背光

的一侧移动，背光一侧生长素多，细胞的伸长强烈，所以植株（叶片、花茎）便向光弯曲。近些年来，也有一些学者发现向光一侧的生长抑制物多于背光一侧，向光一侧细胞伸长受到抑制，而背光侧的细胞生长快，所以产生向光弯曲。

<h1 style="text-align:center">五、君子兰的开花与外界条件</h1>

当君子兰生长到一定年龄后，在适宜的条件下，在茎的顶端分生组织就分化出花，最后才能开花结果。植物个体生长过程中，存在一个内在的计时机制，即生长到一定时间才具有接受外界环境诱导开花的能力，人们把这种能力称为"感受"（competent）能力。植物要在适宜季节才能诱导开花，而季节变化的主要特征是温度高低和日照的长短，植物开花，就是与温度高低和日照长短有密切关系。

（一）君子兰幼年期

君子兰幼年期（juvenility）是君子兰早期生长阶段。在此期间，任何处理都不能诱导开花。也就是君子兰必须达到一定年龄或经过一定时期的生长后，才能开花。当完成幼年期后即转入成年开花期，在适宜条件中诱导开花。经研究得知，君子兰的幼年期是在12～13片以前，完成12～13片

叶的生长一般需2年左右时间，但在实践中已可缩短到14～18个月。这一幼年期完成的加快，实际上也加快了开花期，提前1年多时间。一般情况下，君子兰在3～4年才能开花结实。比利时的学者Johan M.Van HoylenbroecK研究，君子兰必须达到12～13片叶后才能形成第一个花芽，在这之前为君子兰的幼年期，在这一阶段无论是温度还是增补光照（16h）幼苗不受其影响。一旦过了幼年期即达到12～13片叶子，随后每隔4～5片叶花芽便开始相继形成（表3-4）。

由于君子兰植株处于幼年期不能开花，所以莳养者都加速其生长，迅速通过幼年期，提早开花。在这方面我国有经验的养殖者都能做到。君子兰的幼年期转变为成年期，可能与体内某些激素变化有关，有待进一步研究。

在自然条件下，花诱导是受外界条件的严格影响。这些外界条件作为信号触发植物体细胞内

表3-4　自第一花芽及随后两次出现花芽之间的叶片平均数

温度	增补光照	第一花芽	第一到第二花芽	第二到第二花芽
7	没有	12.5 ± 0.47	4.3 ± 0.43	-
16	没有	13.1 ± 0.91	4.2 ± 0.41	3.8 ± 0.45
16	有	12.9 ± 1.11	4.5 ± 0.67	4.3 ± 0.42
20	没有	12.7 ± 1.53	4.8 ± 0.99	4.7 ± 0.80
20	有	12.1 ± 1.49	4.6 ± 0.60	4.2 ± 0.41

的某些成花诱导所必需的生理变化。在成花诱导方面、温度和光周期起着重要作用。

（二）温度与君子兰开花

秋末冬初的低温成为某些植物诱导开花的必需条件，如不经低温处理就不能开花。俄国学者李森科把低温促进植物开花的作用，称为春化作用（Vemalization）。

君子兰一般都是在每年7月开始形成花芽，生长较为缓慢，需要1年的时间，才可长到1cm左右的高度，需要一段低温10℃左右处理，经60～75天，然后才能加速花的发育，促进花茎伸长，才能开花结实（小笠原亮）。Johan M.Van Haylenbroeck的试验认为冷处理只对花芽20mm高时处理才有效，比此更小的花芽就没有反应了。在与花芽分化相比中，花芽的发育和花茎伸长可被光和冷处理所影响，增加光照（16h）引起更多植株开花的百分率以及可加速花的发育。对于花茎的伸长冷处理几周更为重要，同时还可获得高质量的花，增加光照可部分取代这种冷处理。这种花茎的冷处理在10℃下至少45天。不足的冷处理可通过增补光照（达16h）进行补偿。一旦冷处理完成了，较高的温度和增补光照可加快花的发育。

从图3-5中可看出温度对第一花芽分化的相关性。从幼苗开始，在20℃下第一花芽分化之前的时间要16个月，而对照在7℃下生长到相同阶段晚了1年。在20℃第2年大约有80%开花植株，在16℃下大约由30%开花植株，在7℃下的对照植株没有开花的，因为7℃下这些植株仍一直处在幼年阶段。关于君子兰的花芽分化、花的发育、生长条件以及精确的冷处理之间的相关性，有待进一步的研究和探讨。

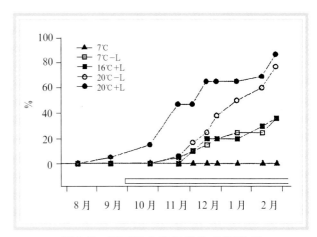

图3-5　用不同生长温度和光照处理
对大花君子兰第二年开花百分率的影响

（三）光周期与君子兰开花

在一天之中，白天和黑夜的相对长度，称为光周期（photoperiod）。

光周期对花诱导有着极为显著的影响。植物对白天和黑夜的相对长度的反应，称为光周期现象（Photoperiodism）。光周期反应类型有3种：要求短日照，在一定范围内随日照长度缩短而加速开花，称短日植物；要求长日照，随着日照长度的延长而加速开花，称长日植物；对日照的要求范围很广，在任何日照条件下都能开花，称为日中性植物。

从上述可知，植物必须经过一定时间的昼夜长度后，才能开花，否则就不能开花结实，这种昼夜长短对植物开花的效应；也就是为什么有些植物开花要求昼长夜短（长日照），而有些植物开花要求昼短夜长（短日），主要是由于其祖先长期对环境适应而形成的一种特性。

（四）光敏色素与诱导开花

光敏色素在高等植物器官中普遍存在。一般来说，蛋白质丰富的分生组织中含有较多的光敏色素。在细胞中，光敏色素分布在膜系统，胞质

溶胶和细胞核等部位。它的生理作用甚为广泛，它影响植物一生的形态建成，从种子萌发到开花、结果及衰老。光敏色素是一种易溶于水的色素蛋白质即蛋白质和生色团结合而成，生色团的结构类似于藻蓝素，为排列成直链的4个吡咯环构成，以共价键与蛋白质部分相连，具有独特的吸光特性。在植物体内的光敏色素主要以两种形态存在：一种是红光吸收型（简称Pr型，为蓝绿色），另一种是远红光吸收型（简称Pfr型，浅绿色）。它们可互相转变，这种转变包括生色团中由于两个氢原子发生转移，使它的结构发生变化，同时蛋白质结构也发生相应的变化。在白天光照下，Pr型吸收红光，转变为Pfr型；在夜晚黑暗中Pfr型分解破坏和转变为Pr型，因此Pfr型含量缓慢下降；而Pr型含量逐渐增加，当Pfr型吸收730μm的远红光时，很快转变为Pr型，Pr型吸收660μm的红光时，转变为Pfr型。Pr比较稳定，Pfr具有生理活性。Pfr与某些代谢产物（X）结合成Pfr·X复合物，引起生理反应。

光敏色素在光周期诱导开花中起着什么作用？也就是说，光敏色素是怎样控制植物开花的？光敏色素对成花的作用，与两种类型（Pr和Pfr型）之间的相互转化有关，也就是成花决定于二者比值的大小。当Pfr/Pr比值高时，促使长日植物开花，短日植物不能开花；当Pfr/Pr比值低时，促进短日植物开花，长日植物不能开花。对长日植物来说，对开花刺激物的形成需较高的Pfr/Pr的比值，这样高的比值在长日照射后才能得到。如果黑夜过长（在短日照射下），Pfr转变成Pr或Pfr被降解，开花刺激物形成受阻，就不能开花。如果用红光中断黑夜（或暗期），Pr转变为Pfr，而提高了Pfr/Pr的比值，促使开花刺激物的形成，长日植物才能开花。对短日植物来说，长时间的暗期Pfr转变成Pr或Pfr被降解，Pfr/Pr的比值下降到一定水平，触发开花刺激物形成，就可发生成花反应，结果会开花。如果暗期被红光间断，则Pr转变为Pfr，Pfr/Pr的比值提高，开花刺激物形成受阻，这时短日植物也不能开花。由此，看来无论是抑制短日植物开花，还是诱导长日植物开花，都是红光最为有效。而开花与否决定于最后照射的是红光（660μm）还是远红光（730μm）。对短日植物来说，红光使植物不开花，而远红光使植物开花；对长日植物来说，红光使植株开花，远红光使植株不开花。部分试验和栽培实践也证明君子兰对日照长短不甚敏感，在长日照和短日照下都可开花结实，然而要想准确得知短日照或长日照对君子兰开花的影响，还要进行深入地研究。

参考文献

[1] 周兴灏，单飞. 君子兰的光合作用与叶绿素含量的测定：东北师范大学 1984 年毕业生论文集

[2] 梁秀英，李沿宁. 君子兰叶片光合特性初步探讨. 东北师范大学学报（自然科学版），1987（4）75-77

[3] 梁秀英，魏长礼等. 君子兰叶片光合特性的研究（叶绿素和酸含量变化），东北师范大学学报（自然科学版），1993，（4）72-76

[4] 刘武林，张广增等. 大花君子兰体内的微量元素. 东北师范大学学报（自然科学版），1989（2）61-64

[5] 潘瑞炽等. 植物生理学. 北京：高等教育出版社，2001，27-31，219-252

[6] 周变等. 植物生理学. 北京：中央广播电视大学出版社，1989，209-231

[7] 陈为民. 大花君子兰子房. 花托和花丝培养再生植株，植物生理学通讯，1986（3）46

[8] 徐玉冰，刘继红，牛维和. 大花君子兰组织培养简报，植物生理学通讯，1989（1）30

[9] J.F.Finnie. In Vitro culture of Clivia miniata.Clivia YearBook,1998,7-10

[10] 姜兆俊. 大花君子兰水培的研究，长春市君子兰协会：首届君子兰科研报告会论文汇编，1984

[11] Johan M.Van Haylenbroeck. Clivia miniata Control of Plant Development and Flowering.Clivia Yearbook，1998，13-20

第四章

中国君子兰的栽培与管理

一、五要素管理

君子兰植物的正常生长、发育都与环境条件有着密切的的关系。自然界中的环境条件主要是由温度、光照、水（湿度）、土壤、营养元素等五要素组成。五要素是缺一不可的，缺少任何一种要素，君子兰都会失去生命力。如果某种要素不正常，不适宜君子兰的生长、发育的要求，在莳养君子兰时，就必须对这五要素严加管理。一株君子兰生长、发育状态如何就知道这五要素管理得如何。君子兰的不同生长、发育阶段，对这五要素的要求是不一样的。因此，根据君子兰的各个生长、发育阶段，人为地创造一种适宜君子兰各生长、发育阶段所需要的五要素的环境条件，满足君子兰的生长、发育需要，从而也会满足莳养者的要求。

（一）温度管理

君子兰原产于南非的山地森林之中，那里的自然环境一年四季如春，年平均最低气温出现在7月份，一般在10℃左右；最高气温出现在1月份，一般在20℃左右，最高不超过25℃。年降水量平均为500～1500mm。君子兰植物体的各部器官已适应了这种不冷、不热的自然环境。

君子兰在人工莳养条件下，不论是我国的北方或南方，都必须创造出接近原产地自然环境的条件。我们在长期莳养中已掌握了君子兰对温度的要求。因此，君子兰生长、发育的各个阶段，一年四季昼夜间，人为创造出的温度应控制在15～25℃（表4-1）。

实践得知，当莳养君子兰环境的温度降到10℃以下时，君子兰的生长、发育就会缓慢；当温度降到5℃左右时，君子兰的生长、发育就会受到抑制；当温度降到0℃时，短时间里对叶面喷洒冷水，可免除冻害。如果时间长，会出现叶片冻伤，失掉叶片观赏价值。当莳养君子兰环境的温度降至0℃以下时，则将冻死。

当莳养君子兰环境的温度达到或超过30℃时，如果空气湿度大，特别是营养土湿度大，其君子兰的叶片就会徒长，也就是生长得窄长，失去观赏价值；如果莳养环境湿度过小，温度高，时间长，君子兰的叶片就会萎黄、干枯，严重时可致整株干死。

莳养君子兰的环境，夏季温度不可超过25℃，并要加强通风；冬季温度一定控制在10℃以上，要保持昼夜温差在5～10℃。

表 4-1　四季昼夜温度控制

温度℃　季节　时间	春	夏	秋	冬
昼	15～20	20～25	20～25	15～20
夜	10～15	18～20	18～20	10～15

君子兰不同的生长、发育阶段要求的温度是不同的。在君子兰营养生长阶段（即根、茎、叶营养器官生长阶段），其适宜温度为10～25℃；生殖生长阶段（即花、果实、种子等器官形成阶段）其温度一定要控制在25℃以内，最高不超过25℃，适宜温度应为15～20℃。

君子兰播种后，要注意在育苗的容器里插棒状温度计（有条件的可放地温计），随时观察温度变化。播种槽或钵的温度要控制在20～25℃。该温度有利于君子兰种子发芽。如果君子兰种子量较少，可将播种槽或钵放置在暖气或火炕上。但要注意底温不要忽高忽低，应在槽或钵的底部垫上木板，在播种槽或钵上面要盖上玻璃片保温、保湿，有利促进君子兰种子萌发。一般从播种至胚根长出来大约要经10～15天；君子兰种子长出胚芽需30～40天左右，随之即可长出第一片叶子。

君子兰前苗期的生长温度应控制在10～20℃左右，最高温度不得超过25℃；君子兰苗期的温度应控制在15～25℃的范围内。君子兰在开花期，如果温度低，就会出现花莛夹在假鳞茎里（俗称夹箭）。遇到这种现象，就要加底温。方法是将夹花莛的君子兰的花盆放到暖气或火炕上，也可放热砖或热水上加底温。

放热砖加底温方法：将砖放到火中烧热（同时烧2～3块砖），当砖的温度达到50～60℃（最高不得超过60℃）时，将夹花莛的君子兰的花盆放在热砖上，待花盆下面的砖温度低了（即凉了）再换上另一块热砖，大约经50～60min后，花盆热了，盆内营养土的温度25℃左右时，就可以停止加底温。用这样的方法，每天处理2～3次。大约经10～15天左右，君子兰的花莛就可长高，待花莛长出假鳞茎20～40cm时，可停止加底温。

还可采用坐热水加底温。其方法：即在热水盆中放一块砖。要注意，热水不可超过砖的上表面，把夹花莛的君子兰的花盆放到热水盆内砖上，待热水的温度下降后，再换热水，水的温度应在50～60℃间。水温高于60℃时，热水蒸汽易伤君子兰的叶片。每次大约处理50～60min，待花盆温度达到25℃左右时，要停止加温。每天要处理2～3次，经过10～15天，君子兰的花莛就会从假鳞茎抽出20～40cm。这时要停止加底温。

（二）光照管理

君子兰在原产地的自然环境中具有喜弱光照的习性，在散射光照下生长、发育、开花结果。君子兰是耐阴植物。君子兰植物体内与其他植物一样，都存在着光敏色素，是一种调节生长、发育的蛋白质色素。在种子萌发，茎、叶的生长，开花结果的生理过程中，光敏色素起着重要作用。这一系列的生理过程没有光是无法进行的。因此，光照是非常重要的。

根据君子兰的光照习性，在实践中，春、夏、秋三季都要设置阴棚。阳光通过阴棚的缝隙透进照射在君子兰植物体上，称为"花达光"。由于君子兰植物体内光敏色素对光照不太敏感，所以光照条件好与差，都能正常生长、发育、开花结果。光照强，君子兰的叶片易被日光烧伤（即日烧病），不利于其生长、发育，更不利于开花结果。在君子兰开花时，控制好光照强度，也就是弱光照，可使君子兰的花期延长10～20天左右。

每年从2月中旬左右至10月中旬左右，要搭设阴棚。2月中旬至3月末10：00～14：00要遮光，其余时间不必遮光；3月末至10月中旬期间要全天遮光；10月中旬至11月初，10：00～14：00要遮光。

试验证明：君子兰的生长、发育与光周期（即昼夜交替）有关。如果没有光周期，君子兰就不能正常生长、发育、开花结果。叶片就会变长、变窄、变薄，同时也可出现变异植物，如将变异植物单独莳养，使变异巩固下来，亦可培育出新品种。

君子兰同其他植物一样，都有向光性。如果长时间把君子兰放置方位不变，其叶片会长向一侧，即常说的"歪"了，不整齐，失去观赏价值。因此，要经常（3～5天）搬动君子兰的花盆，使叶片受光的方位经常变化。这样会始终保持君子兰的叶片整齐。

在中国北方地区，每年秋末、冬初（10月初至12月末）及春末、夏初（3月下旬至5月下旬）光照时间10～12h，是君子兰生长、发育的旺盛季节，即出现两次生长高峰，在这个时期的光照管理非常重要。

适宜用做搭设阴棚的材料，可以因地制宜。常用的材料有遮阳网（可根据需要选定、苇帘、竹帘、木棍帘、高粱秆帘、草帘，均能透光）等。也可以往玻璃窗或塑料薄膜的表面上洒泥浆。泥浆点大小、密度按光照强度变化随时而定。

（三）水的管理

自然界中没有水，各种生物都无法生存。由此可见水是各种生物生命存在不可缺少的要素。君子兰同其他生物一样，如果没有水，同样生命也停止了。

只要有水，土壤中的氮（N）、磷（P）、钾（K）等元素才能溶解于水，才能被植物的根吸收。君子兰同其他植物一样，由肉质根吸收各种元素。

水是君子兰体内重要组成物质。据测定，君子兰内有60%～80%的水分。其中根部水分占

91.7%；垂笑君子兰叶片中的水分占87.3%。君子兰植物适应水的pH值为中性。城市的自来水基本都为中性，适宜莳养君子兰用水。此外，天然降水（雨水、露水）、河水、湖水、井水、泉水等各种淡水只要不被污染，不含各种有害的化学元素都可用作莳养君子兰的用水。

水决定了莳养君子兰环境中空气的相对湿度和营养土的相对湿度。君子兰原产地降水量500～1500mm/a，并分布不均，5～9月降雨量偏少，平均仅有10mm/月左右；10月至翌年4月降水量偏多，平均在90mm/月左右。这几个月中，11月至翌年2月降水量最高，可达116mm/月左右。君子兰适应了这种干、湿的环境变化。在水充足的月份，其肉质根、宽大的叶片能贮存大量的水；在干旱水少的月份，用自身贮存在肉质根、叶片中的水，维持着生命。严重时，叶片会因缺水而干枯死亡，只有茎具有生命力，在有水时会长出新叶片与新的肉质根。

莳养君子兰的环境，要经常向地面洒水调节空气湿度，相对湿度应保持在70%～80%。在这样的环境中，君子兰的叶片色深嫩绿，叶脉（俗称脉纹）清晰（有的凸起），叶片短、宽、整齐，观赏价值高。同时也要保持营养土的含水量在20%～40%。这样的含水量可以调节营养土的相对湿度。

（四）土壤管理

君子兰原产在南非山林地带，那里为森林腐殖土。这种土的透气性好，质地疏松保水、保肥，既抗旱，又抗涝，非常适宜君子兰肉质根生长。因此，在观赏栽培君子兰时，要配制接近原产地土壤的营养土。

常用的营养土：

①森林腐叶土

在森林腐叶土中，蒙古栎落叶的腐叶土最好，是养君子兰的上品营养土。实践中常在腐叶土中掺入落叶松的针叶（落叶），比例为15%～20%（按容积计算）。主要是增加营养土的透气性。

其他种类的阔叶树的落叶也可以制成腐叶土。不论什么样的腐叶土都要掺入（按容积计算）20%～30%河沙或炉渣（颗粒的规格2～3mm为宜）。

腐叶土，一定要落叶完全腐烂后再制成营养土。没有充分腐烂的落叶不可用。因落叶在腐烂过程中产生的热量轻者可烧伤君子兰的肉质根，影响正常生长、发育；重者可把植物体烧死。

②马粪土

用马粪制成的营养土，仅次于森林腐叶土。在肥力方面超过腐叶土。

马粪土的制作方法：

春季将新鲜马粪加适量水装入温床或土坑中，踩实。踩实的鲜马粪上面盖10～15cm厚的已制成的营养土或河沙，然后密封。大约经7～10天开始发酵。北方可在秋季结冻前（9月下旬或10月下旬，把已充分发酵的马粪起出来，过筛，按容积比，再掺入河沙或炉渣，其规格2～3mm³左右）。发酵好的马粪呈褐色，无臊臭味。

③农田土

多年种植蔬菜的农田土最好。这种土颗粒结构好，渗透性好。

用农田土时，可在土中掺入15%～20%的落叶松枯叶，也可以掺入河沙或炉渣（规格2～3mm³）。各地可根据具体条件配制营养土。但配成的营养土一定要中性，疏松、肥沃、渗透性好。

君子兰植物的根系在不同的营养土中表现的差异很大，在疏松、肥沃、透性好的营养土中根粗壮、舒展、根毛多，呈白色。反之，在黏重、透性差、瘠薄的营养土中根系生长得不舒展、细弱、根毛少，呈暗色即灰色，生长得不健壮。(图4-1)。

（五）营养管理

营养，也就是营养土中所存在的各种物质，也称为矿物元素。

君子兰生长、发育过程中，同各种植物一样，需要较多的元素，称为大量元素，如碳（C）、氢

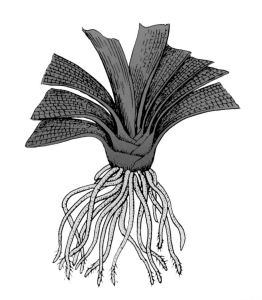
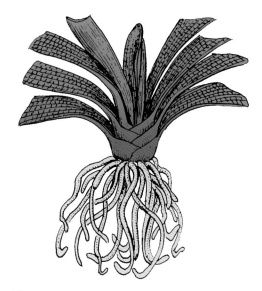

图4-1　根生长不佳

（H）、氧（O）、氮（N）、磷（P）、钾（K）、硫（S）、钙（Ca）、镁（Mg）等；在君子兰生长、发育过程中需要量较少，但又是不可缺少的矿物元素，称为微量元素。如：铁（Fe）、铜（Cu）、锰（Mn）、锌（Zn）、硼（B）、钼（Mo）、氯（Cl）等。

不论大量的营养元素，还是微量元素，都是君子兰生长、发育过程中不可缺少的。缺少某种元素，君子兰生长、发育则不正常。因营养元素引起的病态，称为营养元素缺乏症。

各种营养元素，都以化合物形式存在于营养土中。这些化合物都溶于水。君子兰通过肉质根，也就是根系从营养土中吸取各种营养元素，由输导组织运送到植物的各器官。矿物元素除以化合物形式存在营养土中，也有存在大气中的。因此，莳养君子兰要保持营养土有良好的透性，并有一定的湿度。应经常观察君子兰植物生长、发育过程中是否缺少某种元素。缺少某种元素，植物都会有不同的反应。如缺少氯，植物的叶尖会变黄；缺少镁植物叶片变黄、窄、长；缺铁时，植物新生的叶片呈黄白色等。发现缺少某种元素，就要及时补给，保证植物体的正常生长、发育。

这些营养元素主要来源于各种肥料。肥料以有机肥料为主。常用的固态肥料有发酵后的各种饼肥。如豆饼、麻籽饼（线麻籽饼，也称小麻籽饼）、棉籽饼、菜籽油饼、花生油饼、葵花油饼、蓖麻油饼、豆粕等；油料种子，如大豆（黄豆）、蓖麻籽（大麻籽）、麻籽（小麻籽、线麻籽）、葵花籽、芝麻、花生等；动物性肥料，如小动物的尸体、动物内脏、淡水鱼内脏（也称下水）、淡水鱼鳞、各种动物的蹄粉（马、牛、猪等蹄）。

液态肥料常用的有：各种饼肥、种籽肥、各种动物尸体、内脏、蹄等用水浸泡发酵后的液体就是液态肥料。

一般情况下，固态肥料一年施两次，在施用种籽肥时注意：大粒者要捣碎；小粒者要炒熟。在室内施用种籽肥无臭味。花谚说的好："三追不如一底。""年外不如年里，年里不如埯底"。固态肥都用作基肥（或称底肥）。春季在开花后（大约在4月末、5月初）施基肥；秋季果实采收后（大约在9月中旬至10月上旬），第二次施基肥。固态肥料肥力慢，持久。注意施固态肥料不要接触肉质根，以免未发酵好的肥料，特别是种籽肥，发酵过程中会产生热烧伤肉质根。液态肥料肥力快，但不持久，施用的原则：少量多次，视液态肥浓度，要加水稀释（达到不伤根的浓度）。施用液态肥料可结合浇水进行。施用量要视君子兰大小，生长情况，液态肥料浓度而定。在冬、夏两季君子兰生长、发育缓慢。如不缺肥力，可以少施或不施肥。不论施固态肥料或液态肥料都要掌握好施肥的时机。花农常说："活不活在于水，好不好在于肥。"莳养君子兰也同其他花卉一样，肥料是非常重要的，要保证其生长、发育过程中有足够的营养，就要经常往营养土中施加各种肥料，保持营养土有肥力。

二、君子兰的繁殖

君子兰有两种繁殖方法，即有性繁殖与无性繁殖。中国北方主要是有性繁殖。

（一）有性繁殖

有性繁殖，两个亲本（即父本与母本）都可为子代个体提供遗传信息。子代就会发生遗传基因重新组合，子代具有双亲的遗传基因，具有双亲的遗传特征，这也增加了子代变异潜力，有性繁殖易产生变异，这在育种上有重要意义。双亲配子在结合过程中，受生态环境（光照、水分、温度、土壤、营养）的影响，自身也发生生理变化，形成新的结合子，也易产生变异，这就是君子兰新类型多的根本原因。

君子兰植物个体一般情况平均产生80～100粒种子，最多的可产生400～500粒种子，因种子具有双亲的遗传基因，子代的变异较明显，能产生一些新的园艺品种类型。

中国北方的君子兰在冬季、春季、秋季要在室内越冬，开花期一般是11月至翌年6月，盛花期是每年元月至春节，即12月至翌年3月。人工莳养的君子兰，开花期必须人工授粉。

人工授粉，首先选配好父（♂）母（♀）亲本，组成生育组合。生育组合可按人们的培育目的选配。其次，要准备好授粉工具（玻璃皿、毛笔或橡皮、标签、镊子、毛等）等（图4-2）。

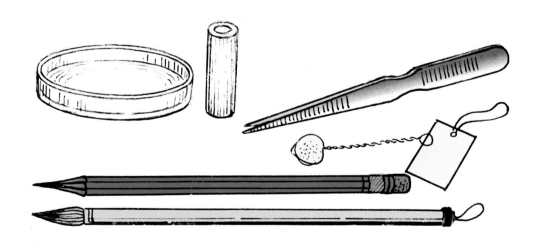

图4-2　授粉工具

图 4-3 人工授粉

在君子兰开花期，注意观察组合中的父、母本开花情况。当发现母本花被片开裂后，雌蕊柱头有粘液分泌，这是最佳的授粉时期；父本的花被片张开，雄蕊的花药开裂，并有黄色花粉粒散出，这是最佳取粉时期，是授粉的好时机。

植株授粉方法：

将成熟的黄色花粉粒弹入到玻璃皿内，盖好待用。待母本花蕊柱头分泌粘液时，用毛笔或其他授粉工具，在玻璃皿内蘸上花粉，向雌蕊柱头上轻轻一弹，见黄色的花粉粒贴到雌蕊柱头上，这就完成授粉。生产中如果授粉量不大，也可采用直接授粉法。操作过程：把组合中雄蕊的花药用镊子取下，然后直接往组合中母本的花柱头上

点花粉。不论使用什么工具，都不要碰到雌蕊的柱头，以免伤柱头（图4-3）。

授粉最佳时间是每日9：00～10：00，14：00～15：00。为了提高授粉座果率，要连续授二次粉。第一次上午或下午授粉，第二次在翌日上午或下午同一时间再授一次。授完粉一定要挂上标签，注明父本名称、授粉时间（日期）、授粉的次数、授粉人员等。为防止混杂，用过的毛笔等工具一定要清洗干净，以备再用。

君子兰的花序中是由几朵至几十朵花组成。这些花的花被片开放时间不同，有先有后。先开裂柱头有粘液分泌，就要授粉。不要等后开的花一起授粉，注意观察成熟一个授一个。君子兰植

物花序（图2-1）。

君子兰的果实为浆果，果实成熟后呈褐红色，不开裂。未成熟果实为绿色或深绿色。观察果实呈灰白色，用手轻轻捏一捏，果实内发出"沙沙"声，就可将果穗剪下，挂在通风处，经10～15天的成熟，就可将种子剥出来。在剥种子同时就进行粒选，将发育不良的种子（粒小或瘪种子）淘汰。君子兰的种子较大，百粒质量80～100g。将选出的优良种子装入10cm×15cm或15～20cm的纱布袋里。每个袋都要排上标签，登记好品种名称或代号、数量、采收时间、剥种人等。如果种子量大，品种多，要设专人保管。

君子兰的果实形状因品种而异：圆形、椭圆形、卵形、倒卵型等（图2-26）。

君子兰的种子因在果实中数量不同，其形状也不同（图2-27）。

君子兰播种可根据品种多少，种子量大小而定。中国北方各地可从每年10月下旬至翌年的2月间播种。种子量小，品种少可随收随播。不受播种期限制。

播种方法：播种前要准备好育苗用器具如育苗箱（可木制）、育苗钵（陶土制成）（器具的大小要在播完后一个人搬动为宜）；过筛后的河沙（规格1～2mm³）；营养土（森林腐叶土或马粪土）；尺。

种子量少，可将几个品种播在一个容器内（注意不要混杂），每个品种都要有明显标记。

播种时，可采用河沙育苗和混合育苗法。前者即将河沙装入育苗容器，用尺刮平；后者取2份河沙与1份森林腐叶土或马粪土（按容器计算），混合均匀。装入育苗器具内3/5处，刮平，其上再填入2/5处的河沙，刮平即可播种。

播种时，可按种子量大小，间距0.1～0.5cm，行距0.5～1cm。株行距可视种子量的多少而灵活掌握。

播种时要种孔朝下，按一定的株行距摆在刮平的育苗容器里，播后在种子上面覆盖一层河沙，厚度以盖住种子为宜。据有关资料介绍，日本的花农在种子上面覆盖厚2cm的沙土。播完的容器要浇透水，放到温度20～25℃处，保持一定温度、湿度即可。育苗期间视其情况3～5天浇一次透水。为防止底温过高，可在容器与热源间（火炕或暖气片）垫一层木板。为防止容器水分蒸发，在播种的容器上盖上玻璃片。

播后10～15天可长出胚根，播后30～40天可长出胚芽鞘，也就是胚体的第一片叶子。

（二）无性繁殖

用植物体的一部分营养器官直接产生新植物体的方式，就是无性繁殖。无性繁殖是不经过雌、雄性细胞参与的繁殖。无性繁殖的亲代与子代差异很小，遗传性状相对很稳定，子一代与亲代特性完全一致，也就是子代完全继承亲代的生物学特性。但也有芽变现象，易产生新品种。无性繁殖，容易形成无性系。

生产中常用无性繁殖，即分株繁殖。一般情况分株繁殖率较低，分株能力依君子兰植物的品种与年龄的不同而异，有的品种1年内可长出十几或数十个芽子，一般情况老龄植物易出芽子。

君子兰植物的无性繁殖一年四季都可进行。但以春秋两季为好。这两季底温易调整，控制在20～25℃间，母、子体的伤口易形成愈伤组织，长出不定根，子体易成活，成为新个体。

根据芽在母体上生长的位置确定倒盆与否。如将母株的根茎处营养土扒开，露出子株在母体上的着生位置，就可不倒盆取芽。需倒盆取芽，要

图 4-4　掰芽分株

图 4-5　刀切分株

结合君子兰换盆或换营养土时进行。

　　依据子株在母体上的位置、大小确定是掰芽分株还是刀切分株。

　　①掰芽分株

　　凡君子兰的株芽在母体上位置适宜、大小适宜，能掰芽分株，就一定用手掰取芽。手掰取芽的伤口，子株与母体伤口易形成愈伤组织。如管理得好，子株成活率可达100%；母体伤口也愈合快，生长、发育也不会受到影响。

　　具体操作：一只手握住母体的假鳞茎（即叶鞘集结处），另一只手捏住株芽的茎部轻轻向下掰，子株芽脱离母体，取下子株芽（图 4-4）。

　　②刀切分株

　　当子株在母体上生长过大，着生的位置不易

用手掰取，这时就要用刀切取。

　　具体操作：一只手握住君子兰母体的假鳞茎。另一只手持锋利刀，在株芽与母体的结合处用刀将株芽切下来，如果一刀切不下来，可多次切下，但刀口一定要对齐，不可错开（图 4-5）。

　　子株体在母株假鳞茎的叶鞘中长出时，则要有计划地，分期分批地将母株体的叶片摘除，直至子株体完全裸露出止。

　　不论采用哪种取芽法，子株体与母株体的伤口都要抹木炭粉、草木灰或细炉灰，主要防止伤流。否则就会有大量的组织液流失，生长与发育就会受到影响。伤口干后，子株体要栽到细河沙里（规格 $1mm^3$），放到 20～25℃ 底温处催根。

三、君子兰的管理

君子兰由于莳养不好，管理不善，会失去品种特性，丧失观赏叶片的价值。莳养管理好的实生苗，正常情况一般经3～4年即可开花，莳养管理差的，有的超过7～8年还未开过花。有的君子兰植物体生长得弱，病虫害发生严重。可见君子兰的管理很重要。

（一）幼苗期管理

这一段时期大约在50天左右时间。第一片真叶从胚芽鞘中长出来，经过50天生长，就可从育苗容器中移出来了（图4-6）。

君子兰幼苗第一片真叶长出来，就能进行光合作用。新陈代谢活动就开始了。当从播种至第一片真叶长到3～5cm，要经100天左右，即进入君子兰苗期管理。播种当年只长出一片叶，个别的植物可长出两片叶（图4-7）。

移苗时，要对幼苗进行一次选择，没有莳养价值的幼苗应淘汰；生长弱的幼苗要单独莳养；生长旺盛的幼苗集中莳养，可5～6株栽入4寸盆中或10株栽入5寸盆中。

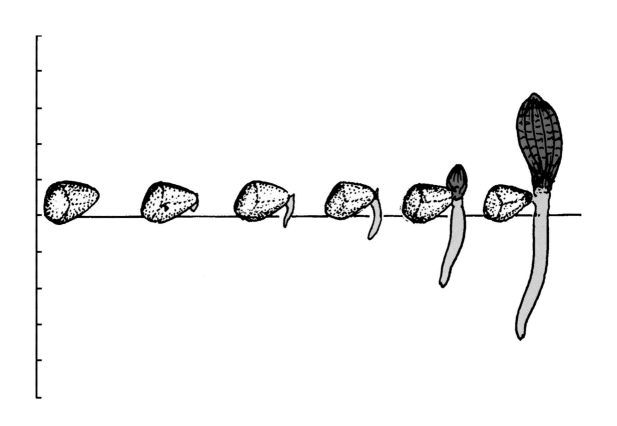

图4-6　从播种至幼苗期日数与高度

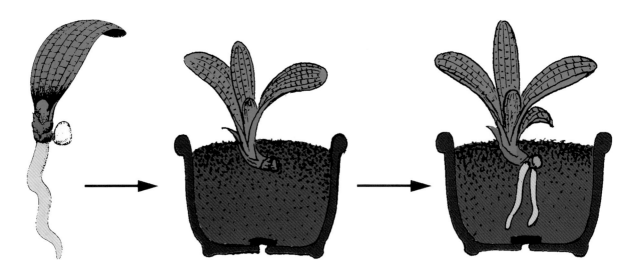

图 4-7　当年生君子兰苗

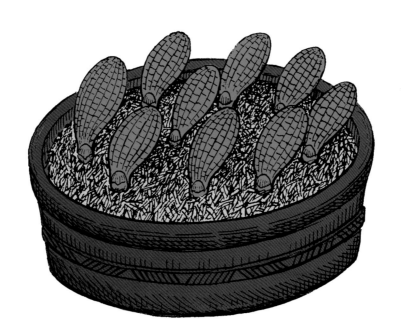

图 4-8　移后叶片方向

具体操作：首先配制营养土。用森林腐殖土或马粪土掺入30%（按容积计算）河沙配制成。其次是将配好的营养土装入要移植的花盆里，整平。再用细木棍或竹签（筷子粗细为宜）在整平营养土的小花盆里扎孔。可将幼苗的肉质根轻轻插入营养土的孔中。

注意，在同一个盆内的幼苗叶片正面都要朝一个方向（图4-8）。

移栽后的花盆要浇透水，摆放在20～25℃的环境中莳养。摆放时叶片的正面一定要向阳。

幼苗的肉质根很脆，种子还有营养物质供给幼苗。移栽时注意不要折断幼苗的肉质根。也不要碰掉未干瘪的种子。如果幼苗的肉质根折断，则应单独莳养。

幼苗时期要每天（特别夏季）浇1次水。阴雨天不干可不浇。幼苗期营养来源主要是种子，幼苗期种子内营养仍供给植物生长，此期间可不施肥。

（二）苗期管理

君子兰苗期大约要经2年的时间，苗期是从移栽到小盆开始。苗期地上部分的叶片数与地下部分的肉质根数基本是一致的（图4-9）。

君子兰苗期的温度要控制在10～20℃为宜，最高不得超过25℃。花谚说得好："低温育壮苗。"

当君子兰植物第一片叶停止生长，第二片叶尚未长出时，对君子兰的苗进行抗逆性锻炼。适当地浇水，创造干旱环境条件，经过15～20天抗性锻炼的植物的叶片宽、厚、硬，亮度好。

苗期君子兰在夏季要进行通风，空气流动可带走水蒸气，可以降温。苗期视干旱情况，特别是夏季天气炎热、蒸发量大，盆小要1天浇1次水。如天气特别干旱，1天要浇2次水。阴雨天视盆中营养土干湿，可2～3天浇1次水；冬季蒸发量小，视盆中营养土干湿，可3～5天或5～7天浇1次水。浇水时，一定要浇透水，盆底小孔要有水流出。苗期君子兰，要视其生长情况追施液体肥料，但浓度不要大，视原液浓度，每次半匙至1汤匙，加水15～20倍，溶液结合浇水施用。一般情况10～15天追施1次，施追肥一定要少量多次。

（三）大苗期管理

君子兰苗生长满2年至性成熟止，为大苗期。如果莳养管理得好，这一时期经1～2年的培育，就可达到性成熟，开花结果。这一时期的管理工作很重要，直接关系到君子兰植物的生长、发育。生长满2年的君子兰可以长出8～10片叶（图4-10）。

君子兰生长满3年可以长出15～20片叶（图

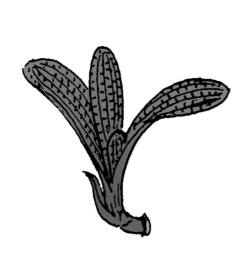

图4-9 满1年生君子兰苗

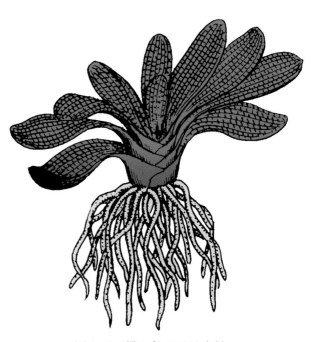

图4-10 满2年君子兰全株

图4-11　满3年生君子兰全株

4-11)。

君子兰莳养满4年可出25~28片叶。莳养管理得好，君子兰长出20片叶时，就可以开花。如果莳养管理一般，君子兰满4年，长出25片叶时就完成生殖生长，达到性成熟，开花结果，也就是成龄君子兰。

大苗君子兰，每年春秋都要施基肥，也就是固体肥料，其量可以依据大苗生长情况，营养土肥力情况而定。一般一次可施固体肥料20~50g。在每年的生长高峰期，要追施液体肥料，原则就是少量多次，一般每隔10~15天追施1次，追肥量要视植物体生长健康情况，营养土肥力情况而定。一般可1汤匙至2汤匙加清水15~20倍水溶液，结合浇水进行。

这个时期温度可控制在20~25℃间。营养土的湿度、含水量控制在15%~20%；空气的湿度（相对湿度）控制在75%~80%。

这个时期，每年都要换2次莳养盆。换盆就是依据植物体的叶片数，视植物体的大小，换适当规格的君子兰盆（表4-2）。

君子兰植物体的大小换适宜规格的花盆：

1片叶苗，每6~10株栽入4~5寸盆中；

2~3片叶的苗，每两株栽入4~5寸盆中；

3~5片叶的苗，每株宜栽入4寸盆中；

5~8片叶的苗，每株宜栽入5寸盆中；

8~10片叶的苗，每株宜栽入6寸盆中；

10~15片叶的苗，每株宜栽入7寸盆中；

15~20片叶大苗，每株宜栽入8寸盆中；

20~25片叶的大苗与成龄君子兰植物体，宜栽入10~12寸花盆中。

表4-2　君子兰花盆规格

规格(市寸)	盆高(cm)	盆口直径(cm)	盆底直径(cm)
3	11	12	8.5
4	13	15	11
5	15	16	12
6	16	20	13
7	20	22	15
8	22	26	18
10	26	30	20
10	28	34	22

注：1市寸 = 3.33cm

（四）成龄君子兰管理

君子兰经过3~5年生长、发育，完成了生理变化到性成熟过程，即进入了生殖生长期，开花结果，开始有性繁殖后代。有的植物在叶腋里长出芽，开始无性繁殖。此外，君子兰的组织培养利用种子及幼苗或成龄君子兰某一器官或组织都可以培育出下一代子株。

成龄君子兰除要进行营养生长，还要进行生殖生长。这就需要供给大量矿物元素，还要供给微量元素。如果营养元素缺乏，出现营养元素缺乏症，则君子兰衰弱，其叶片明显变薄、变窄、发黄、叶尖也成渐尖或锐尖，叶表面无光泽，花色变淡，果实也小，失去观赏价值。

为使君子兰健康地生长、发育，要加强管理，特别要注意营养元素的供给。每年春、秋两季都要施基肥。春季在开花后期，果实生长发育期，也就是每年的4~5月；秋季在果实收获后，9~10月，结合君子兰换营养土进行。施肥量及肥料种类要视君子兰缺少矿物营养元素的具体情况而定。施基肥量一株君子兰施50g左右。为防止烧伤根部，肥料与肉质根间一定要用营养土隔开，最少要隔开2cm。

君子兰除施基肥外，在生长季还要追施液态肥料。当君子兰20片叶时，每次要追施两汤匙，视原液浓度加15~20倍水；成龄君子兰每盆、每次要追施3~4汤匙，同样视其浓度加15~20倍水稀释。施用液态肥料的原则是"少量多次"。在冬季三九天，夏季三伏天君子兰植物体生长缓慢，可以不追施液态肥料。

成龄君子兰的莳养环境的温度要控制在10~25℃，特别在开花期昼夜恒温时，会出现"夹箭"（也就是花葶未抽出假鳞茎）。莳养君子兰的环境中的相对湿度要保持在80%；营养土的含水量要保持在20%左右。冬季浇水要视盆内营养土干湿而定，一般可以每隔3~5天浇1次透水，即花盆底部的排水孔有多余流出。在浇水前用手指弹花盆，如发出闷声就不用浇水；发出清脆声，就需

要浇水。

如果所莳养的君子兰出现了"夹箭"，除采用前面所述加底温外，可施用"促箭剂"。施用方法及机理在另一章叙述。

成龄君子兰要视营养土的结构、肥力等情况换营养土。一般情况可两年换1次营养土。需要换花盆时，要换与君子兰植株体比例相适应的盆。

具体操作：需两人合作，一人的两手握住植物假鳞茎，另一人双手托住花盆，将花盆倒置在木凳或其他物体上轻轻磕盆边，把植物体倒出来，剪除烂根和没有吸收能力的老根，除去废土。花盆的排水孔用碎盆片盖上，向里内填2～5cm厚营养土，之后将植物体根部放盆内如根长，可将根盘在盆里，向盆内填营养土至盆高的一半时，轻轻晃动植物体，再稍向上拉一拉，根间填入营养土，然后把花盆填满营养土。并用手轻压植物周围及盆边的营养土。换完营养土后，要浇透水，放置在10～25℃、相对湿度70%～80%的环境中。成龄君子兰从每年4月下旬至11月上旬除全天遮光外，还要通风。

四、其他管理

（一）茎的管理

不论什么原因，地上部的叶片及茎尖全部损失或地下部的肉质根全部损失，只剩一段茎，这段茎仍有活力。将茎两端处理后，涂木炭粉或细炉灰，待茎伤口没有组织液流出，用过筛的细河沙把茎埋上，保持沙不干，底温25℃左右，促使隐芽萌发，大约经1个月左右时间就在茎上长出株芽来，少者一个子株，多者可达3～5株；最多者可以长出10余株。老龄君子兰的茎过长，生长逐渐衰老，失去观赏价值。可用此法更新，恢复生长发育的活力。

（二）病虫害防治

君子兰，在观赏植物中是比较抗病虫的种类。仍免不了有一些病虫害。有的病害可以使植物体全株死亡（详见第五章），失去生命力。

莳养君子兰必须掌握、了解各种病虫害发生的规律、发生病虫害的自然环境条件、时期等。一定要作到"防重于治"。经常注意观察君子兰的变化，要提早预防。

例如，吹棉介壳虫（俗称棉花虫），一年四季都可发生，春、夏两季尤为严重，吹棉介壳虫发生的自然条件：高温、高湿、不通风。

软腐病（又俗称腐烂病，抹头病），多发生在夏季阴雨高湿、高温、通风不良等自然环境中。常在夏季与吹棉介壳虫同期发生。

因此，特别是夏季要加强通风、降温（可采用机械办法或现代设备空调机降温），在雨季要减少湿度，特别是空气湿度一定要降至适宜君子兰生长发育的70%～80%。这样不但预防了吹棉介壳虫，还可以预防腐烂病的发生。

预防吹棉介壳虫在没发生前可将"百治屠"药粉撒到叶片（特别心叶）、假鳞茎处；也可在营养土中埋"铁灭克"（大米粒大小2～3粒）。莳养中注意不要机械碰伤株体；不施没发酵好的肥料。施肥时一定要把肥料与君子兰的肉质根隔开；凡伤口一定要处理干净，涂木炭粉或炉灰。

（三）君子兰植物体卫生

君子兰除观花外，主要是观赏君子兰植物体的叶片。因此，君子兰的叶片卫生管理非常重要。要经常保持叶片表面无灰尘。

因君子兰的叶片宽大，灰尘易落在上面。叶面落上灰尘影响植物体的正常生长发育，更碍观赏。

保持叶片卫生办法：用软质的抹布（利用旧背心也可以）擦叶。擦时一只手在叶片背面，托着叶片。另一只手用抹布轻轻地由叶鞘部位向叶尖部位擦。叶片下部托叶片的手要随叶片上面的手移动；注意两只手要协调。如果一遍未擦干净，再重复擦一次。切记，不可来回往返擦叶片。来回往返擦易折断叶片。擦叶片注意不要碰伤。

视叶片的灰尘情况，一般要3～5天擦一次叶片。要经常保持君子兰植物体的叶片无灰尘。

参考文献

谢成元著.君子兰.长春：吉林人民出版社，1982

第五章
中国君子兰病虫害防治

中国君子兰

柴泽民

在我国君子兰是一种室内花卉。由于室内一年四季都保持一定的温度和湿度，有利于病菌的传播和害虫的繁殖，加之室内生长的植株对病虫害的抵抗力不强，所以更容易染上各种病菌或害虫。君子兰在生长过程中，受到致病病菌及害虫的侵害，严重影响植株的正常生长发育，降低了观赏价值，甚至造成整株死亡。因此必须引起高度重视。

一、病害及其防治

君子兰的病害，是指君子兰因病原菌的侵入而失去正常生长发育的状态。这主要是它所处环境不适或遭受寄生物的侵染，使君子兰细胞组织发生病变甚至呈现器官变色、畸形、生斑、萎蔫、腐烂、落花、落果等明显的病症。

君子兰发病的原因，在植物病理学上称为病原。君子兰的病态可分为两大类：一类为传染性病害，一般是由细菌或真菌引起的。这些病原菌形态各异，具有较强的寄生力、致病力和繁殖力。它通过各种途径将病原菌传播到健康植株上，逐步扩大蔓延。由这种病原物质引发的病害，叫做生物性病害。另一类是由生态环境因素引起的病态，叫做非传染性病害，也称非生物性病害或生理性病害。

（一）传染性病害

以君子兰植株为寄主的有害微生物或寄生物等的侵入引起的一种病害，这种病害能相互传染，所以又称为传染性病害。在君子兰培养管理过程中，病菌通过各种途径（气孔、伤口、昆虫）可以传染蔓延到其他植株。君子兰传染病的病原菌，从各种病症观察诊断来看，主要有真菌、细菌、病毒及线虫等。

1.软腐病

病原菌为欧文氏杆菌 *Erwinia* spp.。

发病规律：此种细菌有许多寄主，可侵染各种多汁（肉）植物。一般通过虫咬伤口进入植物体内。潮湿的夏季或处于密植状态生长的君子兰容易被这种细菌侵染。初期的症状是底部的一两片叶子变黄，继续观察就会发现在植物基部出现黑色水渍状病斑。这种病斑向上扩展直至被侵染的叶片。在病害的发展过程中，经常使植物的基部及根部完全腐烂，致使植物不能支撑而倒下。有的虽然不发生腐烂，但叶片出现干枯，像一张黄色的薄纸。由于湿度过大，通风不良，阴暗过度，叶鞘处常有尘埃以及施肥时沾染的有机质等，给病菌侵入植物体提供条件，特别是长江流域及其以南地区雨季前后，容易感染此病。

流行和病害循环的气候条件为温度30～40℃和潮湿多雨。此细菌存活于土壤或带病残体中，它也可以存在于昆虫的肠道内及带菌的蜗牛中。一般通过昆虫（尤其是家蝇）、蜗牛、鸟类及人类活动在植株之间传播。也可通过剪枝用的剪刀或收割蔬菜用的刀具传播。家蝇也许是最有效的传播者。当此细菌侵蚀植株后通过外部的酶（细胞外的细胞水解酶和果胶水解酶）造成发臭的、变软、潮湿腐烂。苍蝇常被这种植株所强烈的吸引，这些苍蝇将其部分消化，然后飞落到另一植株上。在那里，它们清洗自己，包括一次回流，即将成千上万的细菌沉积在植株上。然后开始另一个侵染过程，即再侵染。

当蜗牛取食已被侵蚀过的植株时，摄取大量的细菌，然后爬到未受侵染的植株上，在那里排便，它们的排泄物可带成千上万个菌体细胞，然后进行再侵染。

病害防治：当环境条件如温度、湿度等适宜时，对此病害进行防治是很困难的。对于户外的植株，应使其处于一种透水性良好的环境中，以致不会存有过多的积水，甚至是在连续不断的大雨情况下也是如此。排水不良是导致发病的最大的原因，通过对植株造成水压，使根部因缺氧而死亡。对于室内的植株，应确保不要给植株浇过多的水。

应有足够的遮荫的设施。遮阴布虽然可以进行遮阴，但会增加小环境的热量，尤其是黑色的遮阴布，它能促进软腐病的发生。杀死正在植株间传播病菌的家蝇，从而阻止软腐病的进一步扩展。通过有规律地应用蜗牛诱饵来防治蜗牛。清除其他被害植株及病残体。这种细菌嗜好那些有过多氮肥和高糖量的植株。

改良肥料比例是防治病害的重要步骤。增加钙、镁、钾肥的比例，从而调节氮肥的施用量。含镁的熟石灰是钙和酶的元素的来源。钾可以通过氯化钾或硝酸钾等肥料中获得。

修剪用的刀具必须消毒后才能再使用。一般用70%的酒精进行消毒。在实际应用中，很多人嫌麻烦，但是如果细菌出现时，此法还是有价值的。

在一株君子兰受到轻微伤害时，用刮胡刀或解剖刀将被侵染的叶片刮掉。在操作之前用杀菌剂对刀进行消毒。用硫粉或氯氧化铜粉对伤口进行适当的治疗。当植株被严重侵蚀且已折断时，应将其移走。从植物基部将已变软或死亡的组织

图5-1a　君子兰软腐病

图5-1b　君子兰软腐病

切除掉，撒上硫粉或氯氧化铜粉，移栽到含有硅土的土壤中，浅水勤灌，并使其保持在60%～70%的遮阴环境中。君子兰是非常强壮的，很快就会恢复健康。

2.叶斑病

君子兰叶斑病（图5-2）是由细菌感染导致的一种病害。病原菌是水仙壳多胞菌 *Stagonospora curtisii* Sacc.。另外，大茎点霉属（*Macrophoma*）的真菌也常引起君子兰叶斑病，其黑色颗粒多在斑背面产生。

发病规律：君子兰叶斑病一般在春、秋季发生，但温室中四季均可发生。过度密植、通风不

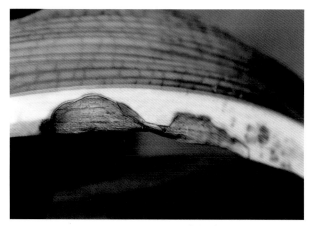

图5-2a 君子兰叶斑病

图5-2b 君子兰叶斑病

病初期开始喷药，防止病害扩展蔓延。常用药剂有25%多菌灵可湿性粉剂300～600倍液（50%的1000倍、40%胶悬剂600～800倍），50%托布津1000倍、70%代森锰500倍、80%代森锰锌500倍等。要注意药剂的交替使用，以免病菌产生抗药性；⑤人工除虫。操作时要精心细致，尽量减少创伤，杜绝病菌侵入君子兰内部组织。

预防措施：不使用生土、生肥，施肥浓度不宜过大，固体肥不可直接接触根部。

3．炭疽病

君子兰炭疽病（图5-3）是由一种炭疽菌感染所致。病原是圆盘孢属的一种（*Gloeosporium* sp.）真菌，分生孢子盘圆盘状，分生孢子圆柱形，无刚毛。

发病规律：本病在炎热潮湿的季节多发生。浇水过多、放置过密、施用氮肥过量，都容易发病。此病多发生在叶尖或边缘部位，发病初期叶片出现粉红色胶质粘液。后扩展成为红紫色或暗褐色的圆形或椭圆形的病斑。中央为淡褐色或白色稍有些凹陷。发病后逐渐扩大，四周可见轮纹斑痕，四周呈现褐色病斑渐变干枯，斑上散生着黑色颗粒状物。严重时整株受侵，叶片变黑枯萎。

良、湿度过大均利于发病。换了尚未腐熟的生土，使用未发酵好的肥料，盆土长期不换，所施用的肥料氮、磷、钾不平衡，施肥量过大等等，也能发生此病。在高温干燥条件下，或者受介壳虫危害严重时，病菌易从气孔或伤口侵入，导致病害发生。受害部位一般都发生在叶片基部或边缘上。发病初期，叶面出现黄色小斑点，之后斑点颜色逐渐加深，斑痕面积不断扩大，边缘隆起，有米黄色球状细菌胶质液流，以至下陷，最后产生溃烂，以至将整株烂掉。

防治方法：①及时除去带病组织，并集中烧毁；②及时换盆土；③不宜对植株喷浇；④从发

图5-3 君子兰炭疽病

在夏季由于土壤过湿，氮肥用量过多，或没有使用磷肥、钾肥时，容易发生此病。

防治方法：防治炭疽病要注意通风和光照，盆土排水要良好；要适当增加磷、钾肥，控制氮肥。如果发现有患病的预兆或发病初期，也必须进行药物治疗，如用50%的可湿性多菌灵粉剂加800倍水制成溶液，或用50%的可湿性托布津粉剂加1000～1500倍水制成溶液，或用60%的炭疽福美加800～1000倍水制成溶液，每周喷洒1次，连续3次，能够预防和治疗此病。

另外，增施磷钾肥，降低盆土湿度，注意通风降温，提前喷洒托布津等药物进行预防。

4．烂根病

又叫根腐病。君子兰烂根病（图5-4）的病原菌是一种软腐细菌（*Erwinia* sp.）。

发病规律：此病是由多种原因引起的，一年四季都可发生。气候炎热高温，湿度过大，盆土长期不干，施肥过量，换土时根系受伤，长期干旱后浇水过量等都可造成烂根。发病初期，植物心叶及心叶基部出现水渍状斑点，进而向下蔓延至根部，病部呈稀糊状，可使叶片脱落，严重时植株死亡。

防治方法：①改进栽培管理。改进浇水方式，要从盆沿浇入，防止灌入心叶中。发现烂根病株，要清除全部烂根，用灭菌剂浸泡后晾干，更换新的腐熟营养土加30%～50%的沙砾，严重的要全部放在沙子里，以诱发新根。②药剂防治。对于已经发生烂根病的植株，要及时采取措施，方法是将病株连根拔起，去掉根土，浸放在0.1%的高锰酸钾溶液中，浸泡5分钟（腐烂部分要先除去再浸）。然后用清水冲洗一次，根向上放在阳光下晒半小时，再阴干4～5天，盆栽土经高温土壤消毒，待土完全冷却后上盆，土不要埋得太深，浇

图5-4　君子兰烂根病

足水放在阴凉处换苗10～15天长出新叶。据青岛园林科研所试验，此法有100%的效果。

另外，炎热季节注意通风降温，防止盆土过湿，炎热季节停止施肥，降低肥料浓度，换土时避免根系受伤等。

5. 高烧病

君子兰高烧病是一种由细菌侵染引起的病症。也称"抹头"病（图5-5）。

发病规律：在潮湿高温季节都容易发生这种病。主要原因是由于叶片上喷水带入病菌或因盆土长期过湿引起烂根、烂茎尖所致。一般发病初期，根尖生长点首先腐烂，然后逐渐扩散，引起茎尖及心叶腐烂。君子兰烂根以后，破坏植株的正常生理功能和吸收功能，致使君子兰体内温度升高，故称高烧病。这种病症发展极快，一般在1～2天内，严重的甚至在几小时内，植株温度可由25℃上升到35～40℃，半天时间就能使君子兰的茎尖处腐烂。

防治方法：如果用手背测试君子兰基部组织和叶座的温度时，发现高于或等于人的体温，则说明君子兰患高烧病。这时应采取抢救措施，用凉水擦洗中心叶片。同时，还可把君子兰从盆中取出，用凉水冲洗根部，然后放到阴凉通风处，继续观察，植株基部的温度是否上升，如果继续上升，就必须采取动手术的方法。做法是在中心叶片的鳞茎两侧，用消毒锋利小刀，竖割一条小缝，然后用凉水对中心叶片一片一片地冲洗10min，之后仍然放在阴凉通风处观察。如果温度不继续上升，说明问题已经解决，只要加强管理，病症不会继续蔓延。如果温度还在不断上升，就要对中心叶片进行检查，是否已经烂心。如果没有烂心，这时也可倒盆，把君子兰放在凉水中浸泡两小时再检查，若是温度继续上升，君子兰中心叶片已有烂叶现象，那就必须进行大手术，把叶片从假鳞茎处全部切掉，这样还可以保住茎和根，重新进行栽培，让茎上萌发新芽，保留品种，此外别无良策。

图 5-5a 君子兰"抹头病"

图 5-5b 君子兰"抹头病"

图 5-6a　君子兰红斑病：叶背面和表面

图 5-6b　君子兰红斑病：叶背面和表面

6. 红斑病

君子兰红斑病（图 5-6）是一种由病毒、细菌类和某些生理因素引起的病症。

发病规律：发病初期叶片背面呈现白色或粉黄色、杏红色的小圆点。发现此病后，如不及时采取措施，时间长了，斑点越来越大，颜色逐渐加深，斑痕处凹陷腐烂，轻者斑点连成一片，把叶片烂掉，造成"抹头"。其致病原因多是由病毒侵染所致。究其病毒来源，大多数是由肥料没有充分发酵腐熟就使用，生肥在土中腐烂，导致更多的微生物和病毒在君子兰茎、根基部大量繁殖。这些微生物和病毒，粘在君子兰根系上吸收营养，

造成君子兰生理功能受阻，叶片呈现红斑状。

防治方法：君子兰红斑病大都来自根部。如果发现红斑病后，要立即翻盆换土，然后清洗君子兰的根部和茎部，把所有的微生物和病毒、细菌冲洗掉，可用 65% 的可湿性代森锌粉剂加 400～500 倍水制成溶液，每 10 天或半月喷洒一次，2～3 次即可。换盆后，宜用磁化水浇灌。

7. 白绢病

君子兰白绢病的病原为小菌核属的一种真菌 *Sclerotium rolfsii* Sacc.。此病害主要发生于君子兰靠近地面的茎基部，发生褐色软腐，白色绢状的菌丝布满在患病部位，并在土表蔓延。部分菌丝结成菌核，菌核初期白色，后变黄色、红褐色至深褐色。严重时整株被害。

发病规律：菌核可以存活 4 年以上，以此渡过不良环境条件，高温潮湿季节发病重。上盆时，若土壤为未经消毒的垃圾土、菜园土则发病重。

防治方法：①改进栽培管理。有病污染的土壤应携出温室之外销毁；②药剂防治。除去病部，君子兰基部以 0.1% 汞水消毒 5min 后用水洗，再浸于 a-奈乙酸 50～100mg/L 数小时，重新扦插于无菌湿沙土上，可重新生根；更换盆土时，土壤要用消过毒的沃土，可以土壤重量 0.2% 的五氯硝基苯（70%）拌和处理土壤后再上盆。

8. 煤烟病

君子兰煤烟病多发生在高温潮湿季节。

发病规律：受害部位初期出现紫褐色斑点，以后逐渐扩散为直径 1～2cm 的深褐色斑块。这时，患病部位出现煤烟状物，严密覆盖患处，植株光合作用和呼吸作用受阻。

防治方法：患煤烟病初期，可用多福合剂（多菌灵 5% 加上福美双 5%）加 500～800 倍水制成溶液，每 10～12 天进行一次雾状喷治。如果发现介

壳虫，还可用20号石油乳剂加50～200倍水制成溶液，杀灭介壳虫，防止病症蔓延。

9. 灰霉病

灰霉孢属的 *Botrytis cinerea* Pers. 为病原菌。病部出现灰色粉状物，即为病菌的分生孢子梗和分生孢子。分生孢子梗细长有分支，端部细胞膨大如球形，上有许多小梗，小梗上着生分生孢子。分生孢子聚生成葡萄穗状，椭圆形，单细胞，无色。

发病规律：病菌以菌核随残株在土中越冬，温室通风不良、湿度过高时病重，放置过密时也容易病重，氮肥过多，植株组织变软，易导致病重。花被、花梗、叶片均可受害。花被受害时，产生水渍状直径为1～2mm的小斑，不久扩大，变褐腐烂。在花梗上发生时，褐色软腐，往往从发病部位折倒，影响种子成熟。叶部受害，往往从边缘发生褐色发软的病斑，表面有轮纹折皱，可扩展到全叶。潮湿时，着生灰色霉，后变土黄色。

防治方法：用无病原菌新土或土壤消毒后做盆土栽培，避免放置过密。温室在冬季要适当加温，可避免湿度过高。即时除去病叶、病花，并集中处理掉。浇水或施肥不宜过多，最好从盆边缘注入水。

（二）非传染性病害

所谓非传染性病害，实际上是一种没有受过生物侵袭的生理病害。它包括不适于君子兰正常生活的生态环境条件。如土壤和水分中含盐量高，可溶性盐分浓度高于君子兰可以忍受的程度，则会发生盐害，导致水分供给失调、营养元素缺乏、温度光照不适宜或栽培管理不当以及其他有害毒物的侵害等一系列因素，产生的伤害、冻害、药

图5-7a　君子兰日烧病

图5-7b　君子兰日烧病

害等，所有这些影响君子兰正常生长发育的病态统称为非传染性病害。

日烧病

又叫日灼病。是一种生理性病害，多发生在夏、秋两季。由于环境高温，强光直接照射到叶面所致。轻者叶片由绿变黄，重者叶片脱水干枯死亡。

发病规律：感病叶片边缘出现不清晰的发黄的干枯斑块。此病严重影响植株的观赏价值和正常的生长发育，从而降低了植株的品质。

防治方法：①温室种植君子兰时，从6～9月份要适当遮阴。当室内温度超过30℃时，要加强通风或采取喷水降温。②家庭种植君子兰应避免强光直射和高温，应放置在阴凉处；③君子兰一旦发生日烧病（图5-7a、5-7b）后，应将被害叶片剪去，防止引起其他病害。

夏秋季高温、强光，要注意避光，花窖可加遮阳网、竹帘、苇帘等减少光照强度，创造散射光的环境，并注意通风降温。

二、虫害及其防治

君子兰虫害的种类并不多，一般除介壳虫外，在盆土中也易发生白线虫和蚯蚓等虫害。其中尤以介壳虫危害最大。介壳虫系刺吸式口器虫类，它以针状口器刺入君子兰叶片组织吸取汁液，造成危害。一般并不直接破坏植株组织，只是受害部位形成斑点，引起各种病症和变态，如卷叶、叶片皱缩，严重的还会出现瘤状等，并传播病菌。

1. 褐软介壳虫

褐软介壳虫是一种刺吸式口器的害虫。雌成虫为卵形或长卵形，扁平、背部稍微隆起，身长一般为3～4mm，宽3～3.5mm，前端圆窄，后端膨大，通常浅黄褐色，黄色或红褐色，背部向内稍弯曲，体背软或略硬化，构成不规则的格子形图案，触角7～8节，眼1对，红褐色，足细或中等粗细。初孵若虫卵形，上部稍圆，下部尖，淡黄色，体长0.6mm，宽0.3mm。若虫为长椭圆形，扁平，背部略隆起，淡黄褐色，体缘有缘毛，一对尾缘毛很长，达体长的一半，外形与成虫相似。

发病规律：褐软介壳虫多发生于高温多湿季

节，冬季在室内也容易发生。正常情况下1年发生4代，在露天以1～2龄若虫越冬。各代分孵若虫的时间为3月中旬、5月下旬、8月上旬和10月上旬。每只雌虫可生300只以上，其后雌成虫死亡，变为棕红色。

褐软介壳虫常常聚集在君子兰叶鞘上，影响君子兰的光合作用，使君子兰长势不旺，叶片枯萎，失去观赏价值。介壳虫本身繁殖力强，多数虫体覆盖一层蜡壳，具有较强的抗药能力，如不及时防治，严重时也会造成君子兰整株死亡。君子兰褐软介壳虫为害（图5-9）。

防治方法：介壳虫的防治，也应以预防为主。介壳虫常年固定在一个地方危害植株，因虫体微小，一般被人们忽略，所以在购买君子兰时，注意不要把带有介壳虫的君子兰带回家，否则无意中进行了人为的传播，给君子兰的生长带来影响。

（1）人工防治。介壳虫利用它细长的口针，深深地插入君子兰组织深处，吸食植株的营养。它一旦离开植株体，就会无法生存。因此，可用人

工防治的方法。用竹签、小木棍等工具，轻轻地把介壳虫和煤烟状物擦掉，再用清水擦洗。在除治过程中不要造成叶片伤痕，防止侵染其他病症。人工除治介壳虫的时间最好选在介壳虫的若虫和成虫期。在成虫产卵时，就要对虫卵一并刮除。人工除治虽然方法简便，但是由于介壳虫体积小，不易根除，同时工作量较大。应提倡用化学药剂根治。

（2）药物防治。化学药剂除治介壳虫是大面积防治介壳虫的主要方法。初孵的若虫，身上的胶质、蜡质等保护层较薄，容易吸收药物。莳养者可以抓住这个有利时机，用触杀性药剂除治介壳虫。可选药物较多，用80%的敌敌畏乳剂1000～1500倍液、90%敌百虫结晶体1500～2000倍液或50%乳油剂的辛硫磷1000～2000倍液、25%亚胺硫磷乳油800～1000倍液、50%杀螟松1000倍液、40%氧化乐果1000～1500倍液、50%的乙酰甲胺磷1000倍或20%杀灭菌酯2000倍液等进行喷药杀灭。在操作时，要注意正反面叶片，只要有虫害的部位都要喷到。对2龄以上的介壳虫，由于虫体覆盖着胶质和蜡质，除治时必须选用高效低毒的杀虫剂，40%乳油剂的氧化乐果1000～1500倍液、50%乳油剂的马拉硫磷800～1000倍液或50%乳油剂的乙硫磷1000～1500倍液进行喷杀，均可起到防治的作用。此外可用甲胺磷原液，随时都能收到良好效果。用这种药物治虫操作简便，用棉签蘸药涂于患处，每3天1次，连涂3次。产卵期，隔7～10天后再涂1次，便可彻底消灭。用药量应根据君子兰大小而递减。同时要注意新叶和嫩叶最好暂时不涂，更不可伤后涂药，以免造成药害。涂药最好在室外进行，不然室内会有臭味。

（3）生物防治。又称以虫治虫。主要是利用介壳虫的天敌——瓢虫、寄生蜂、寄生菌等。特别是瓢虫中的红缘黑瓢虫，一生中能捕食介壳虫2000只。白天瓢虫常在豆科类植物的枝叶上觅食。瓢虫有假死现象，容易捕捉，捉后可用透气纸袋装上备用。在早晨或傍晚将捕捉的瓢虫用枝叶引放在介壳虫聚集的部位，瓢虫立即大口嚼食介壳虫，每5min就能吃虫2～3只。一株生介壳虫的成龄君子兰，只要放入2～3只瓢虫，就足以把所有介壳虫消灭掉。

除了褐软介壳虫外，侵害君子兰的同类害虫类还有康氏粉蚧、吹绵蚧、红圆蚧等，其防治方法参照褐软介壳虫。

康氏粉蚧（*Pseudococcus comstocki* Kuwana），属于粉蚧科。

形态特征：成虫。雌成虫椭圆形，较扁平，体长3～5mm，粉红色，体被白色蜡粉，体缘具17对白色蜡刺，腹部末端1对几乎与体长相等。触角多为8节。腹裂1个，较大，椭圆形。肛环具6根肛环刺。臀瓣发达，其顶端生有1根臀瓣刺和几根长毛。多孔腺分布在虫体背、腹两面。刺孔群17对，体毛数量很多，分布在虫体背腹两面，沿背中线及其附近的体毛稍长。雄成虫体紫褐色，体长约1mm，翅展约2mm，翅1对，透明。卵椭圆形，浅橙黄色，卵囊白色絮状。若虫椭圆形，扁平，淡黄色。蛹淡紫色，长1.2mm。

生活史及习性：一般1年发生3代，以卵囊在树干及枝条的缝隙等处越冬。各代若虫孵化盛期为5月中下旬，7月中下旬和8月下旬。若虫发育期，雌虫为35～50天，雄虫为25～37天。雄若虫化蛹于白色长形的茧中。每头雌成虫可产卵200～400粒，卵囊多分布于树皮裂缝等处。在花木上，成虫和若虫多聚集在幼芽、嫩枝上危害。

吹绵蚧（*Icerya purchasi* Maskell.）属于硕

图5-9a 君子兰褐软介壳虫危害：叶片

图5-9b 君子兰褐软介壳虫危害：果柄

蚧科。

形态特征：成虫。雌虫椭圆形，橘红色，长5～7mm。腹面平，背面隆起。触角黑褐色，11节。产卵前在腹部后方分泌白色卵囊，囊上有14～16条纵条纹。雄成体瘦小，长约3mm，下、胸部黑色，腹部橘红色;触角黑褐色，10节；前翅狭长，灰褐色，后翅退化成平衡棒。卵长椭圆形，桔红色，长0.7mm。若虫初龄椭圆形，红色，触角端部膨大，有4根长毛，腹部末端有3对长毛。2龄若虫背面红褐色，上覆黄色粉状蜡层，体毛增多，胸部背面和边缘已成毛簇。3龄雌若虫红褐色，体毛更为发达。雄若虫2龄后化蛹。蛹桔红色，长3.5mm，长椭圆形，白色，由疏松蜡丝组成。

生活史及习性：每年发生世代数因地而异。一般每年发生2～3代。以雌成虫或若虫在枝干上越冬。越冬雌成虫于翌春3月开始产卵，5月下旬至6月上旬为成虫盛期，成虫于7月中旬发生较多。第二代成虫于7月上旬至8月中旬产卵，8月上旬为盛期，若虫发生于7月中至11月下旬，8、9月为盛期。初龄若虫多寄生在叶背面，群集危害。雌虫成熟后，在原固定处取食，不再移动。此虫繁殖能力很强，产卵期达1个月，每次可产卵数百粒，多者达2000粒左右。雄若虫行动较活泼，经2次蜕皮后，在叶鞘、花序或根际土壤表面、杂草中做白色薄茧化蛹。温暖、潮湿的生境有利于吹绵蚧的发生。重要的天敌有澳洲瓢虫、大红瓢虫、红缘瓢虫等。

图 5-10　蜗牛的危害

红圆蚧〔*Aonidiella aurantii* Maskell〕又名红肾圆盾蚧，属于盾蚧科。

形态特征：成虫的雌成虫介壳圆形，直径约 2mm，橙红色至红褐色，中央稍隆起，边缘扁阔，淡橙黄色。介壳透明，可见到红色虫体，壳点在中央或近中央，桔红色。雄介壳长椭圆形，黄灰色，壳点偏于前端一侧。雌成虫老熟时前体部明显呈肾形而极硬化，产卵后虫体两侧边下垂包住臀板，形似马蹄，触角有小突起，上有刚毛 1 根，臀叶 3 对，不分裂。臀棘发达，其顶端分支呈不规则的帚状。阴门前两侧斑纹呈阜状或豆点状，阴门周腺无。卵圆形，淡黄色。若虫初孵若虫淡黄色，椭圆形，2 龄以后出现性分化，雌虫圆形，橙红色；雄虫体变长，出现翅芽、交尾器和复眼。蛹长椭圆形，橙红色。

生活史及习性：发生代数因地而异，一般 1 年发生 2 代，以受精成虫越冬。6 月中旬开始胎生若虫（不直接产卵），8 月中旬出现第一代成虫，然后胎生第二代若虫，10 月中旬出现第二代成虫，经交配后越冬。

2.蜗牛

蜗牛在我国南方许多省市发生严重，北方也受其危害。在园林植物上危害的蜗牛有 4 种：灰巴蜗牛、薄球蜗牛、同型蜗牛和条华蜗牛，常见的为灰巴蜗牛。蜗牛在温室内危害君子兰以及菊花、兰花、八仙花等花卉。

灰巴蜗牛有 2 对触角，后触角较长，其顶端长有黑色眼睛。贝壳中等大小，壳质坚固，呈椭圆形，壳面黄褐色或琥珀色并有密生的生长线与螺纹。生殖孔位于头部右后下侧，呼吸孔在体背中央右侧与贝壳连接处。卵圆球形，乳白色，有光泽。

初孵化的幼贝和贝壳为浅褐色。

发病规律：灰巴蜗牛 1 年发生 1 代，其寿命可达 1 年以上。蜗牛白天栖息在花盆底部或砖块下，夜晚爬出到叶片等处危害。蜗牛对君子兰的危害主要是对花被、雄蕊、雌蕊和幼嫩叶片的食害。被害的叶片上有零星小缺刻，所爬过之处都留下银色的痕迹，影响花卉正常的光合作用，也有损于观赏。冬季低温和夏季高温时休眠，环境条件适宜时便活动危害。雌虫将卵产在草根、花卉根部土壤中、石块下或土壤里。蜗牛的危害见图 5-10。

防治方法：药物防治施用 80% 灭蜗灵颗粒剂或 10% 多聚乙醛颗粒剂，每平方米 1.5g，或在盆周围撒一些石灰粉。简单且更有效的方法是人工捕捉。

3.蛞蝓

蛞蝓的危害及其防治方法参考 2.蜗牛。蛞蝓的危害见图 5-11。

4.鼠妇

鼠妇又叫潮虫、西瓜虫，属于甲壳纲动物。广泛分布于南北各地，主要伤害君子兰的根部、茎杆，造成茎部溃烂。

鼠妇长 10mm，背灰色或褐色，宽而扁，有光泽。体分 13 节，第一胸节与颈愈合。触角 2 对，

图 5-11a　蛞蝓的危害

图 5-11b　蛞蝓的危害

图 5-12　鼠妇的危害

其中 1 对触角短而不明显。有复眼 1 对，黑色、圆形、微突。初孵鼠妇白色，足 6 对，经 1 次蜕皮后，有 7 对足。

发病规律：鼠妇 1 年发生 1 代。喜欢在潮湿的条件下生活，不耐干旱。当外物碰触，身体蜷缩成球形，装死不动。白天潜伏在花盆底部，从盆底排水孔内食嫩根，夜间活动危害。每头雌体产卵约 30 粒，孵化需 60 天左右。鼠妇再生能力很强，如触角、肢足断损，能通过蜕皮长出新的触角和肢足。此虫主要伤害君子兰的根和茎部，造成茎部缺刻与溃烂。鼠妇的危害见图 5-12。

防治方法：①发生严重时，使用 30% 久效磷合剂 3000 倍液喷洒于花盆、地面或植株上；②保持温室内清洁，清除多余的砖块、杂草及各种废杂物品。

5.线虫病

线虫是一类微小的动物。

发病规律：君子兰寄生线虫一般形体微小，体长不到 1cm，身体不分节，体外裹着一层半透明的弹性角质膜，内部器官埋藏于体腔中，直接以体壁为界。雌雄异体，雌雄异形。卵产于卵囊内，卵囊椭圆形。其繁殖是通过雌雄线虫交配产卵。花卉受害后，生长不良，植株矮小，叶片皱缩，甚至早期枯死。可见根部有大小不同肿疣，根系不发达，生长受阻。解剖小疣可见内部有白色圆形粒状物，即白色线虫虫体。

防治方法：防治线虫引起的危害，用二溴氯丙烷、呋喃丹、棉隆等药物有效。

6.蚯蚓

蚯蚓在农田中是益虫，可是对盆栽君子兰来说则为害虫。

发病规律：因为君子兰具有粗壮的肉质根，花盆容土量有限，蚯蚓满盆乱钻，伤害根系。特别是幼根、嫩根及根毛区受到损伤后，不能正常生长，造成吸水功能受到阻碍，严重时殃及全株，造成烂根、烂茎，从而抑制君子兰生长。

防治方法：生有蚯蚓的盆土表面，出现成堆的细土颗粒，对这种盆土可用 50% 乳剂敌敌畏

1500～2000倍液浇灌；还可用清水将盆土浇透，而后捣大蒜2～3头，加水稀释后倒入盆中。上述两种药剂注入花盆后，可见蚯蚓钻出土壤表面，这时用镊子夹出即可。大蒜液的浓度，以不伤害君子兰的根系为标准，一般情况下连续浇灌两次即可以除掉蚯蚓。如果能找到枫杨的树叶，可拾来一把，放在水中浸泡2昼夜，然后取上面的水向盆土中浇灌，可把蚯蚓驱赶出来。

参考文献

[1] 图力古尔译，上住泰、西村十郎［日］著. 原色花卉病虫害. 长春：吉林科技出版社，2002，180～275

[2] 李祖清. 中国君子兰. 成都：四川科学技术出版社，1996，191～203

[3] 赵兰勇. 花卉病虫害原色图谱. 济南：山东科技出版社，1994，10～42

[4] 徐明慧. 花卉病虫害防治. 北京：金盾出版社，1993，222～226

[5] 徐明慧. 园林植物病虫害防治. 北京：中国林业出版社，1993，376～392

[6] 首都绿化委员会办公室主编. 观赏植物病虫草害. 北京：中国林业出版社，2000，31

[7] 周成刚，齐海鹰，刘振宇. 名贵花卉病虫害鉴别与防治. 济南：山东科技出版社，2001，134～137

[8] 金波，刘春. 花卉病虫害防治彩色图说. 北京：中国农业出版社，1998，15～58

[9] 王瑞灿，孙企农. 观赏花卉病虫害. 上海：上海科技出版社，1987，292～295

第六章
中国君子兰的研究简况

一、关于君子兰的植物分类学探讨

君子兰植物分类学的探讨包括两方面内容：其一，探讨君子兰原始种的命名、分类地位、形态特征、产地分布问题；其二，君子兰栽培品种培育的演化、分类原则、命名原则与方法及品种名称整理与统一问题。

（一）君子兰植物分类学的探讨

1.君子兰的分类地位

君子兰隶属于高等植物的种子植物门，单子叶植物纲，石蒜目，石蒜科，君子兰属的多年生常绿草本植物。

2.*Clivia* Lindl.的建立

1823年，英国人鲍威尔（Bovie）在南非开普敦省好望角一带首先发现了垂笑君子兰（*Clivia nobilis* Lindl.）。当时他不知道叫什么名字，觉得很新奇，把它带回英国，栽植在英格兰北部的诺森伯兰郡的克莱夫（Clive）公爵夫人的花园中。植物学家福雷斯特（Forrest）经常到这个公园中观赏这种植物，并做了详细的记录。后来不久，他把这种植物的标本和观察记录的资料，赠给了当时英国著名植物学家约翰·林德勒（John Lindley）。

同年，J·林德勒根据福雷斯特赠送的标本和观察资料，依据国际植物命名法规，用拉丁文给君子兰属命了名——*Clivia* Lindl.。*Clivia* 是为了感谢克莱夫（Clive）公爵和夫人在花园中栽植这种植物，林德勒把克莱夫（Clive）的姓拉丁化，作为石蒜科君子兰属的国际通用的拉丁属名。而 *Imantophyllum*（1828）、*Himantophyllum*（1830）皆是 *Clivia* 的晚出异名，予以废弃。

J·林德勒建立了君子兰属 *Clivia* Lindl.采用国际植物学界使用的拉丁文，描述了该属植物具备的特征：

1. 多年生常绿草本植物；
2. 肉质成束状的绳状根；
3. 两行排列的剑形叶；
4. 花莛压扁，顶有多花的伞形花序；
5. 红色的浆果；
6. 肉质近圆形的种子。

3.*Clivia* Lindl.属的野生种

君子兰属（*Clivia*）分种检索表

1. 无地上茎，叶生于基部，边缘平滑或粗糙
　2. 花大，宽漏斗状，朱红色或鲜黄色，直立向上，叶较宽
　　3. 花朱红色
　　　……君子兰 *Clivia miniata*（Hook.）Lindl.
　　3. 花鲜黄色
　　　……黄花君子兰 *C.miniata* var.*citrina* Hort.

2. 花小筒状，橘红色，杏红色，下垂，叶较窄

    4. 花先端稍张开，桔红色，夏季开花

      ……垂笑君子兰 *C.nobilis* Lindl.

    5. 花先端不张开，杏红色，花被边缘绿色，秋、冬季开花

      ……戈登君子兰 *C.gardenii* Hook.

1. 有地上茎，叶生于茎上部，边缘有锯齿，花下垂，筒状，橘红色，顶端绿色

    ……有茎君子兰 *C.caulescens* R.A.Dyerin

1) 垂笑君子兰 *Clivia nobilis* Lindl.

J·林德勒在 1828 年为该种首先命名。它是 Clivia 属中，按国际植物命名法规要求（一个完整的学名应由三部分组成 属名＋种加词＋命名人）最早命名的植物种，也是该属的模式种。

C.Aitoni Duch. (1859)

C.maximum Guillon (1881)

是它的晚出异名，予以废弃。

该种于 1870 年前后由欧洲传到日本，20 世纪初传到我国。该种含有多种生物碱类化学物质，各国生化学者对其化学成分进行了卓有成效的分析测试，药用价值令人瞩目。分布南非东南部。

2) 戈登君子兰 *Clivia gardenii* Hook.

该种产于南非纳塔尔省的克勒尼。由英国著名植物学家虎克（Hooker）的亲密朋友戈登（Major Garden），带回英国，介绍给虎克。并引种在英国皇家花园的温室试验栽植。1828 年，虎克给它命名为：*Clivia gardenii* Hook.，其中种加词 *gardenii* 就是为了纪念他的朋友 Major Garden。

该种叶窄长先端钝渐尖，下垂或呈弓形。伞形花序，最多由 14 朵花组成。秋末冬初开花，花期长达数周。主要分南非布纳塔尔省和斯威士兰（Swaziland）的森林中。

3) 有茎君子兰 *Ciliva caulescens* R.A.Dyerin

据南非有关资料记载，在南非的德兰士瓦（Transraal）省发现该种君子兰。1943 年命名，有效发表。该种具有地上茎，老植株茎高可达 80cm。花多下垂，花筒状，花被片边缘绿色。该种已由日本传入我国长春。

4) 黄花君子兰 *Clivia miniata* Regel.var.*citrina* Hort.

1888 年发现于南非纳塔尔省的森林中。是一个自然变种。它的生长习性与君子兰相同，是稀有、罕见的种类，花是鲜黄色的，这种颜色的花与红花品种杂交，往往产生红花后代；若黄花与黄花之间进行人工授粉，可以获得至少 50% 的黄花后代。

5) 君子兰 *Clivia minata* Regel.

该种于 1828 年在南非德兰士瓦省（Transraal）的巴巴顿（Barbarton）拉肯斯堡山脉林中发现。主要分布在南非东部的纳塔尔省（Natal）及斯威士兰国。首先传入英国，后传到世界各地。长春市花君子兰就是由该种杂交育成。

由于此种植物的拉丁名较多，在国际上沿用过 170 余年的学名，经科学考证，有正本清源之必要。

4.君子兰 *C.miniata* Regel.的考证

该种在南非境内发现后，在欧洲各国栽植。由于有关国家的学者获得此种植物的时间、地点

不同，个人见解各异，致使这种植物有 7 个拉丁学名。国际植物命名法规明确规定，每种植物只能有一个最早经过学术刊物正式有效发表的、用拉丁文描述的有效学名。其余的学名均作异名处理，不能使用。据此，按时间顺序对逐个学名，予以论证。

1）*Imantophyllum miniatum* Hook.（1828 年）

<u>属　名</u>　　<u>种加词</u>　<u>命名人</u>

属名是比 Clivia 的晚出异名，为无效属名。种加词为最早提出的，具有优先保留权，沿至今。

2）*Himantophyllum miniatum* Groen.（1854 年）

把该种放在 Himantophyllum 属中的晚出异名。废止不用。

3）*Vallota miniata* Lindl.（1854 年）

误把该种放在 *Vallota* 属中。无效学名。

4）*Clivia miniata* Regel.（1864 年）

没有对该种的拉丁文描述，只有用德文对该种的评述。甚至不同意把该种放在 *Clivia* 属。这是沿用 170 年之久的无效裸名（只有学名而无文字描述的名字）。

5）*Clivia minitata* Lindl.（1864 年引用）

是 E.Regel 在德文引用名，查无出处。无效名。

6）*Imantaphyllum cyrtanthiflorum* Uan.Houtte（1869 年）

法国学者命名。晚出异名，无效名。

7）*Clivia sulphurea* Laing ex Wien（1888 年）

晚出异名。无效名。

笔者根据国际植物命名法规的优先权原则，对该种学名进行新组合，即学名新组合：

Clivia miniata（Hook.）Lindl.

因为林德勒于 1828 年有效发表了建立君子兰属的拉丁文描述；同年，虎克也首次发表了该

种种加词的（*miniataum*）拉丁文描述。新组合学名充分体现了对两位科学家研究工作的尊重和认同。也考虑到原学名沿用已久的实际情况，故不另立新的学名。

（二）君子兰品种分类的探讨

1.育种简史

如前所述，君子兰属植物从南非发现到引种驯化培育诸多品种的时间仅仅 200 年的历史。从文献资料中获悉，南非共和国是原产地，欧洲是培育品种的起源地，英国对原种的分类命名功不可没；比利时的查尔斯·雷斯（Cherles Raes）于 1869 年就育成了世界上第一个种间杂种——曲花君子兰（*Clivia cyrtaniflora*）。它是君子兰（*Clivia miniata*）和垂笑君子兰（*C.nobilis*）的杂交种。它的花呈橘红色，半开放，半下垂（Flore des serres,1869）；德国汉堡附近的奥托豪森（Ottenhousen）培育出宽叶、大花亮丽的品种 *Clivia miniata* Lindeni（Flore des serres,1880.vol.23），在相当长的时期内，是最受欢迎的品种。还有西欧流行一时的比利时杂交种（Belgian hybrida），宽叶、橘红色花的四倍体品种。由于它生长周期长，逐渐被二年开花的品种所取代。此外，还培育出矮性、短叶的品种。总的看，北欧人喜欢矮性品种，南欧人则偏爱大型品种，育种的着眼点放在花色的变化方面。颜色由浅黄→橘黄→橘红→粉红→深红，形成系列。

目前，对黄花品种的培育受到重视。瑞士人斯密萨斯（Smithers）育出一个叫维克黄（Vico yellow）的品种。澳大利亚也是先引进大花品种，后来在黄花品种的培育上下功夫。如迪林先生（Mr.Dearing）的 ´Ailsa Dearing´ 黄花品种，是 *Clivia miniata* 和 *Clivia miniata* ´Aurea´ 的杂交种

（1980年公布）。凯温·沃尔特兹（Kevin Walters）发表文章介绍他生产大花品种和培育黄花品种的成果（1987年）；比尔·莫里斯（Bill Morris）长期从事黄花育种工作，获得一个黄花品系（yellow strain）（1950年至今）；特别是R·W·菲奇先生（R.W.Finch）致力于淡色花的选育，已育出一个全白色的品种。以佩恩·亨利（Pen Henry）的君子兰苗圃为基地，专门从事君子兰种类研究和品种选育工作。

日本的中村喜一培育的黄花品种叫"千叶黄"。除了花色外，对花被的形状予以关注，出现了由窄瓣→中瓣→圆宽瓣的变化。有的花瓣上还有淡色的条纹。日本对君子兰的另一变种斑叶君子兰（Clivia miniata var.striata）的品种繁育工作是卓有成效的。从小笠原亮所著《君子兰》书中列出代表种中，共有29个斑叶品种，分成黄色斑系，如天赐冠等、白色斑系如白龟等和中心斑系如曙等，占代表品种总数的60%以上。日本作为斑叶品种的育种中心是当之无愧的。据悉，日本农林省准备向国际园艺学会申报君子兰品种的国际登录权。

我国君子兰繁育的种源主要来自日本。20纪30年代传入我国东北。长春作为中国君子兰品种繁育传播中心，历经半个多世纪，以叶的多彩变化为育种主攻方向，培育出诸多君子兰的精品、珍品。受到中外同行瞩目。目前，已向多元化育种目标迈进，成功地培育出世界罕见的绿花君子兰。

2.君子兰品种分类原则

花卉品种既是人工培育选择的结果，又是作为生产资料的一个单位，故对花卉品种分类有些国家的专家只强调用观赏性状作为分类依据，看不出彼此的亲缘关系，这是人为分类法的不足之处。陈俊愉教授在《中国花卉品种分类学》一书中阐述的花卉品种分类原则同样适用于君子兰的品种分类。即：

1）种源组成是品种分类的前提性标准

"品种分类标准，首先应该放在种的分类基础之上。一般采用的方法，是将同一种或同一变种起源的品种，不论是一个种的变种或一个种的染色体加倍所成的多倍体，均列为一个品种系统。"（俞德浚，1979）。依此原理，陈俊愉主张先按种型区分为不同的系（系统）。君子兰依此原理可以分出：

大花系：即君子兰（Clivia miniata）所形成的品种系统；

垂花系：即垂笑君子兰（Clivia nobilis）所形成的品种系统；

曲花系：是两种君子兰杂交而成的种间杂种（Clivia cyrtanthiflora），可以单独成一个品种系统；

斑叶系：Clivia miniata var.striata是君子兰的一个变种；叶片条纹斑性状稳定。形成诸多品种，可做独立的品种系统。

黄花系：Clivia miniata var.citrina. 是君子兰的黄花自然变种。有许多黄花品种亦可独立成其一个系统。

上述品种系统划分是与分类学上种及变种密切相关的。

"把植物分类与园艺分类有机地结合在一起，应该是科学合理、切实可行的一个花卉品种分类的原则"（陈俊愉，2001）。

2）品种演化与实际应用兼筹并顾，而以前者为主。

①历史学方法——君子兰的栽培历史较短，没有梅花等那样悠久栽培历史，繁多的品种数量。君子兰在我国栽培历史更短，从世界范围看，

还是可以看清其品种演化进程的。

君子兰（C.miniata）和垂笑君子兰（C.nobilis）被发现，引入欧洲后完成分类学的命名及引种栽培。由于君子兰观赏性比垂笑君子兰强，人们用人工选择、定向培育的方法，出现了性状差异的变化——叶的长、短、宽、窄，花的多少，花色变化等，形成诸多品种。又和垂笑君子兰杂交育成了曲花君子兰（C.cyrtanthiflora），发现了自然选择的黄花君子兰（C.miniata var.citrina），又有了斑叶君子兰（C.miniata var.striata），这些君子兰杂交种和变种都和君子兰有亲缘关系。我国的君子兰品种和君子兰的欧洲品种有着历史渊源的关系。

②实验方法：用播种自然授粉种子与人工杂交授粉种子的实验结果，与历史不同类型品种出现早晚及演化关系相核对，清理出各系、类、型之间演化关系。同时通过花粉形态、同工酶、染色体等比较研究及品种数量分支分析，亦可整理、核对品种、类型间的演化进程。

③在系统内，再按性状的相对重要性，依次分列各级分类标准。

当每一个系统正确划分后，如尚有多数相近品种时，还要进行品种类，甚至品种型的划分。每一品种单位的特征，不仅包括1～2个关键性的观赏性状，还要选择若干相关的园艺生物学特性，这样才能把品种分类放在坚实的基础上，既合理，又便于应用。

如大花系内，按有关性状演化顺序排列。确定花色为类级标准：朱红色→黄色→白色→绿色；叶形为型级标准：长窄→长宽→中宽→短宽；叶亮度为3级标准：无光泽→光泽→蜡亮；叶脉为4级标准：隐脉→显脉。

大花君子兰系统分级检索表

1. 花以红色为主色调······红花类

  2. 叶长40～100cm，宽6～13cm······长叶型

    3. 叶长40～70cm，宽6～8cm，叶有光泽，花大红色······胜利亚型

    3. 叶长40～100cm，宽7～13cm，叶无光泽，稍有光泽，脉纹平，花红色

      4. 叶长40～80cm，宽8～13cm，叶片弯曲，叶圆尖，稍有光泽······和尚亚型

      4. 叶长50～100cm，宽7～10cm，叶直立，渐尖，无光泽

        5. 叶长50～70cm，宽8～10cm，叶有两道纵褶，花大，鲜红色······染厂亚型

        5. 叶长80～100cm，宽7～10cm，叶深绿，花深红色······大老陈亚型

  2. 叶长20～50cm，宽9～12cm，叶直立，光亮，脉凸起，花红、淡红

      6. 叶长30～50cm，宽9～12cm，叶面光亮如蜡，花大色艳有金星······中叶型

        7. 叶浅绿，花冠幅5～7cm，金红色······黄技师亚型

        7. 叶绿，花冠幅6cm，橙红色······油匠亚型

      6. 叶长20～40cm，宽9～10cm，叶直立，脉凸······短叶型

        8. 叶长20～30cm，宽9～10cm，叶绿······短叶亚型

        8. 叶长40cm，宽10cm，叶浅绿，脉深绿······花脸亚型

1.花非为红色

　　9.花为白色，叶较窄……白花类（只1个品种）

　　9.花为绿色，叶较宽……绿花类（只1个品种）

斑叶君子兰系统分级检索表

1.绿叶中有纵向黄色条纹……金丝兰类

　2.叶片上有多条绿、黄相间条纹……碧金相间型

　2.叶片两侧具黄条纹，中间有宽幅绿条纹……碧玉镶金型

1.绿叶上有白色条纹或具黄、白、灰、蓝多色条纹

　　3.叶片上具白色条纹

　　　4.叶片具较宽的白色条纹，占叶片1/2以上……缟兰类

　　　　5.叶片纵向一半为绿色一半为白色……鸳鸯兰型

　　　　5.叶片两侧白色中间为绿色……五色锦型

　　　4.叶片白色占1/2以下，白色条纹较细，清晰……道兰类

　　　　6.叶片中间有一条线状白色条纹……一线天型

　　　　6.叶片上具多条白色丝状条纹……多道型

　　3.叶片具黄、白、灰、蓝等多色纵向条纹……彩兰类

其他如垂笑、黄花、曲花系统的品种稀缺不再赘述。

3.品种命名原则与方法

　　花卉的种和品种在进行细致的分类之后，便应该制定正确的名称。名称至少包括中文名称和科学名称（学名=拉丁文名称=拉丁名）两项，有时还要附有英文或其他外文名称。

　　我国花卉的中文名称与现代植物分类等级名称相比，大多相当于植物的属名，而在属名之前常加一个形容词作为种名、变种名或品种名。如君子兰一词，是名词，相当于植物分类学上的属名（*Clivia* Lindl.）。在它前面加上一个形容词′垂笑′一词，就是垂笑君子兰了，一个种名了。

　　中文植物名称的另一规律性习惯，是我国原产，久经栽培的植物，中名多用一字，如杏、李、桃、竹、梅等；而外来种或后期引种栽培的植物，其中文名称多为二三字或四字，如葡萄、核桃、茉莉、大丽花、齐墩果、君子兰等，从名称的字数上，可以了解其来源。

　　花卉品种命名，可以根据花色、花型、株型、花期、花香，也可根据产地、姓氏或历史命名。这些做法使人顾名思义，使人了解该品种的历史和性状中的某些特点。

　　但是，种和品种名称混乱的现象不是个别的，急需规范统一，减少或避免同名异物或同物异名的现象发生。

　　对此，陈俊愉教授建议：今后确定花卉品种名称时，须在广泛收集各地土名及查阅古代文献之后，根据实物或图片对比、核实，选其应用最广或命名最早者作为有效名称，其余作为异名。

在给新的品种命名时，力求纪实、简明。君子兰的品种命名可参照牡丹品种命名原则：

①品种名要简练通俗，富有诗情画意；

②以最多不超过5个字为宜；

③避免用同音字或生涩难懂之字；

④能确切反映新品种突出特点或生动形象；

⑤对群众沿用久远，不伤大雅的名称亦可沿用，如和尚、黄技师、花脸等

⑥自国外引进的品种，最好尽量保留原有品名，并给以适当中译名，务求简便适用。

除了中名外，为方便国际交流和统一植物名称，还要正确使用科学名称，亦即拉丁学名。自1866年开始，每隔4~5年要对植物学中的国际命名法规（International Code of Botanical Nomenclature）进行修改与补充，已逐渐充实，为世界各国学者普遍应用。原则是：

①一个植物种只能有一个合理的拉丁学名；

②拉丁名称用双名制，即属名+种区别词，另加命名人名。

③属名用名词，第一个字母要大写；种区别词一般多为形容词，首字母小写

④合法的学名必须附有正式发表的拉丁文描述；

⑤两种不同植物不能有相同的学名；

⑥若植物已有两个或更多学名时，只有最早的符合命名法规的属、种名，才是合法名称。

⑦种以下的亚种（subspecies-简写subsp.或ssp.）变种、（varietas-简写var.）、变型（forma简写f.）可用三名。除属名第一个字母大写外。其余皆小写。如黄花君子兰学名为三名组成：

Clivia miniata var. *striata*

　属名　种区别词　变种符号　变种区别词

栽培植物的命名亦是品种（Cultivars-cv.），以前多见以变种（var.）、栽培变种（cv.）命名。按《栽培植物命名的国际法规（1969）》（Gilmour.J.S.L.1969:International Code of Nomenc lature of Cultivated Plants.Intermational Assoc.for Plant Taxonomy Utrecht.Netherlands）规定，自1959年1月1日起，栽培植物的品种全用雅名（Fancy Name）命名。但此前（1959年1月1日以前）已有拉丁名称，按《国际栽培植物命名法规（1980)》之规定，亦不必更改，仍可沿用拉丁名称。

按此规定，君子兰（*Clivia miniata*）的黄花变种（*Clivia miniata* var.*citrina*）斑叶变种（*Clivia miniata* var.*striata*）金黄变种（*Clivia miniata* var.*aurea*）名称仍可使用。

根据规定：凡1959年1月1日以后将栽培变种（cv.）仍按拉丁名命名无效，而应全给以雅名（Fancy Name）。具体写法是：在学名之后用单引号括上雅名；学名用斜体字，雅名的每个词的第一个字母要大写，用正体字，我国的栽培品种的雅名可以用汉语拼音来表示。在括号内用英文意译，作为解释（不做正式名）。

目前，我国君子兰品种名称繁多，急需品种的审定和命名的规范，同物异名或同名异物的混乱现象相当严重。建议中国君子兰协会把此项工作纳入重要的日程着手组织专家，通力协作，进行审定品种，科学命名的整理统一工作。此项工作，按陈俊愉教授的意见，包括下列6个问题：

①花卉品种与其名称的一致性。即品种具有稳定的一些性状，其名称应与之相一致，要求做到名实相符，名物如一。

②每个花卉品种在其产区或中心建立品种圃，经多年搜集，每品种栽3~5株。在反复比较核对后，才能整理出该花卉的品种志。如梅花在武汉、菊花在南京、牡丹在菏泽、云南山茶在昆

明就是这样工作的。

　　③各名花协会或科研协作组，应以整理与统一该花的品种名称，作为首要任务开展活动。

　　④在整理并统一花卉品种名称过程中，应及时刊印、出版品种志。如今已出版了《云南山茶花》《中国莲》、《中国梅花品种图志》、《中国荷花品种图志》、《中国菊花》、《中国牡丹品种图志》等，都在整理品种的基础上，做出了成绩。

　　⑤品种整理与统一等工作进行至一定阶段，应及时与国际栽培植物命名委员会取得联系，按不同花卉向不同负责单位登记、挂钩，以便取得确认，促进国际交流。陈俊愉教授负责领导的中国花卉协会梅花蜡梅分会于1998年11月被国际园艺学会命名与登录委员会（ISHS Commission for Nomenclature and Registration）和国际园艺学会执行委员会（Executive Committee of ISHS）

及其理事会（Council of ISHS）授权，成为梅（Prunus mume 含梅花与果梅）的国际登录权威（International Registration Authority IRA）。这是我们这个"世界花园之母"迄今获得的首次国际植物登录殊荣！

　　⑥根据国际栽培植物命名法规的新规定，对于东方国家之栽培植物品种名，翻译时以音译原名为原则。据此，可考虑雅名以音译为准，必要时可分列2～3词，并在括弧内用英文意译作为解释（不作正式名）。

　　这是一项重要而艰巨的基础工作，也是对君子兰花卉事业今后发展的重大前提性课题，应虚心向已完成此项工作的专业花卉协会学习，汲取经验，把君子兰花卉品种整理与统一工作及早完成，为祖国的花卉事业再添光彩！

参考文献

[1] 胡先骕. 植物分类学简编. 北京：科学技术出版社，1958

[2] 谢成元. 君子兰. 长春：吉林人民出版社，1982

[3] 杨殿臣. 关于君子兰的分类学初探. 长春首届君子兰科研报告会论文汇编，1983

[4] 荣玉芝. 君子兰. 沈阳：辽宁科技出版社，1983

[5] 植物志编委会. 中国植物志第十六卷一分册. 北京：科学出版社，1985

[6] 周兴灏. 君子兰花粉生活力及授粉《君子兰莳养新经验》，哈尔滨：黑龙江人民出版社，1985

[7] 汪劲武. 种子植物分类学. 北京：高等教育出版社，1985

[8] 赵毓堂等. 拉汉植物学名辞典. 长春：吉林科技出版社，1988

[9] 赵毓堂. 君子兰的种类及国外发展动向. 1994

[10] 祝业精等. 中国长春君子兰. 长春：吉林美术出版社，2000

[11] 陈俊愉等. 中国花卉品种分类学. 北京：中国林业出版社，2001

[12] 小笠原亮. 君子兰(日文). NHK，1994

[13] J·Llindley，Bot.Reg.xiv t.1182，1828

[14] W·J·Hooker，Bot.Mag.Ixxx 4783，1854

[15] W·J·Hooker，Bot.Mag.Ixxxii t.4895，1856

[16] Regel，Gartenfl.xiii t434，1864〔德文〕

[17] Index Rewensis — supplementum IV 1906～1910

[18] Clivia club，Clivia yearbook.cape.Town.South Afrcia，1998

二、中国君子兰组织培养的研究

君子兰〔*Clivia miniata*〕原产南非，后经日本传入中国，经我国君子兰爱好者的多年培育，在 20 世纪 80 年代成为我国较名贵的盆栽花卉之一。其花大色艳；花期也较长，叶片也具有极高的观赏价值。因此，该花深受广大花卉爱好者的喜爱。

君子兰是异花授粉植物，通过有性繁殖，其后代性状分离很大。一株观赏性状较佳的君子兰很难通过种子繁殖延续下去。同时，君子兰的生长、发育周期较长，通过种子繁殖一般要 3～4 年才能开花结实，这给其加速扩大繁殖造成了一定困难。为了保持君子兰优良品种的特性，加快优良品种的繁育，国内很多有关科技工作者在 20 世纪 80 年代试图通过组织培养途径来达到上述目的（见表 6-1）。但当时大多数研究者还没有把目标定得太高，只是进行探索性的实验，只要获得少量的试管苗，在有关刊物上进行了一下报道，多数不了了之。对于如何通过组织培养途径达到工业化生产君子兰试管苗，没有进行更深入的研究和探索。

吉林省生物研究所，以牛维和为首的君子兰课题组，在 20 世纪 80 年代对君子兰组织培养进行了广泛、深入地研究，取得了一定进展，并于 1985 年承担了吉林省科委的招标项目"关于君子兰无性快速繁殖研究"。经过 2 年多的科研探索于 1987 年通过了吉林省科委组织的鉴定，与会专家对该项研究给予很高的评价，认为该项研究试验方案合理，方法得当，试验数据可靠，完成了科研合同规定的技术指标，该研究成果达到了国内先进水平。为工业化生产君子兰试管苗奠定了理论和实践的基础。

该研究的试验内容是：

1. 筛选外植体；

2. 筛选培养基；

3. 试管苗移栽技术。

君子兰组织培养能否成功，外植体的选择关系极大，虽然不同植物或植物的不同部位的细胞，都具有细胞的全能性，即一个细胞在一定的条件下能发育成一个完整的个体，但在不同条件下体现其全能性的差异极大。早期君子兰组织培养研究，多采用以君子兰营养体为外植体进行培养，其成功的可能性不大，其原因可能是在对其培养

表 6-1　君子兰组织培养再生植株的培养基配方

(单位：mg/L)

培养材料	愈伤组织培养	芽的分化	生根培养	作者
完整未成熟胚培养（授粉后15天）	MS（促进未成熟胚进一步成熟） (1) + KT2.0 　+ 2,4-D0.5 　+ ZT1.0 (2) + NAA0.001 　+ 6-BA0.5 (3) + NAA0.01 　+IBA0.5 　+ ZT1.0 (4) + NAA4.0 　+ 6-BA0.2 　+ ZT0.1	Miller + KT1.0 + NAA0.5	Miller + KT1.0 + NAA0.5 注：先生根，后发芽	刘敏等 (1983)
胚、花莛、叶、花丝、根、花柱、子房壁	MS + 2,4-D0.5-2.0 +6-BA1.0 + NAA0-0.5	MS + 2,4-D0.5-2.0 +6-BA1.0 + NAA0-0.5	MS + 2,4-D0.5-2.0 +6-BA1.0 + NAA0-0.5	王永明等 (1984)
花丝、花托、子房壁	MS (1) KPT2.0-3.0 　+ NAA0-0.5 (2) + KT0.5 　+ NAA2.0	1/2MS 无机盐 +MS 有机物 + ZT1.0 + NAA0.2 + IAA0.1	1/2MS 无机盐 + MS 有机物 + IBA1.0 + 6-BA0.05 + IAA0.6	陈为民 (1986)
叶片	MS (1) + 2,4-D2.25 　+ 6-BA1.0 　+ NAA4.5 　+ ZT1.0 (2) + 2,4-D1.0 　+ 6-BA1.0 　+ NAA2.0 　ZT1.0	MS (1) + 6-BA2.0 　+ NAA0.05 　+ LH100(生芽丛) (2) + 6-BA2.0 　+ NAA0.05 　+ LH500(成芽)	1/2MS + IBA1.0 + 活性炭 5000	崔秋华等 (1987)
未成熟胚	"8114" + 6-BA(或 KT) 0.5-2.0 + NAA0.5-2.0 + 2,4-D0.5-2.0	/MS + KT0.5-2.0 NAA0.25-1.0		崔秋华等 (1987)

续上表

外植体	脱分化培养基		分化培养基	作者
成熟胚、叶基、茎尖	MS (1) + 2,4-D5 (2) + 2,4-D3 　+ 6BA1 (3) + 2,4D2 　+ NAA2	/MS + 6-BA2 + NAA0.05	1/2MS (1) + LAA0.6 　+ 1BA0.2 　+ 6BA0.05 　+ 活性炭 5000 (2) + NAA0.1 　+ 1BA0.5 　+ 6BA0.5 　+ 活性炭 5000 (3) + IAA0.5 　+ 活性炭 5000	牛维和等 (1987)
子房壁	MS + 6-BA1.0 + 2,4-D1.5 + NAA2.0	MS + 6-BA1.0 + 2,4-D1.5 + NAA2.0	MS + 6-BA1.0 + 2,4-D1.5 + NAA2.0	李春荣等 (1991)
未成熟胚	(1) + KT2.0 + 2,4-D0.5 + ZT1.0 (2) + NAA0.001 + 6-BA0.5 (3) + NAA0.01 +IBA0.5 + ZT1.0 (4) + NAA4.0 + 6-BA0.2 + ZT0.1	MS + KT1.0 + NAA2.0	MS + KT1.0 + NAA2.0	王晓丽等 (1998)

前进行表面消毒，无论何种消毒剂，都容易伤及培养细胞，而采用种胚为外植体进行培养，情况就大大不同了，一方面种胚在整个植物体中，应该说是最活跃的部分。另一方面，在对种子进行整体消毒时，伤及不到种胚，将无菌的种胚在无菌的条件下从胚乳中取出，不再进行任何处理进行培养，其成功的可能性就大大提高。用种胚进行培养出芽率高，幼芽的分化率也高，再用试管苗的叶基和茎尖为外植体继续进行培养效果较好，因为通过种胚获得的试管苗是无菌的，对其茎尖、叶基继续进行诱导分化培养不再进行消毒处理，

这可能是君子兰组织培养成功的原因之一。

筛选出的外植体必须在适宜的培养基上才能获得愈伤组织，进而分化出芽，再诱导生根。

为了筛选出适于种胚及茎尖、叶基培养的高效培养茎，该课题组自1985年以来在查阅国内外有关君子兰组培文献的基础上对Ms、Nitsch、B5、N6等几种基本培养基进行了初步筛选，确定以Ms做为君子兰组织培养的基本培养基，然后用正交设计的方法填加不同量的生长素和细胞分裂素，筛选出了：

(1)适于茎尖、叶基脱分化培养基：MS+2.4-

D3+6BA1　MS+2.4-D2+NAA2 ⑵适于种胚脱分化的培养基MS+2.4-D5 从试验中发现2.4-D和NAA对君子兰茎尖、叶基愈伤组织的诱导效果是一致的，在一定量的范围内两者共同使用效果是累加的。

诱导种胚脱分化形成愈伤组织必须具高浓度的生长素，抑制胚发育成苗，这符合快速繁殖君子兰的要求。

⑶适于诱导种胚、茎尖、叶茎愈伤组织再分化的培养基：MS+6BA2+NAA0.05 试验证明：由种胚、茎尖、叶基诱导出的愈伤组织在该培养基上都能诱导分化出芽，但诱导茎尖、叶基愈伤组织分化的培养基填加生长素的量可适当增加，而诱导种胚愈伤组织分化的培养基填加生素素的量要严加控制。不然，种胚的愈伤组织容易首先生根，对芽的分化不利。

⑷适于君子兰试管苗生根的三种培养茎

1/2MS+IAA（0.6）+IBA0.2+6BA0.05+活性碳5000

1/2MS+NAA0.1+IBA0.5+6BA0.5+活性碳5000

1/2MS+IAA0.5+活性碳5000

在上述三种生根培养基中君子兰试管苗的生根率均在80%以上，生根培养基中大量元素减半，蔗糖浓度由4%降到1.5%，这就给待生根的君子兰试管苗造成一种饥饿状态促进生根；在生根培养基中加入适量活性碳，创造一种暗环境有利生根，在不加活性碳的生根培养基中生根率只有57%，生出的根很快变绿，生长缓慢，而在加入活性碳的生根培养基中幼根多，生长快，呈白色。

君子兰生根后可直接移入营养土栽培，要保证小环境的温度（20℃）和湿度。在花盆上要加罩，君子兰移栽成活率较高，一般在95%以上。

下面将以君子兰种胚为外植体进行组织培养的工艺流程简述如下：

首先将君子兰种子在酒精灯上烤2～3s，在无菌的条件下将种胚剥离出来，将种胚整体接在脱分化培养基上，材料平放，不要插入，大约1个月左右，种胚膨大，生成淡黄色愈伤组织（图6-1）。继代培养一次，转入分化培养基上，继代培养二次可见到绿色芽点出现，再继续培养一次就会看到大量的君子兰试管芽分化出来（图6-2），每块愈伤组织幼芽数量3～5个不等。当幼芽长至2～3片小叶时，一部分幼芽可切割下来进行生根培养。同时选择一部分性状较理想的幼芽切割下来，继续在分化培养基中培养，使其不断分化形成大量的不定芽，这时，在分化培养基中可以适当加大6-BA的浓度（MS+6BA3+IAA0.05）。这样不但可以保持愈伤组织继续分化的势头，同时，加速不定芽的生成。其原因可能是：开始培养的种胚中存在促进分化的内源激素，随着在同一培养基中继代培养的次数增加，培养材料中内源激素逐步减少。所以，促进分化的外源激素要适当增加。

分化芽在生根培养基中大约1个月时间即可长出2～3条白色小根（图6-3、6-4）。此时，即可将带根的试管苗栽入花盆中进行温室栽培。

对君子兰组织培养中再生植株进行详细地观察。因为，君子兰是异花授粉植物，来自同株君子兰的种子，因为在减数分裂过程中同源染色体的分离以及形成合子时，不同的配子的自由组合，造成同株种子有不同的遗传内容。因此，来自不同种胚的试管苗性状差异很大，但研究者观察到来源于同一种胚的试管苗性状十分相近。如果再以这些性状相近的试管苗为材料进行分化培养就会得到一个君子兰无性系。这对君子兰优良品种

图6-1　君子兰愈伤组织的诱导

图6-2　君子兰试管苗分化培养

的繁殖与扩大是极为有利的。

　　笔者对君子兰愈伤组织做了细胞学观察，在观察的141细胞中具有正常染色体数的细胞（2N=22）约占90%左右，畸变率约9.9%。这就说明，通过愈伤组织进一步分化成再生植株，不但其性状基本稳定，其染色体数量也基本是稳定

的。当随着愈伤组织继代培养次数的增加，会出现一些畸型苗，这可能和所观察到的染色体变异有关，这种变异在其它植物的组织培养中也常见到，利用这点，可以进行突变体筛选。发现一些新的有益类型也不失为君子兰育种的一种手段。

图6-3　君子兰试管苗不定芽繁殖

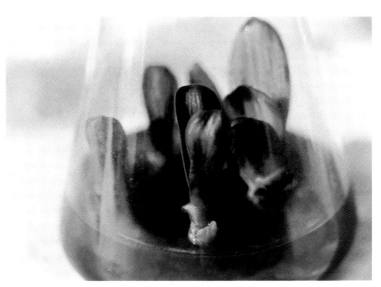

图6-4　君子兰试管苗诱导生根

三、君子兰生殖生理的研究

（一）关于促进君子兰花茎生长的研究

　　君子兰是我国名贵花卉之一。它不仅可以赏花，而且还可以观叶。它耀眼的碧叶红花，能在隆冬里留下浓郁的春意。尤其是春节前后开花，就更使人喜爱。目前它已是我国人民普遍喜爱栽培的一种花卉。它在美化环境，给人们以科学知识，丰富人们的文化生活方面都起了良好的作用。可以预料随着两个文明建设的发展，君子兰的栽培和生产将会得到进一步的发展。

　　但是，在君子兰生长发育中由营养生长转入生殖生长时，常出现花葶生长缓慢或停止生长的现象。也就是花葶夹在两片叶中间长期抽不出来或没从鳞茎抽出来就出现小花开放的现象。这种

现象人们俗称之为"夹箭"。它不仅使君子兰不能正常开花结实，严重地影响了观赏价值和繁殖，同时还有感病腐烂的危险。这是亟待解决的栽培和生产中存在的实际问题。可是，人们多从栽培条件上考虑，采取一些相应的措施，有时也取得一定效果。但其效果很不稳定。东北师范大学周兴灏、赵书云等（1983）接受了吉林省高教局下达的研究课题。他们从君子兰生长发育所需要的内外条件进行了分析，君子兰在生长发育过程中除了需要一定的外界条件而外，还受体内产生的一些微量化学物质的影响。所谓"夹箭"从形态学上看，是花葶生长缓慢或停止生长造成的。但是花莛的形态建成是以细胞的生长为基础的，也就是细胞不断分裂和伸长的结果。因为无论是细胞的分裂和伸长，整个植物或个别器官的生长，都和细胞生长有着内在的联系。正是由于细胞的不断增殖（multiplier）、扩大（extension）分化（differentiation），导致了植物的形态建成和体积的增大。花莛的生长也必然是这样，这样看来造成"夹箭"决非单一因子所致，而应是与细胞分裂和细胞生长有关的所有内外因素综合作用的结果。那么，与细胞分裂和伸长生长有关的都有哪些因素呢？分析起来可归为两大类。一类是控制细胞各种生理代谢过程的生理活性物质，例如植物激素（荷兰学者Went说：没有生长素，就没有生长）和维生素以及包括脱落酸（ABA）天然生长抑制物质。由于这类物质的生理作用的多样性和强大的生理作用，首先促进核酸和蛋白质的合成代谢，加速物质转运，导致细胞分裂，所以，这类物质在植物生长过程中起着巨大的调节作用。另一类因素是作用于整个植物的环境因子（environmental factor）或物理力量。例如光照、温度、水分、大气等。

这类因素也就是通常所说的外界条件或环境应力。已知环境条件发生持续性变化，就会影响生长的性质和速度，但外界条件对生长的影响很少是单一的和直接的。另外，外界条件的持续性变化还可以诱导特殊的生理活性物质的形成。从而调控生长进程，甚至改变生长的性质。这样看来，有些外界条件不适应就可能引起内源的生理活性物质失调，因此有可能用外源的生长物质来调控植物的生长发育及其改变其生长性质。基于这种理论上的分析，他们研制了君子兰花茎生长促进剂，俗称促箭剂Ⅰ、Ⅱ号。它是一种生物化学制剂。促箭剂是一种无臭、无味无色透明液体。理化性质稳定、显微酸性、无毒、无害。

君子兰促箭剂，目前在国内还未见报道，可为君子兰栽培生产填补一项空白，是国内首创，无论是对由于栽培条件不适或内部代谢失调等生理原因造成的"夹箭"均有促进作用，效果十分显著，而且稳定，还有用量少，见效快，无毒无害，无副作用，不污染环境等优点。

本项试验施用君子兰促箭剂的夹箭君子兰共109株，都是在不同的栽培条件下，13个品种上进行的。取得促进出箭效果是102株，有效率是93.6%，其中未促进出箭的共7株，占6.4%。原因有二，其一是由于根、假鳞茎患腐烂病（即烂根、烂心）严重；其二，由于环境胁迫，根系吸收活动严重受阻而造成的。

1. 供试品种

技师×和尚、大胜利、短叶和尚、黄技师平均7～8年龄。

2. 施用方法

人工施用促箭剂时，采用灌心、浇根两种方法。灌心每次取5ml灌至花莛与两侧的叶片中间；浇根取10ml溶液加25℃温水稀释浇于近根处土壤中。

施用促箭剂后，对所进行处理的16株君子兰花葶生长速度，开花结实等状况进行了详细调查。每隔一定时间测量君子兰花葶生长情况；开花后又测量了小花梗、花瓣的长度和花葶宽度、厚度以及果实的形状、大小等。记录了花蕾数，计算了坐果百分率。同时又调查和测量了10株没有夹箭的君子兰花葶高度、厚度、宽度、花蕾数、坐果数、坐果百分率，果实形状，大小等，同夹箭的君子兰进行比较，以便找出促箭剂对君子兰开花结实的正负影响，从中总结出规律，更好地解决"夹箭"问题。

3. 实验结果

施用促箭剂后，3～4天已明显看出效果。花葶开始生长，但生长4～15天左右生长速度最快。所以从中可以总结出君子兰花葶生长速度规律：开始时花葶生长缓慢，3～4天后，花葶平均生长0.5cm，以后生长速度逐渐加快，7～15天达到最大生长速度，大约20天左右花葶就能完成其生

长。我们测定、统计了5株花葶的平均生长速度情况（图6-5）。

实验还表明，施用促箭剂后，对君子兰开花、座花、坐果、花葶的高度、宽度、厚度、果实的形状、大小同正常的（未夹箭）比较，均没有不良影响（表6-2、表6-3、表6-4）。

从表6-2、6-3看出，"夹箭"君子兰花葶生长的高度平均为18.8cm、22.7cm；而没有"夹箭"的君子兰花葶生长的高度均为26cm；坐果百分率前二者为91%、83%，对照为87.5%，果球数表6-1中平均为20个，表6-3中平均为15个，而表6-4对照平均为23个。

促箭剂，除作了生理效应实验外，长春市朝阳城建科园林管理所张广增、白洪玉等（1983）还进行规模化生产的应用实验，其效果也是显著的，供试植株63株，有效植株54，无效植株9株，有效率85.75%。对没夹箭植株进行处理也取得了促进花葶生长的效果（表6-5）。

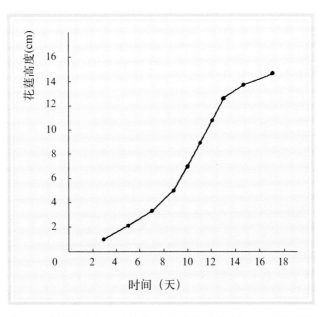

图6-5　促箭剂对君子兰花葶生长速度的影响（5株平均）

表6-2 保箭剂对"夹箭"君子兰开花结实的影响   1983 年

实验编号	花品种	花龄(年)	开花次数	花莛高(cm)	小花柄长(cm)	花瓣长(cm)	花蕾数(个)	坐果数(个)	坐果率(%)
1	技师×和尚	10	6	14	3.5	4.5	28	25	89
2	染 厂	9	4	24	4.0	5.5	28	28	100
3	大 胜 利	10以上	7-8	14	5.5	6.5	23	13	57
4	和尚×胜利	7-8	4	15.4	2.5	4.0	19	19	100
5	抱头和尚	7	3	22.3	5.6	6.2	27	27	100
6	小 胜 利	4	1	23.1	3.2	4.6	8	8	100
平均	6个品种	7-8	4	18.8	4.1	5.2	22.2	20	91

表6-3 促箭剂对"夹箭"君子兰开花结实的影响   1983 年

实验编号	花品种	花龄(年)	花莛高(cm)	花莛厚(cm)	花莛宽(cm)	花蕾数(个)	果球数(个)	果实形状	果实大小	坐果率(%)
7	抱头和尚	7	33.3	1.5	2.2	25	13	圆球、椭圆	4.5×4.5	52
8		4	15.0	2.0	3.5	27	23	圆球、椭圆	2.9×3.0	85.1
9		9	20.0	1.0	2.5	15	14	圆球	3.0×4.0	93.3
10		5	35.0	1.0	2.3	13	12	圆球	3.4×3.7	92.3
11	吴大夫	8	20.0	1.0	1.5	11	9	圆球	2.4×3.2	81.9
12		10	30.0	1.5	2.5	15	14	圆球	1.0×1.0	93.3
13		7	26.0	1.5	4.5	18	18	圆球	1.3×2.0	100
14		5	10.0	2.0	3.3	8	4	圆球	2.0×3.0	50
15		7	24.0	1.6	3.1	28	28	圆球	2.5×3.4	100
16	技师	3	14.0	1.5	2.5	28	25	圆球、椭圆	2.5×3.0	89.2
平均	6个品种	7	22.7	1.5	2.8	19	15	圆球、椭圆	2.6×3.1	93.7

表 6-4 正常君子兰开花结实情况　　　　　　　　　　　　　1983 年

实验编号	花品种	花龄(年)	花莛高(cm)	花莛厚(cm)	花莛宽(cm)	花蕾数(个)	果球数(个)	果实形状	果实大小	坐果率(%)
17	和尚×和尚	10多	36	2.0	4.0	29	29	圆球	3.6×2.5	100
18	小胜利	4	39	0.8	1.2	31	1	椭圆	0.6×1.4	3.2
19	和尚×技师	9	32	1.3	2.7	23	23	椭圆	2.6×2.1	100
20	和尚×胜利	5	30	1.7	3.6	27	24	圆球	2.2×2.2	88.9
21	短叶和尚	8	26	1.4	2.3	18	18	圆球、椭圆	1.5×1.8	100
22		6	19	0.9	2.1	21	18	圆球、椭圆	1.2×1.3	85.7
23		7	31	1.8	3.9	25	25	圆球、椭圆	2.4×3.2	100
24		10	24	1.6	2.0	33	32	圆球、椭圆	2.6×2.9	97
25		12	16	2.5	3.7	31	31	圆球、椭圆	2.5×3.0	100
26		8	20	2.1	3.2	28	28	圆球	2.4×2.6	100
平均	10个品种	8	26	1.6	2.9	27	23	圆球、椭圆	2.2×2.3	87.5

表 6-5 施用促箭剂的规模生产中间实验效果

处理		夹箭情况	花莛生长量(cm)			实验株数(株)	有效株数(株)	无效株数(株)	有效率(%)
			1周	2周	总高度				
施用促箭剂		夹箭2个月以上	0~5	0~18	0~27	7	6	1	85.7
		烂根、夹箭	3	11	17	1	1	0	100
		一般夹箭(10-20天)	0~7	0~20.5	22~35	41	33	8	80.4
		正常植株	7~15	18~24	28~41.5	14	14	0	100
对照	未施用促箭剂	正常植株	8~12	16~23	23~24	5	0	5	-
		夹箭植株	0~3	0~3	0~3	5	0	5	0

　　总之,效应实验以及规模生产性中间实验结果表明,促箭剂理化性质稳定,用量少,见效快,无毒、无害、无副作用。是目前促进"夹箭"君子兰的良好生物化制剂,施用促箭剂是解决君子兰夹箭行之有效的方法和措施。

　　对"夹箭"君子兰施用促箭剂后,3~4天后

可见促进效果,花莛生长速度表现为开始生长缓慢,以后逐渐加快以至达到最大生长速度。最后停止生长的特性。

促箭剂对君子兰花莛生长及其粗细,对开花结实均无不良影响,对促进花莛生长的作用效果显著。在君子兰花卉生产中有着重要的实践意义和广阔的应用前景,深受群众欢迎。现已在国家登记为绿兴促箭剂。

(二) 君子兰花粉的生活力及授粉的研究

我国北方君子兰的繁殖主要是通过有性杂交的方式进行。为了保证君子兰杂交育种工作的顺利进行,克服花期不育,使不同品种的花以及不同地区的花能进行杂交,就必须对君子兰花粉生活力及其寿命加以研究。东北师范大学周兴灏、于红等(1983),仅就君子兰花粉贮存及其生活力作了一些试验观察。试验采用了黄技师、和尚、胜利、吴大夫、染厂、垂笑等不同品种的花粉。花粉生活力的测定是采用氯化三苯四氮唑法(TTC法)和过氧过物酶两种方法进行,并将其置于低温(4℃)、干燥、黑暗条件下贮存。下面仅就试验观察的结果介绍一下。

君子兰成熟的花粉是暂时呈休眠状态的配子体,是有一个具有发育全能性的细胞。花粉细胞里所含有的特殊形式的物质以及它的生活力是决定君子兰花授粉、受精过程中重要的一个方面,它不仅影响种子的发育,甚至还可影响由种子长成植株的生活力,所以对花粉的研究是十分必要的。

1. 君子兰花粉的生活力很强

君子兰花粉在显微镜下呈椭圆形(图6-6、图6-7),左右对称,具有一个或两个小沟,颜色为暗绿色。几种不同品种花粉的外部形态基本相似。

花粉的外部具有壁,外壁厚、内壁薄,其上具网眼或细网状皱纹。君子兰花粉粒是较大的。我们测定的结果,大花君子兰花粉粒的大小,大约在 $50\sim70\mu m$(微米)$\times 17\sim32\mu m$(微米)。其中黄技师品种的花粉为 $60\sim70\mu m \times 28\sim32\mu m$,和尚品种花粉为 $56\sim65\mu m \times 28\sim24\mu m$,胜利为 $60\sim65\mu m \times 20\sim28\mu m$,垂笑君子兰的花粉为 $51\sim56\mu m \times 28\sim24\mu m$。测定表明,君子兰花粉的生活力,开放不同天数的花粉生活力是不同的。随着花开放时间的增加,花粉生活力由低到高,达到一定高峰又逐渐下降至单峰曲线。峰顶部位正是人工授粉的最佳时间,也就是花粉生活力最强的时间。从而,这将有利于授粉、受精提高结实率。

将成熟的花粉取下之后,可在离体条件下生活一段时间,但品种不同其花粉的寿命是不一样的。花粉寿命不仅同品种特性有关,而且同贮存的条件有密切关系。一般说来,在温度低、湿度小、含氧量少的黑暗条件下,花粉生活较长时间,仍具有授粉能力。随着贮存时间延长,其生活力逐渐下降。他们的试验也证明了这一点。君子兰花粉在低温(4℃)、黑暗、较干燥条件下,其生活力下降较缓慢,贮存了100~133天的花粉,生活力下降了16%~23%。如取开花3天的和尚品种花粉贮存133天,花粉的生活力仅下降了16.75%;取开花2天和4天的胜利品种花粉贮存100和122天生活力分别下降了18.75%和23%,二者的下降趋势接近。看来,在人工控制的条件下,较长时间地贮藏花粉还是有希望的。这样就有可能延长花粉的寿命,达到利用开花期间用不同的亲本花粉及外地花粉进行杂交育种的目的。

图 6-6　未成熟花粉扫描电镜放大图
（20kV × 500 60μm）

图 6-7　花粉扫描电镜放大图
（20kV × 50 600μm）

2. 应选择花粉生活力最强的时间授粉

君子兰花授粉有一个最佳时间选择的问题，即开花后哪天授粉好？一天中什么时候授粉好？这两个问题都是进行杂交过程中需要了解的。开花后哪天授粉好，这要看开花后花粉生活力的变化，应选择花粉生活力最强的时间授粉，容易成功，取得好的效果。他们测定的结果表明，从花朵开放第一天起，花粉生活力逐渐增强，到了3～4天时达高峰，以后又逐渐下降，到7～8天时，花粉萌发率仅有26%左右。从花粉萌发的角度看，君子兰花3～4天时是授粉的最佳时间。但也应看到君子兰授粉的好坏，不仅仅取决于花粉的生活能力，而且也取决于柱头的生活能力。在自然条件下，柱头的生活时间比花粉生活时间为长。君子兰花的柱头可分泌出粘性较大的油状物，有利于粘着花粉，这些油脂分泌物呈酸性，再加上柱头含有一定量的硼，都有利于花粉萌发，所以从外观上看，柱头上有黏性物分泌出来时是授粉的

适宜时机。但是，君子兰雌蕊柱头，什么时候受粉能力最强，什么时候失去受粉能力，这是一个值得深入研究的问题，研究清楚将会为君子兰授粉提供科学依据。

一天中什么时候授粉好？主要应看影响花粉萌发的外界条件，应选择光、温度、水分、湿度适宜的时间，也就是9：00～10：00为好。总之，只要我们了解和掌握了君子兰花及雌蕊柱头的生活力变化规律，就能进行科学授粉，取得预期效果。

（三）关于君子兰开花调控的促成栽培技术

促成栽培一词源于日本，是指通过人为地创造一定程度的小气候条件，达到促进植物生长、发育，实现提早收获的一种栽培技术。在农业、果树生产上已早被我国广泛应用了，在君子兰生产还没被采用。君子兰促成提早开花，在世界各地受到普遍欢迎，但在西方国家，希望君子兰能在圣诞节

或元旦前开花。在我国希望能在春节期间开花，可给人们带来节日的喜庆和家庭乐趣。君子兰在冬季温室里栽培，一般在2～3月开花。如想要比2～3月自然开花提前更早地开花，可进行促成栽培。

1. 预期在12月开花的促成栽培技术

首先在8月15～20日选择一度开过花植株，并带有15片以上的叶片，而且叶形整齐，植株健壮，花盆大小适宜。其次是进行低温处理，放入低温室昼夜保持在8℃～10℃，每天给少许自然光，共50天。然后从10月10日起，将其温室温度控制在最低温度为12℃，最高温度为20℃～25℃，最

高温度要维持在下限20℃为最好，进行60%的遮光，共处理10天。接着从10月20日至10月30日，最低室温保持在14℃，最高温度在20～25℃，遮光也要60%。11月1～10日最低室温保持在16℃，最高温度在25℃左右，也要60%遮光。11月10日以后，最低温度为18℃，最高温度为25℃，遮光30%，在此条件下，经过大约20天，比较早的植株花蕾开始着色。当第2、3轮的花蕾处于开花前的状态，正是观赏期，也是元旦前出售好时机。君子兰低温处理促成开花栽培管理见表6-6。

表6-6 君子兰低温处理促成开花栽培管理顺序表（小笠原 亮 1994）

月	8月	9月			10月			11月			12月			1月		
	下	上	中	下	上	中	下	上	中	下	上	中	下	上	中	下
20											12月开花（上市）					
18													1月开花（上市）			
16																
14																
12																
10		低温处理				低温处理										
8																
6																

2. 预期在1月左右开花的促成栽培技术

植株的选择于9月15～20日，植株具备的条件与促成12月开花植株相同。从9月20日进行低温处理60天，室内昼夜最低温度8℃～10℃，每天给予少许自然光为好，即使放置在全部黑暗冷库中对植株几乎不受损害。

自11月20日～11月30日10天中，最低温

度12℃，最高温度20℃为宜，进行60%遮光。12月1日温室最低温度14℃，最高温度20℃，遮光60%，共10天。在12月10日开始，室内最低温度为16℃，最高温度为20℃，遮光30%，共20天左右可开花。与其它草本花卉一样，无论是12月或1月促成开花的都不是划一的，有10～20天的变动幅度。

3. 君子兰花莛生长的调控

君子兰按其栽培时间进入开花期，但由于环境胁迫，或因管理不善开出了花。然而花莛生长高度不整齐、高矮不一，或高度不够，甚至出现"夹箭"的现象，不仅影响观赏性，而且降低商品价值。因此，需进行花莛高度的化学调控。根据花莛生长高度可分别在花莛部两叶片间施5ml"绿兴生化促箭剂"1～2次，促进其生长，达到正常花莛生长高度，可使其恢复应有观赏性和提高商品价值。

参考文献

[1] 周兴灏等. 君子兰促箭剂实验应用效果，吉高教鉴字第93927，科学技术成果鉴定证书，1983

[2] 周兴灏等. 君子兰花粉的贮藏及其生活力的测定，长春市君子兰协会第一届学术讨论会论文摘要，1984

[3] 小笠原 亮. 君子兰（日文），NHK，1994

[4] JOHAN　M.VANHUYLEWBROECR：<Clivia miniata Regel control of Plant Development and Flowering>.Civia　YearBook.1998

四、中国君子兰染色体组型及多倍体育种的研究

20世纪80年代君子兰花在我国盛行一时，深受广大花卉爱好者的喜爱。鉴于我国君子兰栽培普遍，特别是近些年经杂交选育，获得了许多具优良性状的新品种，使其观赏价值大为提高，并在观赏花卉中有较高的声誉。但目前关于君子兰的基础研究，特别是君子兰的细胞遗传学的研究还很缺乏。20世纪80年代初，为了给君子兰的育种工作提供一些基础资料，东北师范大学生物系王翠婷等（1982）进行了君子兰染色体组型的研究。该研究为君子兰多倍体育种提供了较好的借鉴，同时也为通过高等植物染色体工程手段创造君子兰的异附加系及代换系创造了条件。在此基础上吉林省生物研究所牛维和等在我国首次进行了君子兰多倍体育种的研究，其研究成果令人振奋，现将上述两项研究工作简述如下。

（一）关于君子兰染色体组型研究概况

该研究以君子兰的根尖为材料，经过清洗后，置于饱和的对二氯苯溶液中，室温下经8～12h预处理，在Carnay固定液中固定14h，经95%酒精转移到70%酒精中，于室温条件下存放备用。

制片前，将已处理的根尖经60℃1N盐酸解离12min，用蒸馏水冲洗后滴入4%铁矾液媒染1h，再用蒸馏水多次冲洗，以苏木精染色3～4h，充分水洗，最后在45%醋酸中进行压片。

在光学显微镜下观察压好的切片，统计100个分裂细胞中染色体数目，并观察同源染色体的特征，选择染色体分裂相清晰的中期相照相，放

大后从中选出10个分裂相较为标准的细胞，首先进行同源染色体配对，根据各对染色体的长度级差，从1～11依次标记排列编号。分别测量各染色体的长度、长臂和短臂的长度，然后对下述各项指标进行统计比较：①各染色体的平均长度；②各染色体长、短臂各自平均长度；③各染色体的相对长度；④长臂与短臂的臂长；⑤着丝点指数。

最后将统计结果列入表6-7。根据 Hu,C.H.(1964)水稻染色体类型划分标准，将11对染色体进行类型分析也记入表6-7。根据表6-7和图6-8绘成君子兰染色体（日型Cn=11）模式图（图6-9），其长臂与短臂表示数值比例，着结点区不表示长度数值比例。

研究者从光学显微镜下观察压片见到君子兰染色体较粗大，着丝点显现清晰，长短臂易于区分（表6-7，图6-8）；君子兰体细胞正常染色体数为2n=22；在用Carnoy固定液固定的情况下，君子兰一个细胞染色体的总长度平均达80.76μm，其中最长染色体平均长度为12.03μm，最短染色体平均长度为3.6μm。最长染色体是最短染色体长度的3.26倍，各染色体的平均长度，长、短臂的平均长度指标（表6-7）。

在11对染色体中第1、第2、第11对具中部着丝点（m）；第3、第4、第5具近端着丝点（st）；第6、第7、第8、第9、第10对具近中部着丝点（sm）。其中3对（3、4、5）具近端着丝点染色体，染色体的形态及长短臂长度相差甚微，仅凭目测几乎难于区分。

研究者没有观察到带随体的染色体，也没有观察到有随体次缢痕的存在。上述研究可划为君子兰细胞遗传学的基础研究，该研究将为君子兰的育种工作提供基础资料。

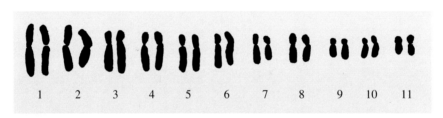

图6-8 君子兰体细胞染色体（2n=22）和组型分析示意图

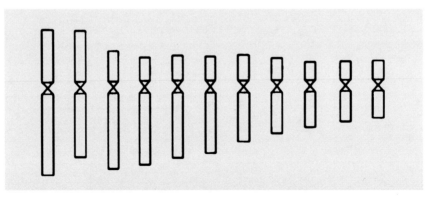

图6-9 君子兰染色体组型（n=11）模式图

表6-7　在对二氯苯处理及Carnoy固定液固定下君子兰染色体的长度

指标项目 染色体编号	染色体平均长度(μm)			长臂平均长度(μm)			短臂平均长度(μm)			染色体相对长(%)	长臂/短臂	着丝点指数	类型
	SX	C.V(%)			SX	C.V(%)		SX	C.V(%)				
1	12.03 ± 0.20	0.64	5.32	7.21 ± 0.22	0.69	9.57	4.77 ± 0.17	0.59	12.37	14.90	1.51	40.00	m
2	10.12 ± 0.38	1.24	12.25	5.59 ± 0.2	0.60	10.73	4.53 ± 0.14	0.45	9.93	12.50	1.23	44.76	m
3	9.35 ± 0.26	0.84	8.98	6.64 ± 0.22	0.73	10.99	2.71 ± 0.06	0.22	8.12	11.60	2.45	28.98	st
4	8.53 ± 0.14	0.49	5.74	6.30 ± 0.14	0.42	6.66	2.23 ± 0.1	0.37	16.60	10.60	2.83	26.14	st
5	8.02 ± 0.17	0.54	6.73	5.70 ± 0.17	0.52	9.12	2.30 ± 0.06	0.22	9.57	9.90	2.48	28.67	st
6	7.68 ± 0.2	0.62	8.07	5.29 ± 0.17	0.51	9.64	2.25 ± 0.1	0.33	14.67	9.50	2.35	29.29	sm
7	6.47 ± 0.24	0.75	11.59	4.35 ± 0.17	0.55	12.64	2.30 ± 0.1	0.32	13.91	8.00	1.89	35.54	sm
8	5.73 ± 0.17	0.55	9.60	3.63 ± 0.14	0.44	12.12	2.19 ± 0.08	0.27	13.33	7.00	1.66	38.21	sm
9	4.75 ± 0.14	0.39	8.21	3.09 ± 0.1	0.35	11.32	1.66 ± 0.04	0.17	10.24	5.90	1.86	34.94	sm
10	4.39 ± 0.1	0.36	8.20	2.60 ± 0.14	0.49	18.85	1.73 ± 0.14	0.49	28.32	5.00	1.50	39.40	sm
11	3.69 ± 0.17	0.56	15.18	2.35 ± 0.17	0.50	21.28	1.73 ± 0.14	0.46	26.59	4.50	1.36	46.88	m

（二）君子兰多倍体育种研究

君子兰是二倍体植物（2n=22），作者用秋水仙碱水溶液处理君子兰种子及幼苗，已获得了四倍体植株。试验结果表明：种子以0.05%浓度处理48h可获得较好诱变效果，诱变率可达40%；幼苗以0.2%浓度处理48h诱导效果较佳，诱导率达42.9%，对诱变植株做了染色体镜检，从已获得的多倍体君子兰材料中，有可能选育出符合人们需要的君子兰新品种。

君子兰（*Clivia minata*）是我国名贵花卉之一，由于它有四季长青，花叶并茂的特点，而深

受群众喜爱，目前通过君子兰的有性杂交，已选育出一些具优良性状的品种，但筛选良种需几年甚至更长的时间。开展君子兰多倍体的育种工作，利用染色体加倍的直接效应，以期在较短的时间内获得人们要求的君子兰新品种[2]。

试验方法

1. 种子处理组：来自"胜利"同一母株成熟种子，用20℃自来水浸泡6h后，作如下处理：①对照组；②用0.05%秋水仙碱水溶液分别浸24h、36h。结束药物处理后，将各处理种子置于铺有湿滤纸的培育皿中，覆盖一层湿沙布，置于23℃恒温箱中，每日洒水一次，种子萌发后，分别栽入花盆中，移入温室管理。

2. 幼苗处理组：将长有一片叶的幼苗分别作如下处理：（1）对照组；（2）用0.1%的秋水仙碱水溶液分别浸48h、72h。药液浸没根茎生长点，并将用间歇处理法[2]，即在药液中浸12h，移入水中浸12h，如此反复进行，直到试验材料在药液中的积累时间达到设计要求为止。结束药物处理后，分别栽入花盆中，移入温室管理。

3. 根尖染色体镜检：饱和对二氯苯溶液预处理，Carnoy液固定，60℃ IN HCl解离，铁矾—苏木精染色，醋酸压片，镜检计数，变异植株每株观察30～50个细胞以确定不同倍性的植株。

试验结果

1. 种子处理组：经诱导形成的变异植株生长较慢，处理后一年较对照株平均少一片叶，叶片有所加厚，较对照株平均增厚0.02cm，叶宽与对照无多大差异，叶片表面粗糙、坚硬，第1～2片叶面有不同程度的凸起硬斑，在以后长出的叶片上没有这种现象。肉质根在50天内生长缓慢，根尖形成球形，在以后的生长中逐渐恢复常态。由于药液的毒害作用，出现了较多的矮小畸形株，其结果由表6-8可以看出：0.05%秋水仙碱水溶液处理48h及0.2%秋水仙碱水溶液处理36h均获得较好的诱变效果，但后者的死亡率较高。

2. 幼苗处理组：变异株生长较慢，一年中较对照组均少长一片叶，叶片加厚明显较对照组平均加厚0.04cm，叶宽叶型改观不大，处理结果（表6-9）。

表6-8 君子兰种子处理结果比较

处理	种子数(株)	变异数(株)	变异率(%)	死亡数(株)	死亡率(%)
对照	30	0	0	2	6.7
0.05%24h	30	1	3.3	8	26.7
0.05%36h	30	1	3.3	9	30
0.05%48h	30	12	40	5	16.7
0.2%24h	30	10	33	8	26.7
0.2%36h	30	12	40	11	36.7

表6-9 君子兰幼苗处理结果比较

处理	种子数(株)	变异数(株)	变异率(%)	死亡数(株)	死亡率(%)
对照	14	0	0	0	0
0.1%48h	14	0	0	0	0
0.1%72h	14	3	21.4	0	0
0.2%48h	14	6	42.9	0	0
0.2%72h	14	3	21.4	2	14.3

由表6-9可见，用0.2%秋水仙碱水溶液处理君子兰幼苗48h，可获得较佳变异效果，变异率达42.9%没有出现死亡和畸型；0.1%72h处理组由于药液作用时间长而得到较多矮小畸型株，0.2%72h处理组由于药液浓度高处理时间长而造成较高的死亡率。

3. 根尖染色体镜检：正常的二倍体君子兰染色体数为2n=22（图6-10）通过根尖压片观察，发现变异植株中有四倍体类型（图6-11）。

试验结果讨论

1. 秋水仙碱对君子兰种子和幼苗有很大毒性，可造成种子期，幼苗期死亡或幼苗生长发育不良，形成矮小畸型株，但用适当浓度和相应的处理时间，却可得到较好诱变效果，死亡及畸变株较少，从变异的植株中有可能筛选出符合人们要求的君子兰新品种，并大大缩短育种周期。

2. 多倍体君子兰通过有性繁殖可能产生高度的不孕性，要使其品种稳定是较困难的。新的君子兰多倍体可通过无性繁殖来繁衍后代，即通过组织培养使多倍体君子兰新品种稳定下来，这方面工作还有待进一步研究。

3. 通常，伴随二倍体植物染色体的加倍会出现大型花，厚花瓣及花数目增多的现象，这些正是我们所期待的，至于被处理的植株可能表现出的叶片粗糙，皱缩等一时的变化，将会消失于C_1、C_2和以后各代中。这方面的工作只是开头，还有大量工作需要以后进一步研究。

图6-10 正常二倍体君子兰染色体数（2n=22）

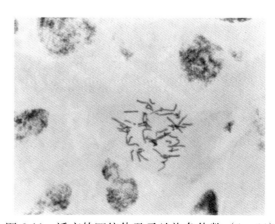

图6-11 诱变的四倍体君子兰染色体数（4n=44）

参考文献

[1] 王翠婷、张汉. 君子兰染色体组型的研究，园艺学报，1982(4),71 - 72

[2] Eigsti,O.J.and Dnstin,Colchieine Loua State College Press,1955

[3] Emsweller,S,The utilization of induced polgploidg in easter lily breeding.Prol.Amer.Soc.Hort.Sci,49:379 - 384，1947

五、关于中国君子兰产业化生产的研究

君子兰引入中国已经几十年，经过广大君子兰花卉爱好者的多年培育，在君子兰栽培及规模化生产研究方面，近年来，也取得了可喜的进展，突出表现在以下几个方面：

1. 君子兰育种

在君子兰育种方面，采用先进育种技术，加快了新品种的选育进度。

在我国很多科研单位在君子兰育种上采用原子辐射、化学诱变和抗逆性育种的方法获得一批优良植株。在原子辐射育种方面，用钴60,1万～3万伦琴[①]照射种子30min后播种，其种子发芽较慢，植株生长延迟，在高剂量的情况下，表现胚根、胚芽膨大。自花授粉后，双隐性基因同质结合，使突变显现出来，因此，F_2开始，出现大量性状分离，从而产生新的变异株。在化学诱变技术方面，君子兰四倍体材料主要靠诱变纯合二倍体君子兰获得，在诱变过程中，我国目前主要采用二种办法，一是用秋水仙素直接溶于冷水中，或以少量酒精为溶媒，然后再加冷水，在0.01%～1%浓度下，保持温度23℃-26℃，浸泡6h；或在诱变过程中改用装有秋水仙碱液的注射器刺入生长点，在处理浓度0.2%～0.4%，效果比较好，变

异率提高。是否已经获得四倍体材料，一般由于叶绿体数目增加，其植株颜色较深；或看气孔是否变大；最明显的变化是花器和种子显著增大，一般出现这种情况可以证明处理成功。20世纪80

图6-12 激光育种快中种子10-8

年代东北师范大学物理系还开展了激光育种，取得了一定的成果（图6-12）。

2. 君子兰栽培

在栽培技术方面，组培快繁和无土栽培技术得到了应用。

早在1982年和1986年，长春、江苏、北京等的科研单位就对大花君子兰的离体培养进行了报道。近年来，中国农业科学院蔬菜花卉研究所

① 1伦琴=2.58×10⁻⁴C/kg

又在君子兰组培快繁中，发现其茎尖生产点，繁殖成功率及繁殖系数最理想。

在君子兰无土栽培工作中，很多研究单位在君子兰的无土栽培中主要采用水培和基质栽培两种方法，基质栽培材料很多，一般草炭、炉渣、炭化稻壳、锯末以及珍珠岩、蛭石等。由于设施成本低，栽培技术与土培相似，因此为君子兰生产的专业化、商品化、自动化和连续性提供了可能，在无土栽培中，营养液是关键，它的组成、浓度、pH值以及营养液加液方式对于君子兰的生产和品质有着决定性的影响。

一般营养液应含有正常生长发育所必需元素，在大量元素中，氮、磷、钾、钙、镁、碳、氢、氧是必需考虑的，而铁、锰、铜、硼、锌、钼等微量元素也不可缺少。

这些元素必须以游离子状态存在于营养液中，才能被君子兰吸收，如果是水培，营养液中还必须溶有根呼吸所必需的氧气。营养液的pH值6～6.9范围内较好，以基质栽培的君子兰其营养液应该依据其不同生长发育期予以补充，而水培方式营养液则不仅需要补充而且应该更新。

无土栽培君子兰其性能特征、生长速度远高于土壤栽培，即使是在冬季，只要能维持室温在15～20℃的环境，它仍能继续快速生长。凡在土壤栽培中生长不良的君子兰，转入无土栽培后，都能恢复生机，即使土壤栽培中濒临死亡的君子兰，管理得当一般都能起死回生。

3. 君子兰的次级代谢产物开发利用

大家知道，利用高等植物细胞深层培养技术，生产某些有价值的次生代谢产物，其中有许多属于珍贵的药品，此项技术之所以引起国内外的普遍关注，是由于此项技术为开发天然产物开辟了一个新的途径，它具有巨大的潜在经济效益。君子兰的次生代谢产物的开发应用是君子兰产业化的重要途径。研究表明，从君子兰根和叶中分离出米的石蒜碱，具有明显的抗病毒作用，从花和叶片分离出的矢车菊素和蹄纹天竺葵素，在科研、医疗界都有重要的价值，因此，有的地方君子兰高级滋补饮料、君子兰小香槟、君子兰清凉液等产品已相继问世。总之，君子兰产业化的科学研究稳步发展。以质量求生存，以数量求发展，已成为广大君子兰生产者的共识。因此，近年来，从中央到地方，一批科研院所、大专院校的科研和养兰专业工作者对君子兰的遗传育种、肥水管理、温度、光照等外界条件的生理调控、栽培及规模化生产、药用价值、病虫害的防治等诸多方面开展了科学研究，许多领域已经取得显著进展，特别是一些地方开展的无土栽培技术研究，君子兰生物碱的提取和在鲜切花生产中的应用，为我国君子兰的产业化发展提供了广阔的前景。

六、君子兰的化学成分及药理作用研究概况

（一）化学成分

1．生物碱

小林茂、石原英子、笹川悦子等（1980）报道，从君子兰的根及全株分离得到一种新的生物碱，定名君子兰瑟亭（clivacetine）。同时分得的已知生物碱有：石蒜碱、君子兰明、君子兰宁、君子兰亭。姆·艾文（M·Ieven）等（1982）报道，从君子兰的根和叶中分离得4种生物碱：石蒜碱（lycorine）、君子兰明（clivimine）、君子兰宁（clivonine）、君子兰亭（cliviamartine），其中君子兰亭为新化合物。

2．甙类

张会常、孙艳、冯勤喜等（1996）报道，君子兰根水提取物含有强心成分——甾体五圆内酯环的甙类。

3．花色甙

J.B.HarborneandE.Hall（1964）报道，从君子兰的花和叶中分离得矢车菊素3-O-ß-（2G-木糖基芸香糖甙）[Cyanidin3-O-ß-（2^G-xylosylrutinoside）]、矢车菊素 3-O-ß-（2G-葡萄糖芸香糖甙）[Cyanidin-3-O-ß-(2^G-glucosylrutinoside)]和缔纹天竺葵素3-O-ß-（2^G-葡萄糖基芸香糖甙）[Pelargonidin-3-O-ß-(2G-glucosylrutinside)]。

4．氨基酸

李成义、叶汉光（1987）报道。君子兰不同部位中都含有17种氨基酸。各部位中的总氨基酸含量由高至低，依次为花、叶、根、内果皮、外果皮和中果皮、箭（花莛）和花柄、种子。在各部位中，必需氨基酸含量由高至低，依次为花、叶、内果皮、根、外果皮和中果皮、种子、箭（花莛）和花柄。酸性氨基酸含量均较碱性氨基酸含量高。不同部位中的各种氨基酸含量，均以天门冬氨酸或谷氨酸含量最高；以半胱氨酸含量最低。君子兰17种氨基酸中，有2种酸性氨基酸，天门冬氨酸或谷氨酸；3种碱性氨基酸，精氨酸、赖氨酸和组氨酸；其中12种为中性氨基酸。酸性氨基酸的数目虽少于碱性氨基酸，但其含量在各部位中均较碱性氨基酸高。

5．无机元素

李成义、叶汉光、张贵田等（1989）报道。君子兰各部位中都含有锶、铁、锌、钼、锰、铜、镍、氟、碘、铬、钴、铅、镉、汞、钾、镁、钠、氯等18种元素。13种必需微量元素含量的总和，依次为叶、根、内果皮、花、外果皮和中果皮、箭（花莛）和花柄、种子顺序递减。28种无机元素的平均含量差异较大，同一种元素含量因部位不同差异也较大。锶、铁、锌、钼、锰、铜、镍、铬、钴、钒、钛的平均含量分别比一些中药材高，而砷、铅、镉的平均含量则分别比一些中药材低。各部位的锌/铜比值的平均值为3.01。可知，君子兰各部位中都含有28种无机元素中的锶等18种元素，另外，钛等8种元素则只在某些部位中被检出。锶、铁、锌、钼、锰、铜、镍、铬、钴、钒、锡、碘13种为人体必需微量元素，在各部位中这13种必需微量元素含量总和，依叶、根、内果皮、花、外果皮和中果皮、箭（花莛）和花柄、种子顺序递减。28种无机元素的平均含量，以钾、镁、钠、锶、钛、铁最高。锌、锑、钼、锰、铜、氯较高，铅、锂、铋、镍、氟、钒、碘、铬、钴较低，镉、铍、锡、砷、汞、溴和铌最低。铁、锌、锰、铜、镍、铬平均含量，比大蒜、诃子、连翘等免疫中药材高；铁、锌、钼、锰、铜、镍、铬、钴平均含量比枸杞、人参、黄芪、葛根、川木香、茯苓、郁李仁、桃仁等降压中药材含量高；锌、锰、铜平均含量比菟丝子等明目中药材含量高；铁、锌、钼、铜、镍、钴和锶、钒平均含量比川芎、郁金、延胡索、姜黄、牛膝、水蛭、王不留行等活血化瘀中药材含量高；锶、钒、钛的平均含量均比山楂、山药、枸杞、麦芽、薏以等食用性中药材的含量高，铅含量较丹参、枸杞、川芎、猪苓、五味子、郁金、莪术、三棱、益母草、五灵脂、地鳖虫等中药材低，镉含量较川芎、猪苓、莪术、大青叶、生地等中药材低。铜和锌主要拮抗部位在肠道，可能在肠道粘膜细胞上有共同载体，是金属硫酸蛋白。因此，不单独地研究锌或铜的代谢，将更能反应锌、铜的代谢状况。人体内高锌低铜，可引起胆固醇代谢紊乱，产生高血脂症，引起高血压及冠心病。土壤中锌/铜比值增高，与胃癌等癌症的发病率和死亡率呈正相关。君子兰平均锌/铜比值为 3.01，远较陆生被子植物（人类的植物性食物多属于此范畴）的锌/铜比值 11.4 为小，后者是前者的 3.7 倍。所以，君子兰有可能会通过改善冠心病、胃癌等患者血清的锌/铜比值，从而起到防治作用。

6. 硒

李成义、张甲生、刘忠英（1987）报道了君子兰各部位中硒的含量，实验结果表明，君子兰的内果皮、叶、根、花、箭（花莛）和花柄、外果皮和中果皮，以及种子都含有硒元素。硒是人体必需和具有特殊生理功能的微量元素，缺少或

过多均会影响人体健康。硒是谷胱甘肽过氧化物酶的必需组成部分，谷胱甘肽过氧化物酶可促进人体中不断产生可致癌的自由基破坏，从而起到防止细胞癌变的作用。同时硒还可减少致癌物的代谢污性，促进机体的免疫能力，增强机体的防御功能。硒在君子兰各部位中的含量，由高至低的顺序为：内果皮、叶、根、花、花莛和花柄、外果皮和中果皮、种子。君子兰各部位含硒量的平均值为 0.072mg/kg，吉林人参各部位含硒量的平均值为 0.022mg/g，野生内蒙古黄芪含硒量为 0.07mg/g，野生甘肃岩昌黄芪含硒量为 0.08mg/g。可知，君子兰含硒量较吉林人参高，而与野生内蒙古黄芪、野甘肃生内蒙古黄芪相近似。

（二）药理作用

1. 镇痛、降温

高淑贤、彭惠英、桑利敏（1992）报道，腐败甘草浸液，君子兰根、叶水煎剂（1ml 内含 2g 生药）药物对雌性小白鼠，按 60g/kg 口服君子兰根水煎剂的镇痛作用，随着时间的增加而加强，口服 1h 后镇痛作用明显。对正常体温家兔由耳缘静脉注射腐败甘草浸液 3mg/只，1h 后引起发热，口服君子兰根、叶水煎剂 16g/kg，对感染性发热有降温作用，3h 后降温作用明显；对正常体温家兔各分别 I.H 松节油 0.4mg/kg，24h 后引起发热，于发热后口服君子兰根、叶水煎剂 16g/kg，对非感染性发热，亦有降温作用，其作用强度在 3h 后与扑热息痛相同。君子兰水煎剂有明显的镇痛、降温作用，而且根的作用强于叶。

2. 强心、降压

张会常、冯勤喜、刘文郁（1995）报道，君子兰根，洗净，烘干，并称重，水煎 3 次，每次分别为 1h、30min、30min，合并滤液浓缩成 40%

备用。君子兰根水煎剂具有明显的强心作用，可使心肌收缩力加强，心输出量增加，与洋地黄相比，无显著差异。当用心得安阻断异丙肾上腺素的作用后，未能阻断君子兰的强心作用，这提示君子兰正性肌力作用可能与ß受体无关。

君子兰对离体大白鼠心脏具有明显的负性频率作用，无洋地黄的负性传导和ST-T改变，表明君子兰强心时，不增加心肌耗氧量，也不引起缺血样改变，这些对工作心肌有益。实验得知，君子兰有明显的降压作用，且具有显著的相关性。君子兰降压作用在反复用药后无耐受。其特点是降压作用迅速而短暂，给药后立即出现作用，维持3min，降压时心电图及心率无变化。

君子兰降压作用不被阿托品、心得安阻断，且对NA·AD升压作用无影响，其作用也不被苯海拉明所阻断，对提颈动脉升压反射无影响，也无血管直接扩张作用。这说明君子兰降压作用与M受体、ß受体、H₁受体无关。微量君子兰脑室注入表明，具有中枢性降压作用。

许展、吕密凯、张冬梅等（1998）报道。君子兰根，洗净、烘干、称重，水煎3次，每次分别为1h、30min、30min，合并滤液，浓缩成20%浓度，备用。20%洋地黄液由洋地黄干品，以75%乙醇浸泡24h，2次合并滤液，挥净乙醇，制成20%浓度，备用。给药途径由尾静脉注射20%君子兰（0.12ml/100g）。正常大白鼠心输出量为29.6±6.9ml/min。尾静脉注射20%君子兰后，君子兰组大白鼠心输出量增加至38.9ml±9.8ml/min。这说明君子兰具有增加心输出量的强心作用，但与洋地黄组大白鼠心输出量41.0ml±11.5ml/min比较，无显著差异。说明君子兰增加心输出量的作用不及洋地黄。

杨艳姿、吴琴芳、黄彩云（1989）报道，垂笑君子兰制成水煎剂及水提醇沉液二种制剂，通过实验观察，两种制剂对心脏的作用类与强心甙相同，而在药物稳定性、心脏内代谢、毒性、血压的影响与糖甙可能有所不同。垂笑君子兰制剂较稳定，在心脏内代谢快，毒性略低，水提醇沉液较煎剂更低。在对心脏作用方面，煎剂快而强，水提醇沉液慢而持久。在血压方面用煎剂静脉注射或十二指肠给药观察麻醉家兔（n=10）血压的变化。药物静脉注射后，可使血压迅速下降，由给药前12kPa（92±18mmHg）峰值降至5.9kPa（44±4mmHg）（P＜0.001），血压下降率达51%，持续105min以上。十二指肠给药，约经1h左右，血压由14.0±0.8kPa（105±6mmHg）降至10.5±2.1kPa（79±16mmHg）持续时间为2～4h以上。毒性实验，用垂笑君子兰叶煎剂腹腔注射LD50为131g/kg（生药）。静脉注射3.7ml/kg，观察6只正常家兔24h内状况，所见食欲正常，无一死亡。实验证明，垂笑君子兰既能加强心肌收缩力又能使心脏负荷减轻，对中枢有一定的镇静、镇痛、降温作用，并使心率减慢。

张会常、冯勤喜、刘晓娟等（1997）报道，君子兰水提取物具有强心作用和降压作用，其强心有效成分为甙类。心力衰竭时，左室舒张末压增高。君子兰可使左室压、左室舒张末压降低。心衰时，心输出量降低，心率加快。君子兰可使心输出量、心博指数、心指数增加，改善泵血功能，同时心率不增加。研究结果还表明，君子兰降低血压，降低总外围阻力。心室容积（压力）增加，心率加快和心脏射血阻力增高，均可使心肌耗氧增加。而君子兰由于降低左室舒张末压、降低总外周阻力，而心率不加快。按文献，心肌耗氧指数（MVO2I）＝HR·MAP，故君子兰可使心肌耗氧量降低。君子兰即增加泵血功能，又降低总外周阻力，而降低心脏负荷，加之不增快心率，作为一种强心药物是有其独特之处。

3. 抗病毒

范登伯格（Vanden Berghe）(1978)报道，君子兰提取物对塞姆利基（Semliki）森林病毒具有较强的抑制活性。姆.艾文（M.Ieven）等（1982）报道，对君子兰的根和叶粗提物，4种生物碱中，只有石蒜碱有脊髓灰质炎等抗病毒的作用，其它生物碱（君子兰明、君子兰宁和君子兰亭）均无效。实验证明，石蒜碱的抗病毒作用，仅在于抑制由一种DNA和几种RNA病毒对VERO细胞所引起的致细胞病变，浓度低于1μg/ml时，即可抑制脊髓灰质炎病毒，超过25μg/ml时，出现细胞毒性，而对细胞外病毒无直接杀灭作用。

4. 抗肿瘤

高鹏华、杨绍娟、卜丽沙等（1998）报道，君子兰总生物碱对小白鼠S180实体瘤抑瘤率为23.5%，中国学者公认抑瘤率超过30%以上的抗肿瘤方为有效，所以，君子兰生物总碱对S180瘤体无效。对肝癌小白鼠实体瘤的生长有抑制作用。抑癌率为57.5%，抗肿瘤作用明显。对细胞生长、分裂都有一定影响，但不会引起细胞染色体畸变。君子兰总生物碱可抑制细胞生长，且无毒副作用。

参考文献

[1] Chem.pharm.Bull.，28（6）：1827831，1980

[2] Lloydia，45（5）：56473，1982

[3] 张会常，孙艳，冯勤喜等.君子兰根强心有效成分研究，1996（4）：26 − 27

[4] Phytochemistry，3：45363，1964。

[5] 李成义，叶汉光.长春大花君子兰各部位中氨基酸的测定.白求恩医科大学学报，13（6）：51012，1987

[6] 李成义，叶汉光，张贵田等.长春大花君子兰各部位中28种无机元素的测定，白求恩医科大学学报，15（1）：402，1989

[7] 李成义，张甲生，刘忠英.长春大花君子兰各部位中微量元素硒的测定，白求恩医科大学学报，13（6）：51314，1987

[8] 高淑贤，彭惠英，桑利敏.吉林医药工业，（4）：324，1992

[9] 张会常，冯勤喜，刘郁文.君子兰强心与降压作用及机制研究，中草药，26（1）：280，1995。

[10] 许展，吕密凯，张冬梅等.君子兰的强心作用，佳木斯医学院学报，21（1）：97，1998。

[11] 杨艳姿，吴琴芳，黄彩云.垂笑君子兰对心血管系统作用初探，中草药，20（7）：20，1989。

[12] 张会常，冯勤善，刘晓娟等.君子兰对兔心功能和血流动力学的影响，中国林副特产，（1）：145，1997

[13] 高鹏华，杨绍娟，卜丽沙等.君子兰总生物碱抗肿瘤作用的研究，吉林中医药，（4）：523，1998。

七、国外君子兰研究概况

君子兰作为一种蜚声全球的花卉，以其独特的君子风度赢得了世界人民的喜爱。世界各国的园艺工作者、育种学家以及众多的君子兰爱好者在君子兰引种驯化、栽培育种方面做了很多工作。

南非　南非的纳塔尔(Natal)省是君子兰的故乡。君子兰属于南非的特产植物，共有 4 种，其中垂笑君子兰 *C. nobilis*、戈登君子兰 *C. gardenii* 和有茎君子兰 *C. caulescens* 3 个种是具有悬垂的花，而大花君子兰 *C. miniata* 是最普遍而且被认为最有吸引力的种。繁茂的自然植被、适宜的气候条件使大自然为纳塔尔(Natal)省恩赐了这些美丽的使者－君子兰。由于君子兰叶片翠绿、四季常青，绯红色的花簇聚生成球形，引人赏心悦目，颗颗丰满的果实如彩玉雕就，光彩夺目，当地人们很早就开始驯化家养。在南非包括君子兰在内的球茎类植物引起了世界各地植物分类学家的极大兴趣。1828 年，由林德勒把各种君子兰归纳为一个属，并命名为 *Clivia*，是为了纪念女公爵 Charlotte Clive 女士，因为她在英国温室中培育了垂笑君子兰 *C.nobilis*。其后南非的君子兰爱好者和园艺工作者们开始研究了君子兰的栽培、育种、病害及药用价值等方面。如纳塔尔大学植物病理学教授Mark Laing对君子兰由细菌引起的软腐病进行了研究，并为君子兰养育者提供了有效的防治方法。

君子兰也有某种程度上的药用价值。主要是大花君子兰 *C. miniata* 和垂笑君子兰 *C. nobilis* 两种。祖卢人采用其根茎治疗发烧。部分南非妇女怀孕时用其全体植株来催产和分娩；根茎也是治疗蛇咬伤的药物，具有缓解疼痛的作用。纳塔尔大学化学系Sewran，Vihash等人用超临界流体提取物 (SFE) 和增强子宫平滑肌的生物鉴定相联合的方法，检测了大花君子兰 *Clivia miniata* 的促进子宫平滑肌的活性。结果表明，400atm[①]的君子兰提取物，体现最大的增强子宫功能的活性[2]。

目前纳塔尔省 Cape 镇的君子兰正在形成一个庞大的产业。J. F. Finnie 对 *C. miniata* 的组织培养进行了系统的研究，目的在于探索可靠的外植体源和组织培养技术。他利用来自果实和花的外植体成功地培养了 *C. miniata* var. *citrina* [18]。在 Cape 的 Kirstenbosch 国家植物园培育着由 4 个原种转变而来的丰富多彩的变种，吸引着世界各地的君子兰爱好者。由于许多野生君子兰正在以明显的速度消失，它的生态环境也受到不同程度的损坏，NBI 开始实施保护这些宝贵资源的工程[3]，于是人类不仅欣赏到自己培养育种的形态各异的君子兰，而且也能在南非纳塔尔省观赏到君子兰在大自然怀抱中自由自在生长的原始的风姿。

君子兰在异国他乡的种植和研究概况要从欧洲谈起，因为欧洲目前是被专家们认为最早引种君子兰的地方。

比利时　在比利时的 Ghent 城和周围地区是观赏植物的繁育中心。早在 1648 年，许多种植者在 Conferie Sint Dorothea 聚集。1808 年，Ghent 城的农业和植物学会成立，负责组织每年的农业和植物展览和交易，恰好这时期君子兰进入了比

---

① 1atm=101325Pa

图 6-13　红黄色杂交种

利时，并成为比利时人喜爱和广泛种植的花卉。此后，许许多多的变种被描述和参展。在第一次世界大战之后，Bier 和 Ankersmit 把大花君子兰 *C. miniata* 的 Compacta Robusta 品种带入市场，通过参展和出版目录，比利时 Ghent 附近 Melle 的大的商业种植者把"一个较结实的植物，它的叶片是我们所习惯的两倍宽，并且是圆的，而不是尖的"这种类型的君子兰公布于众，成了"比利时品系"的起点。从 1922~1950 年，Ghent 城的君子兰种植者们纷纷参展并获奖，正是这些培育者们选育出了有最美丽花和最宽叶片的君子兰。

第二次世界大战后，人们对稀少而昂贵的植物有较大的需求，而长达 3~5 年培育周期的"比利时君子兰品系"不再有利可图。另外，总的来看君子兰不流行了。20 世纪 50 年代初，在 Melle 的 Ernest DE Coster 选育出提早开花的君子兰。这个品种植物的叶片宽 5~7cm，20% 的植株两年后开花。1990 年，受本国农业部委托由园艺师 Adrien Saverwyns 先生主持建立了君子兰研究组。该组的作用是召集君子兰种植者讨论研究栽培的技术问题。Johan van Huylenbroeck 从温度、光照、光周期、干旱和低温等对 *C. miniata* 的影响方面研究了对君子兰开花和生长发育的控制。研究表明

提高温度可有效地增进叶片的形成。冬季补充光照不能促进叶片的形成，但是能促进叶片伸长，尤其对幼苗，结果形成劣质植株。花原基的形成不受温度和光照的影响；与之相反，花蕾的发育和花葶的伸长受到光线和低温的影响。并提议今后的研究重点应放在低温刺激与内源性激素两者之间的内部反应[19]。1998 年，大多数君子兰种植者栽培早开花品种，而传统的"比利时品系"面临渐变稀少的危机之中[4]。

德国 也是一个有种植君子兰悠久历史的国家。于 1917 年，E.Neubertt 等培育了暗桔黄色 Friesdorfer 型君子兰[5]。1873~1878 年，在德国 Han burg 附近 Ottenh ousen 的 Donner 女士的领头园丁 Theodore Reimers 培育出有强壮花梗、排列好看的总苞和具有美丽颜色和花型的大花君子兰 *C. miniata* 的园艺变种"Lindeni"。其它种植者，如 Ball、Shafer 和 Schmid 等开发了 Palman-Garten-Rasse 等品种[4]。

近年来，德国 Wuerzburg 大学的 Zeier, Juergen 等人主要从事了君子兰根的组织化学方面的研究，宗旨在于提供完善的君子兰根的内皮层、皮层和木质部导管的化学组成的特点，这将会更好地了解溶质被动地、辐射状地从土壤穿过根皮层进入

图6-14 君子兰×有茎君子兰杂交种

图6-15 金丝宽短叶黄花品种

中柱的相关屏障[6]。

意大利 意大利的君子兰许多年来一直靠从比利时进口幼苗，然后把它们培育成成熟植株来满足国内需要。但现在意大利也已经在开发自己的产业，进行君子兰的栽培、杂交育种等，用自己的君子兰占领国内市场，只有少量的由比利时君子兰补充[5]。

西班牙 西班牙 Malaga 大学的 Casado 等人对大花君子兰C.miniata根的皮下组织的水渗透性进行了较详细的研究[7]。

波兰 波兰 Lodz 大学的植物细胞学和细胞化学系 Kuran，Hanna 等人对 大花君子兰 C. miniata 的叶片的干重含量，蛋白质和核 DNA 在叶片衰老过程中的变化进行了研究[8]。Reczgnski 等在研究大花君子兰 C. miniata 胚珠中生理必需元素 K、Na、Ca、Mg、Fe、Mn、Zn、Cu、B 富集变化的基础上探索了对在大花君子兰C. miniata

的胚乳和中心液泡中钼富集的变化。结果表明，在胚生长抑制期，Mo 在中心液泡液中的变化是从 0.021 到 0.052μg/mt，Mo 在珠孔部分的富集范围是 0.032～0.085μg/g（果实重量），并且在胚生长的静止期，含量增加。同时发现在合点处也有同样增加的趋势，在胚生长期检测结果表明，Mo 在合点区的富集高于珠孔[9]。

总之，君子兰最早进入比利时后，就在欧洲各国生根、开花、结果，并形成各自的品种、产业和欣赏观。北欧人热衷于小型植株的君子兰，而南欧人宁愿要大型变种。繁育时主要靠种子和营养繁殖，在温室里培养，每位种植者的种植都形成了自己独特的、最适合自己种植环境和品种的方法[5]。比利时是欧洲最大的君子兰生产国，每年大约生产700,000株。1997年削价拍卖的大部分君子兰源于比利时。每年在荷兰培育出大约200,000株君子兰。意大利也有一定规模的生产，其次是德国和法国[5]。

君子兰从南非进入欧洲后，又从英国带入新西兰和澳大利亚[10]。

新西兰 最早进入新西兰的君子兰是大花君子兰*C.miniata*。从较早的目录得知，它在新西兰和澳大利亚已有100多年的历史。在新西兰，尤其是在澳大利亚广泛传播的第一个认识的杂交种是*C. cyrtanthiflora*，这种植物是在19世纪中期比利时开发的。另一个在新西兰的种是戈登君子兰*C.gardenii*。而垂笑君子兰*C. nobilis*是最近几年才带入新西兰和澳大利亚的。现在新西兰除了上述几个种之外，还引入了有茎君子兰*C.caulescens*和大花君子兰*C.miniata*的杂交种及大花君子兰*C. miniata*和戈登君子兰*C.gardenii*的杂交种[10]。

De Keith Hammett的研究表明，君子兰属植物有22条染色体，非常一致地排列成11对。从染色体带的观察表明，大花君子兰*C. miniata*和戈登君子兰*C. gardenii*亲缘关系较近，在着丝粒有共同带；而有茎君子兰*C. caulescens*和垂笑君子兰*C. nobilis*的关系相近。但观察与细胞生理有密切联系的核仁区染色体时得到相互矛盾的结论，即大花君子兰*C. miniata*和有茎君子兰*C. caulescens*有着密切的亲缘关系。Auckland大学的Ran Yidong等人运用核糖体DNA序列的方法，研究了君子兰属的系统发育分析和核型进化，为探讨属内种间的进化提供了新途径[11]。Ran Yidong等人研究了用染色体带和在杂交部位的基因型确定君子兰属内杂交品种。结果表明，染色体分析是君子兰在营养生长期确定杂交品种的有效方法[12]。

澳大利亚 君子兰之所以能在澳大利亚生根，这要归功于它是在春季向人们奉献出其靓丽花朵。据文献记载，1850～1900年就有君子兰的栽培，根据有关文献的附图加以判断它是大花类型的。

同样在Arthur Yates和Co Ltd的1923年的目录中就记录了对君子兰有很大改良的新的杂交种[13]。在澳大利亚*Clivia miniata*型的君子兰仍然是主要的庭院观赏植物。主要是靠进口种子。种子公司提供许多品系如比利时杂交种、荷兰杂交种、法国杂交种、加利福尼亚品系、南非杂交种等等。无数个种子被卖出，这些种子在公众的庭院中开花结果。进口的结果是绝大多数是开有鲜艳、深橘黄色花和宽叶的君子兰。用这些花来满足着庭园和街道的美化需要。最近几年黄花君子兰也颇受欢迎。在澳大利亚，有许许多多的君子兰爱好者对引种、栽培等方面做出了杰出的成绩，如从事育种工作的Bill Morris从美国人Les Hannibal那里得到带有黄色基因的种子，并对它进行了改良和选育，目前他在黄色品系的育种方面有着卓越的贡献。还有Clliff Groved在1988年的澳大利亚园艺学术会上发表了关于君子兰的论文，是以他养育君子兰经验为基础的。他对君子兰种质资源的收集奠定了现在Pen Henr君子兰繁育基地的基础。在澳大利亚的最早的植物繁育是专用于君子兰属的。无论是垂笑君子兰*C. nobilis*、戈登君子兰*C. gardenii*还是有茎君子兰*C. caulescens*或它们的杂交种在澳大利亚都可欣赏到[13]。因此君子兰仍然是澳大利亚广泛用作美化环境的庭院植物，并且有许多育种家和爱好者持之以恒地从事着君子兰品种改良的研究。

在亚洲，君子兰最早是怎样进入中国、日本、朝鲜等国家的这个问题，一直是君子兰专家们疑惑的问题。有人认为在100年以前由德国牧师带进中国东北的[10]；又有人说1854年由欧洲传到日本，日本侵占我国东北时由日本传入伪满宫廷中的[14]。无论怎样亚洲人对君子兰的欣赏和研究有自己的特点。

日本　君子兰在日本是非常商业化的花卉，并且广泛被用做普通的盆栽植物。日本人欣赏君子兰时不单纯强调花，而是观赏整个植物体。这也是日本为何不像世界其它地区一样有大幅度变异花的原因。但是日本成功地培育出了带有短而中等宽叶的美丽的植物体以及其它有变异叶形的植株。叶片的变异相当普通，主要是靠种子和扦插繁育进行。从种子繁育出的类型已经商品化。目前日本君子兰育种界的目标是尽可能培育出带有短而宽叶片的变异的黄花君子兰[15]。Kagawa大学Hasegawa等人对黄色品种的育种繁育进行了研究。该项研究的目的是培育出开黄花的矮化品系。用大花君子兰 *Clivia mimata* 的黄花品系做父本，以开红花的矮化品系作为母本进行杂交（图6-13）。结果表明，在F1代的32个植株，全部显示浅色无光泽、窄长的叶片和橙红色花。预示着父本有着浅色无光泽、长而直立叶片的遗传优势特征。F1代自交后得到黄花的植株。F2代黄花植株的叶数、长度、花数典型地类似于F1的母本（短化植株）。矮化特征被体现出来。他们的研究工作为培育黄花矮化品种提供了有价值的资料[16]。同时吸引许多植物生理学家、育种家等参入该领域的研究，如Mori G. and Sakanishi Y.(1974)研究了温度对 *Clivia miniata* 开花的影响[17]。Ogasawara R.

图6-16　vico-yellow 杂交种

对君子兰栽培管理方面也有很好的实用性的论述[20]。而中村喜一在君子兰育种和科技推广方面做了大量有意义的工作，引起了学术界和君子兰爱好者们的普遍赞同[21]。

上述情况表明，世界各国从事君子兰栽培的园艺工作者和育种学家以及无数个君子兰爱好者的工作成就为今后君子兰的产业化、品种的多样化及学术研究的纵深发展奠定了坚实的基础。

本节图片均由日本中村喜一提供。

图 6-17　戈登君子兰黄花品种

图 6-18　美国 Clivia 'Helen'

图 6-19　日本大花 vico-yellow 杂交种

图 6-20　英国组培黄花君子兰(Sir. Peter Smithens)

图 6-21　曙缟黄花品种

图 6-22　Co^{60}照射桃色君子兰

图 6-23　变色花种间杂交种

图 6-24　Clivia 'Candle' 花序

图 6-25　多瓣底白端红杂交种

图 6-26　中国君子兰花色变异种

图 6-27　种间杂交君子兰

参考文献

[1] Claude Felbert, John Winter, Mick Dower. Editorial, Clivia Year Book. 1998.3

[2] Sewram, Vikash, Mark W. Ragnor, et al. Coupling SFE to Uterotonic Bioassay: An on－line approach to analyzing Medicinal plants. Journal of Pharmaceutical and Biomedical Analysis. 1998, 18 (3). 305~318

[3] Charles Stirton. Opening Address, Clivia Year Book. 1998, 5~6

[4] Pierre De Coster. History of the Clivia in Belgium. Clivia Year Book. 1998, 31～32

[5] Pierre De Coster. Selection and Commercial Production of Clivia in Europe. Clivia Year Book.1998, 32～33.

[6] Zeier Juergen, Lukas Schreiber. Chemical Composition of Hypodermal and Endodermal Cell Walls and

Xylem Vessels Isolated from *Clivia miniata*. Plant Physiology. 1997, 113(4): 1223～1231

[7] Casado Carolina G., Antonio Heredia. Water Permeability of Hypodermis Isolated from *Clivia miniata* Roots. Zeitschrift fuer Naturforschung Section C Journal of Biosiences. 1998, 53(11-12): 1096～1099

[8] Kuran, Hanna. Senescence vs. Changes in Nuclear DNA, Protein and Dry Mass Contents in Leaf Mesophyll of Two Species Differing in Occurrence of Endomitotic Polyploidy. Folia Histochemica et Cytobiologica. 1999, 37(1): 39～47

[9] Reczyński, Witold, Anna Kowalska. Changes in Molybdenum Concentration in the Central Vacuole and Endosperm of *Clivia miniata* Regel. Acta Biologica Cracoviensia Series Botanica . 2000. 42(2): 73~77.

[10] Keith Hammett. Research in Clivia Chromosomes. Clivia Year Book.1998. 48～55.

[11] Ran Yidong, Keith R.W. Hammett and Brian G. Murray. Hybird Identification in Clivia Using Chromo some Banding and Genomic in situ Hybridization. Annals of Botany, 2001, 87(4) : 457～462.

[12] Ran Yidong, Keith R.W. Hammett and Brian G. Murray. Phylogenetic Analysis and Karyotype Evolution in the Genus Clivia. Annals of Botany 2001, 87(6) 823~830.

[13] Pen Henry. Clivia in Australia. Clivia Year Book. 1998, 56~60.

[14] 赵毓堂. 植物故事三百篇, 长春: 北方妇女儿童出版社, 1996, 234~236

[15] Yoshikazu Nakamura. Clivia Breeding in Japan. Clivia Year Book. 1998. 21

[16] Hasegawa, Atsushi, Takashi Takagi et al. Breeding of Yellow Color *Clivia miniata* Regel . Kagawa Daigaku Nogakubu Gakujutsu Hokoku. 1996, 48 (2): 165～169.

[17] Mori G & Sakanishi Y. Effect of temperature on the flowering of *Clivia miniata* Regel. J. Jpn. Soc. Hortic. Sci. 42: 326～332

[18] J.F. Finnie. In Vitro Culture of *Clivia miniata*. Clivia Year Book. 1998.7～10

[19] Johan M. van Huylenbroeck. Control of Plant Development And Flowering of *Clivia miniata* Regel. Clivia Year Book. 1998.13～20

[20] Ogasawara R. NHK趣味の園芸作業12か月(33), クンシラン. 东京: 日本放送出版协会, 1988. 1～119

[21] Nakamura Y. クンシランからクリビアへ. 园艺世界, 1992, 2: 1～4

[22] Nakamura Y. 君子兰の魅力. 园艺世界, 1999, 3: 4～11

中国君子兰
柴泽民

第七章

中国君子兰鉴赏标准

一、君子兰奇在何处

君子兰奇在何处，其鉴赏评定标准就立在何处。所以在讨论君子兰鉴赏评定标准之前，首先要弄清君子兰奇在何处。

君子兰不是一种普通的草，她是一种宝草。就像钻石不是普通的石头，它是宝石一样。

君子兰是万花丛中的奇葩，是一种奇花异草。它奇就奇在叶花俱佳，叶、花、果并美，赏叶胜观花。其他名贵花卉或以花朵艳丽引人注目，或以香气袭人让人顿足，但花色一目了然，香气一闻便知，给人以单调之感。99′昆明世博会上其它花前较少有看客留步，而君子兰展位前却人群涌动久久不愿离去便是明证。更何况"花开花落总有时"，还得"蓄芳待来年"。难以让人长久迷恋。而君子兰叶片具有极高的观赏价值，月月天天时时刻刻能供人观赏，给人以美的享受。叶片下部由叶鞘编成的假鳞茎，有的像玲珑塔，有的像金元宝；而叶片的顶部形态各异，有的似椭圆形、有的如半圆形，像用圆规画的一样。叶面则更好看，有的像碧玉盘上撒下颗颗黑色的珍珠，有的像黄色金盘上镶嵌着绿色的宝石，组成一幅幅绚丽多彩的图案。那硬朗挺拔的叶片由座基向斜上方舒展平伸，不弯腰，不低头，象征着刚直不阿，百折不挠的精神。从总体形态上观赏，侧看一条线，正看如开扇。有的像孔雀开屏，有的似鲲鹏展翅，让人百看不厌，流连忘返，可与名画比美，可与工艺品争辉。但任何名画和工艺品都是没有生命的，还可以大量复制和仿造，而一棵精品君子兰（除芽生外）不能复制和仿造，并且很难找出第二棵。君子兰和人一样，父母本相

同，其子代却一棵一样，这是君子兰的奇中之奇。君子兰不能像生产螺丝钉那样成批生产出一个规格的商品。君子兰22个染色体携带数万个遗传基因，决定着君子兰的不同性状。其排列组合千变万化，好的性状都显性存在于一棵君子兰之上极难。养兰人奋斗了几十年，被公认为珍品的君子兰极为少见。所以君子兰精品的价格居高不下就不足为怪了。当年有人一而再再而三地谈论"奇高的君子兰花价能维持多久？"17年之后的今天，高品级的君子兰仍有几万元乃至几十万元一株成交的。其实，无论是当年还是现在，低品级君子兰的价格并不高，只是高品级君子兰的价格高。高品级君子兰是一种奇特的商品，不是普通的商品。她的价值不能"由生产该种商品的社会必要劳动时间决定"更何况君子兰可以通过杂交培育出高于她的子代，这又是一般商品所不能比拟的，就连被称为国粹的名画也不能与之相提并论。因为名画无论如何也不具有再生出高于该画的子代的功能。从这个意义上说，极品或珍品君子兰是国粹，是国宝。

君子兰的另一奇就是无需特别的培养，她的花开在冬季，开在元旦、春节期间，而且花期长。特别是在北方，外面冰天雪地银装素裹，室内绿叶红花，春意盎然，一派生机，给人以欢快愉悦之感，烘托着节日喜庆热烈的气氛。两边排列整齐美丽的叶片簇拥着茁壮的花葶撑起一团火红的花朵，几十朵小花像喇叭向四方鸣奏。她告诉人们，这才真叫"我花盛开百花杀"。

君子兰还有一奇，那就是其生命力极强。从

土中拔出一两个月不死。抹头了还能发芽，根全烂掉了能再发新根。君子兰再有一奇就是她长生不老。虽说她是多年生植物，但培育几十年后可以将其根茎切去一段进行抚壮，使其返老还童，焕发青春。第一代"技师"到目前已有近40年的花龄，仍茁壮成长。

正因为君子兰有生命力极强且长生不老的奇性，才被人们称为古稀长寿之花，并敢于用几万、几十万巨资购买一棵精品君子兰观赏和莳养。又由于君子兰花开在冬季（尤其是节日期间），所以价格不高的低品级君子兰也备受千家万户的欢迎。近年来君子兰盆景与插花艺术得到了一部分人的重视，具有广阔的发展前景。就君子兰的单株鉴赏来说，叶片的长宽比是3∶1以下为好，而对于同根多株丛生状态的君子兰盆景来说，则长宽比越大越好。因为叶片越窄越长越显得抒展、飘逸、大方。株型整齐有序是一种美，而自然无序也是一种美，就像青石山的美不亚于金虎一样。

君子兰还含有微量元素硒，具有很高的药用价值。不同品级的君子兰有不同层次的市场，所以她前途无量，有待大批有识之士去开拓。

至此，君子兰的奇处该算是说完了，可君子兰还有一个令人头痛而着迷的奇处，就是她好象大自然赐给人类的一部极难读懂的天书。她不仅有美丽的外表，而且还有极深广的内涵。就君子兰的鉴赏而言，其品级高低的鉴赏比起对其品系及隐性遗传基因的鉴别要容易得多，因为这是对显性存在的性状优劣进行鉴别。这就是说，君子兰不仅有极高的观赏价值，还有极深奥的研究价值。君子兰的鉴赏技术、莳养技术、杂交技术，有待于我们进一步去探索。

最后，君子兰究竟最奇奇在何处？不是其花的特殊颜色、形态和气味，也不是其叶片的某一性状特别，而是其叶片的十项标准都能达到接近完美的程度的极品君子兰。这也是广大爱好者追求的目标。

二、君子兰鉴赏评定标准及分级

上节已论述了君子兰奇在叶片有极高的观赏价值上。多年来，人们在购买中高品级君子兰时，也多以叶的优劣来决定取舍，基本不考虑花及其他条件。所以，君子兰鉴赏评定标准当然以叶为主。归纳起来主要有10条，那就是亮度、细腻度、刚度、厚度、脉纹、颜色、长宽比、头形、座形、株形，辅助条件2条，花（花莛、果）及其他。

1. 亮度

亮度是指叶片表面反光的程度。

鉴赏时要特别注意区分是擦亮的还是叶片原本的状态。

亮度的优劣依次为油亮、光亮、亮、微亮、不亮。

2. 细腻度

细腻度是指叶片表面滑润致密的程度。

细腻度用观感和手感都可觉察。用放大镜观察最为明显。

细腻度的优劣依次为：细腻、比较细腻、一般细腻、比较粗糙、粗糙。

3. 刚度

刚度是指叶片整体的抗弯曲强度，或理解为宁折不弯的程度。

刚度与硬度有关连但不等同。也可视为整体叶片的硬度，而不是叶片上某一点的硬度。它与叶片的长度和厚度有关。因此，长叶片与短叶片两株君子兰比较刚度时，则应分别取距顶端10cm处加以测定。

刚度越强越好，越弱越差。依次分为强、较强、较弱、弱。

4. 厚度

厚度是叶片横断面叶肉的厚薄程度。

叶片边缘与中部的厚度差别越小越好。叶片顶部的厚度决定叶片厚度的优劣程度，所以应取距叶片顶端5cm处边缘及中部两处厚度平均值。

厚度的优劣依次为：2.2mm、2mm、1.8mm、1.6mm、1.4mm 以下。

5. 颜色

颜色是叶片表面的色泽。

单色兰叶面颜色以浅为佳，复色兰叶面两种颜色反差越大越好。对于彩带、彩道、彩丝来说，叶面深浅颜色的比例以1∶1为好，并且深浅颜色界线分明，浅颜色要透，颜色种类越多越好。

叶面颜色的优劣依次为：

单色是：黄、黄绿、绿、墨绿（图7-1、图7-2、图7-3、图7-4）

复色是：

彩练：叶脉墨绿、脉间黄（图7-5）

叶脉绿、脉间黄2（图7-6）

叶脉墨绿、脉间黄绿（图7-7）

叶脉绿、脉间黄绿（图7-8）

彩带、彩道、彩丝：

瓷白、墨绿（图7-9）

瓷白、绿（灰绿）（图7-10）

黄、墨绿（图7-11）

黄、绿（灰绿）（图12）

图7-1　单色、黄色

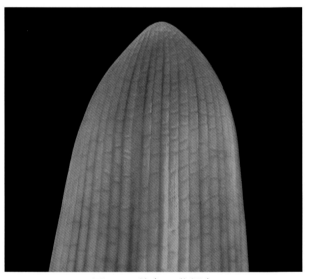

图7-2　单色、黄绿色

图7-3 单色，绿色

图7-4 单色，墨绿

图7-5　复色，脉墨绿、脉间黄（彩练）

图7-6　复色，脉绿、脉间黄（彩练）

图7-7　复色，脉墨绿、脉间黄绿（彩练）

图7-8　复色，脉绿、脉间黄绿（彩练）

图7-9　复色，瓷白、墨绿（彩带）

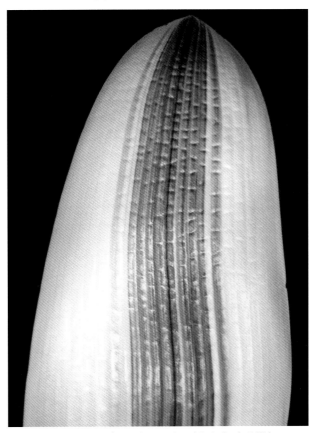

图7-10　复色，瓷白、绿（灰绿）（彩带）

图 7-11　复色，黄、墨绿（彩带）

图 7-12　复色，黄、绿（灰绿）（彩带）

6. 叶脉

叶脉是贯穿在叶肉内起输导水分和养料作用的维管束，并有支持叶片伸展的作用。

叶脉粗壮凸起，等间距分布于整个叶面，头部有密集粒纹为佳。竖脉纹通顶间距大，横脉正，成田字格为好。各叶片脉纹差距越小越好。应取多个叶片综合评价。

脉纹的优劣依次为：粗凸脉、中粗凸脉、细凸脉、平脉（图7-13、图7-14、图7-15、图7-16）。

图 7-14　中粗凸脉

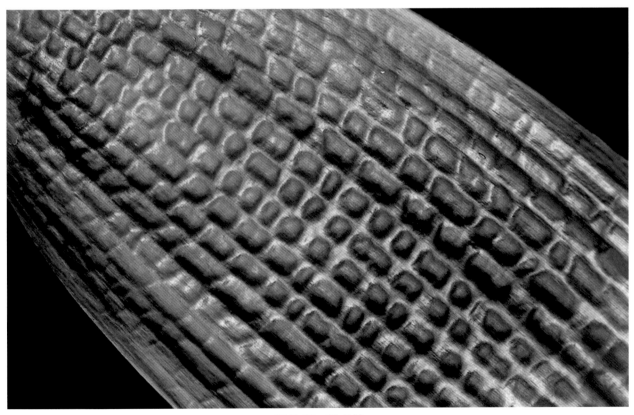

图 7-13　粗凸脉

图 7-15　细凸脉

图 7-16　平脉

7. 长宽比

长宽比是叶片长度和宽度的比例。长度是指叶片顶端到叶鞘边缘与叶基连接点的距离；宽度是指叶片横向两侧边缘之间的最大距离。

比例协调才叫美，单独讲叶片的长短、宽窄不妥。片面地追求宽短，比例失调不恰当，从造型的角度讲不美。长宽比协调的比例为 3:1。鉴赏时，应取 6 片最佳叶片的长宽比的平均值。

设长宽比为：a:b

长宽比的优劣依次为：a:b≤3:1、3:1<a:b≤4:1、4:1<a:b≤5:1、5:1<a:b≤6:1、a:b>6:1

136

8. 头形

头形是指叶片顶端的形状。

叶片顶端半圆为最好，钝尖（无扎手尖）比锐尖好。鉴赏头形优劣时应以叶片顶端半数以上的形状综合考虑。

头形的优劣依次为：半圆形、椭圆形（平头形）、急尖形、渐尖形、长锐尖形（图7-17、图7-18、图7-19、图7-20）。

图7-17　半圆形

图7-18　椭圆形

图 7-19　急尖形

图 7-20　渐尖形

图 7-21　长锐尖形

9. 座形

座形是指叶片的叶鞘在根茎上部编成的假鳞茎的形状。

座形主要有元宝形（梯形）、柱形（方形）、楔形（倒梯形）。这三种形状又因高低不同而一分为二。座形的优劣取决于叶鞘边缘在纵向上的间距大小和两相对叶片叶鞘的边缘的夹角大小。间距越小，夹角越大，座形就越好看。

座形的优劣依次为：元宝形、塔形、低柱形、高柱形、低楔形、高楔形（图7-22、图7-23、图7-24、图7-25、图7-26）。

图7-22　元宝形（低梯形）

图7-23　塔形（高梯形）

图 7-24　低柱形（方形）

图 7-25　高柱形（高方形）

图 7-26　楔形

10. 株形

株形是对君子兰叶片的总体形态而言，由叶片的纵向伸展状态和排列编排而成。好的株形是侧看一条线，正看如开扇。

侧看一条线是指叶片不左右歪斜，多与莳养护理有关，与品种关系不大。

正看如开扇是指各叶片顶点连线基本是圆滑曲线；各叶片长短差距不大，叶片向斜上方平伸；底叶与水平线夹角应大于零。叶片间距基本均等。

株形的优劣取决于叶片是否向斜上方舒展平伸及叶基（俗称脖，即叶鞘与叶片之间窄而厚的过渡段）的长度和倾斜角度。最差的株形是叶片下垂弓形，叶基过短且向下倾斜角度过大造成叶片向两边倒伏叠压，根本构不成扇面。

株形的优劣依次为：立、平伸、垂弓、下垂

（图7-27、图7-28、图7-29、图7-30）。

以上为鉴赏君子兰品级高低的10项主要标准。

辅助标准两条

1. 花大色艳、花瓣紧凑、花莛粗壮高度适当，果实色艳有光泽。

2. 无人为及其他因素损伤，无病虫害等。

君子兰品级划分及分值

（一）各标准所占分值

在鉴赏君子兰的主要10项条件中，"四度"是基础，是高品级君子兰必备的条件，其他6条是在此基础上锦上添花，具备得越多越好。所以这10项标准所占分值不能平均分配。而辅助标准多在各种展览会上评奖时应用，在鉴赏君子兰品级中几乎无人考虑。所以其所占分值很小，具体分

图7-27 立（斜立）

图7-28　平伸形

图7-29　垂弓形

图7-30　下垂形

配如下，主要标准：

1. 亮度：1～11分
2. 细腻度：1～11分
3. 刚度：1～11分
4. 厚度：1～11分
5. 脉纹：1～11分
6. 颜色：1～11分
7. 长宽比：1～10分
8. 头形：1～8分
9. 座形：1～8分
10. 株形：1～8分

合计：100分

辅助标准

1. 花大色艳、花瓣紧凑、花粗壮、高度适中、果实色艳有光泽。1～6分（花、花莛、果各2分）

2. 无病虫害无人为及其他因素损伤。4分

合计：10分

（二）各品级所占分值（主要校准分值）

1. 90分以上者为极品；
2. 80分～89分为珍品；
3. 70分～79分为精品；
4. 60分～69分为佳品；
5. 50分～59分为良品；
6. 40分～49分为普通品；
7. 40分以下为次品；

在评比中以主要10条标准的分值来确定一株君子兰的高低。只有当主要10条标准分值相同时，才对比辅助标准分值高低。

以上标准有待于在实践中不断完善。

三、全面把握中国君子兰十项鉴赏标准

君子兰是叶、花、果均有观赏价值的花卉，与其他花卉相比，其花、果的观赏价值谈不上出类拔萃，而高品级君子兰叶片的观赏价值堪称一绝。所以，君子兰品级鉴赏标准则以叶为主，以花果为辅。

君子兰经过1985年黑色之夏沉寂了5年之后，于1990年又重新崛起。由于人们对于君子兰鉴赏10项标准把握不准，片面地追求某一两项，而走了不少弯路。长春君子兰学社于1998年1月写了《给各界花友的忠告》一文，并在一些君子兰花展中散发。全文如下："片面地追求'短宽'使我们长春君子兰爱好者将数百万资金付之东流。'我们走过了许多弯路，错误常常是正确的先导'。尽管各人对君子兰的思考不同，偏爱各异，但必须综合鉴赏君子兰的10项条件全面考虑。我们认为，在三形（头形、座形、株形）、四度（亮度、细腻度、刚度、厚度）、脉纹、颜色、长宽比这10项条件中，'四度'是基础，是高档君子兰必备的条件。其他6条是在这基础上锦上添花，具备得越多越好。犹如一件西装档次的高低，其基础是面料，而不是样式和做工。要做高档西装，就要用毛料而不是粗布。10多年前有句老话叫'外行看脸，内行看板'，这板就是刚度和厚度。君子兰高深莫测，真懂它者为数不多。我们的看法不一定正确，为新老花友不走弯路或少走弯路而进上一言，仅供参考。我们提倡'百花齐放，百家争鸣'，'八仙过海，各显其能'。我们不要求也不能要求别人都按我们的观点去看君子兰。各位按各

图 7-31 雀兰

图 7-32 横兰

自对君子兰的思考去走自己的路吧！"

4年多过去了，文中提出的问题仍然存在。因此，对于鉴赏君子兰标准还得"经常讲，反复讲，只给少数人讲不行，要使广大群众都知道。"

首先，要大声疾呼，鉴赏君子兰主要的标准是十条！不能只看一两条。如果说1998年之前由于片面地追求长宽比而使一些人走了弯路的话，那么1998年以后则又片面地追求"脸"（花脸和麻脸），2000年以来，又片面地追求"板"（刚度和厚度）。所谓"花脸"，以金丝为代表，只重视瓷白墨绿，而轻视其他。所谓麻脸是以亮度、细腻度、刚度、厚度差、而起泡粒的所谓"日本串"为代表，所谓"板儿"则以不顾长宽比、颜色、株形的黑短为代表，不是说长宽比、颜色、脉纹、刚度、

厚度不重要，而是说，对鉴赏君子兰的10条标准必须综合考虑全面把握。不能只看其中的一条。

前面所说的"片面地追求短、宽"指的就是雀兰（图7-31）、横兰（图7-32）、日本兰。

所谓雀兰是基因突变产生的一个新型，叶片的长度在20cm以下。属微型兰品系，长宽比在3：1以下，叶顶部有急尖，亮度、细腻度、刚度、厚度均一般偏下，叶脉一般，叶脉与脉间颜色有反差，开花时花莛很难长出，且心叶不再生长，俗称为"打洞"，成兰便废，只靠芽生来继续生长。

所谓日本兰是20世纪90年代初由日本引入的。最大优点是长宽比在3：1以下，叶顶部为急尖形，座型为低方座，这二条属中等，而其他7条亮度、细腻度、刚度、厚度、颜色、脉、株型均极差，这种花属次品级，只能面对大众低档市场。用"四度"和脉纹较好的高品级君子兰与之杂交，能造出一部分好看的小苗，并且出现一部分叶脉凸出的所谓麻脸。但长大开花两次以后，日本兰所携带的那7条严重缺点的遗传基因将明显地反映出来，叶面像粗布一样暗淡无光，叶片向两侧下垂，毫无生气成为普品。所以，前几年一些人投资不少，损失巨大，就是对这一短宽的花没看透而走了弯路。

所谓横兰根本不是由日本兰与长春短叶杂交而成，而是由日本兰与雀兰杂交而成。因为日本兰与短叶都不是微型兰，并且也没有打褶、打洞的特点，而只有雀兰有明显的打褶、打洞的特点，所以横兰的打褶、打洞的特点来自雀兰，而不是来自短叶和日本兰。横兰的叶的长宽比达到了1：1，那是雀兰的短与日本兰的宽相结合的产物。因此，横兰的亮度、细腻度、刚度、厚度、脉纹、株形都极差。可当年确实有人用几万元一株去购买，花粉也卖到了几千元一支。现在人们又片面地追求"板儿"

是对前一段片面地追求短宽的一种否定，这也算是一种进步，但仍有偏颇。所谓目前人们所追求的"板儿"硬的黑短儿比雀兰、横兰、日本兰要高级得多，也有用得多。但君子兰美的最终目标绝不是黑短儿，而是综合10条鉴赏标准的分值达到80分以上的珍品兰，所以，提请大家不要在黑短儿上再走弯路。

必须指出，彩带、彩道、彩丝叶片中的浅颜色不占有相当大的比例不美，而浅颜色的比例大了就易于出现焦边的现象，有人认为这是病态，本人以为是缺少叶绿素抗病能力差所致，不能说成是病态。再一特点就是叶片颜色变化莫测，有时全变绿了，有时全变白了。这两个问题有待于今后去逐步认识、探讨和解决。

怎样全面把握鉴赏君子兰的10条标准，不同的人有不同的理解和看法。本人以为，在鉴赏君子兰这10条主要标准中，"四度"（宽度、细腻度、刚度、厚度）是基础，是高品级君子兰必备的条件，不论颜色和脉纹多么重要，都依附于"四度"。"四度"极差的君子兰，绝不是高品级君子兰。

对于亮度、细腻度、刚度大家几乎没有异议，而对于厚度则有不同看法。为什么多年前就有"外行看脸、内行看板"这句话，就是因为，无论是花脸还是麻脸，都与厚度有密切关系，薄化脸多数是假花脸，多随季节的变化光照的强弱而改变，而叶片厚的花脸则较稳定，不随季节变化而变化。而脉纹凸起的高度是指脉纹的绝对高度减去叶肉的厚度，在观察脉纹时，必须将叶片的厚度考虑进去，只看麻脸是不行的。所以，在鉴赏一棵君子兰的优劣时，首先看"四度"，即亮度、细腻度、刚度和厚度。在此基础上再看叶面的颜色及脉纹，其他几条则具备得越多越好。

高品级花以观叶为主，所以要以鉴赏君子兰的10条主要标准来综合全面衡量，而低品级君子兰则以观花果为主，主要以鉴赏君子兰的辅助标准来衡量。

四、中国君子兰早期名品鉴赏

大胜利

大胜利叶片亮度较好，光亮；细腻度较佳，比较细腻；刚度上等；厚度上等，2mm以上；颜色为绿色；长宽比为1：7左右，长60cm左右，宽8cm左右（民间有人认为宽度为12cm左右）；头形差，为锐尖形；座型差，为楔型；株形好，叶片向斜上方平伸呈扇形；花大色艳（红色或橘红色）小花柄较长；花莛粗壮，横断面为半圆形；果实为圆球形。

油匠

油匠叶面油亮、细腻；刚度一般厚度上等（2～2.2mm）；叶脉粗且明显凸起，成田字格，头纹一般；颜色为浅绿色；长宽比为5：1左右；头形为渐尖形，座形为元宝型；株形为上等。叶片向上斜立；花大，橙红色；果实圆球形；花莛粗壮，其横断面为半圆形。

和尚

和尚的叶片亮度为暗亮，细腻度一般，刚度与厚度均较差，厚约1.5mm左右，脉纹较差，不凸起，颜色深绿，长宽比为5：1左右；长45cm左右，宽9cm左右。头形为急尖形，座形为元宝形；株型一般，叶基部略平，中部向下垂，头部又向

上翘起成勺形；花朵中等大小，颜色为粉红色，花莛较细，横断面为偏圆形。小花柄松散，长短适中，果为椭圆形。

染厂

染厂叶片亮度差，无光，细腻度一般；刚度与厚度均差；厚约1.5mm左右。脉纹斜且凸起差；颜色深绿；长宽比为5：1，长45cm左右，宽9cm左右；头形为平急尖形；座形为楔形；株形一般。

叶片弯曲向下，有的叶片纵向打褶；花大色淡，花瓣顶部为红色，中下部为黄白色，花瓣之间互不连接有间隙；花莛适中；果长圆形。

青岛大叶

青岛大叶的叶片亮度、细腻度中等；刚度、厚度一般；颜色深绿；长宽比为12：1左右；宽6cm左右。长60cm以上；头形为锐尖形；座形为契形；株形较差，叶片向下弯曲成垂弓状。

五、中国君子兰中期名品的来历及鉴赏

黄技师

长春中期君子兰的名品，有关君子兰的书中对其来历及性状的说法不一。

在谢成元所著《君子兰》一书中，对黄技师做如下描述，"叶的形态特征：剑叶长40～50cm，宽9～11cm，叶片厚2mm，叶片呈直立状，叶尖为渐尖，脉纹凸起明显成'田'字格状，叶片为浅绿色，有光泽。属凸显脉型，为中叶宽叶品种。

花的形态特征：小花的花被裂片长5～5.5cm，内轮的大被片宽2.5～2.7cm，外轮的小被片宽1.7～2cm，花冠的开张度5～5.5cm，花被片基部呈金红色，花被片为鲜红色，有闪耀的金星。子房呈红色，雌蕊柱头三分叉比其它品种长。花莛高40cm，宽4cm，厚1.5cm，小花柄长4～4.5cm。果实球形，直径3cm，高3cm。"

纵横编辑部编的《长春君子兰》一书中，对黄技师有如下说法："黄技师是长春市胜利公园花卉技术人员黄永年在1961年培育的。它是用青岛一号做父本大胜利做母本，品种间单交获得的第一个优良的品种。长春生物制品所黄永年技师，是建国后最早的君子兰爱好者之一。起初，他用

8株白兰、茉莉等大型盆花换取8棵君子兰小苗，经过精心选择和培育，到1965年育成开花。因为这种君子兰比母本大胜利矮，他就叫它小胜利。后来传到民间，人们为了纪念他，就称他所培育的这种君子兰为黄技师。黄技师的叶片肥厚，叶面光亮直立挺拔，脉纹隆起，花轴半圆粗状，花大，开放整齐。最为突出的特点是叶片向短而宽变异，叶片的长宽比例，由亲本的6：1缩到4：1。"

在白金龙编著的《大花君子兰》一书中，对黄技师是这样说的，"这种花是原始老品种，由长春市生物制品厂黄永年技师培育而成，故取名黄技师。此花的革质叶片尖部呈剑状型，叶脉凸起，叶片表面光亮夺目，宽度8.5～9cm，约2～6mm厚（叶片厚度包括从茎部到叶端），呈浅黄绿色，具有色调明快的优点。此花叶片生长状态是从茎部开始往下垂，茎部呈圆形（俗称裤子），黄技师君子兰根系粗，所有的根都呈直线形而不分枝发杈。黄技师君子兰所抽花莛断面是半圆形的，即内侧平，而外侧半圆，支撑小花朵的小花梗，较其它的大花君子兰为长。但此花盛开时都很紧凑，花朵大，花瓣在叶片中，

三片较大，三片较小，交叉排列。黄技师，花橙红色，花朵盛开时能把花瓣放足，瓣间互相连接，不留缝隙。在抽莛时，茎部呈歪斜状，所以群众给它起了个俗名歪把子黄技师。花后座果外形是圆的。"

在吉林人民出版社出版的《君兰子莳养经验选》一书中，老君子兰爱好者袁清林大夫对黄技师的来源与鉴别另有说法："母本，姜油匠，父本，大胜利，培育者，王宝林（注：因原长春生物制品所技师黄永年莳养该品种之一，因而得名）。品种特征：叶长 50cm 左右，宽度 8～10cm，厚 2mm 左右，头形锐尖形，叶面光泽如蜡或油亮，叶脉凸起而清正，脉络呈长方形，花橙红色大而鲜艳，有金星闪耀，小花柄长 6～7cm，果实球形。"

在长春科技情报增刊《君子兰栽培技术资料汇编》中，贡占元老师讲"黄技师这是用人的职称命名的。黄技师叫黄永年，是长春生物制品所的技师。在 50 年代末期，姜油匠把一株君子兰寄养在王宝林家（王宝林是教师，当时养兰名手），转年培育 14 株纯苗，分散到市内爱好者，黄永年也得到此苗，并且养得很好，以后人们就把这种兰叫黄技师。我当时也得到一棵，刘运铎得一棵，刘宝珍有一棵，其他了解不准确，不敢乱说。第二年是用大胜利粉串的，得 40 余苗，这就是杂交种了。不久这棵母本就丢了，至今没着落。许多人都说他有油匠，实际纯种甚少，因而对油匠的评价造成很多误会。黄技师有如下特点，第一叶片特亮是无与伦比的。第二脉纹突起，脉纹特大。第三颜色浅，翠绿欲滴。第四花梗特长，花序大，花瓣上有粉状物、闪耀金光。第五遗传性状良好。以上特点都呈显性遗传，无论作母本或父本，其子代都出现花脸。甚至可以说，几乎所有的花脸都渊源于黄技师。"

综上所述，黄技师并非由黄永年杂交培育而成，而是由其养大成名。黄永年家不仅养了由王宝林以姜油匠为母本，自交或以大胜利为父本杂交出的子代，也可能养有以大胜利为母本，青岛大叶为父本杂交的子代，人们就把这三类花都认为是黄技师了。所以以往人们对黄技师的描述有较大差异。而优质的黄技师应该是以油匠为母本，自交或以大胜利为父本杂交的子代。这批子代中也有叫大桥一号的，也有叫油匠的。

黄技师属中型品系，单色类（浅黄绿色），凸脉型，亮度、细腻度、厚度、刚度、颜色脉纹株型均为上等，头型、座型长宽比为中下等。

八瓣锦

据当年长春市花木公司经理和长春市园林处工程师潘豁达在《长春君子兰》一书中所言，"八瓣锦是由退休老工人周东阳培育出来的。他于 1978 年 9 月把一株 7 年生的君子兰在鳞茎（按：应为根茎）二分之一处用竹刀切断后（切口上下部分保有芽痕），分别栽于大小适中的盆中。它的上部仍继续生长，下半部鳞茎则于 1980 年 9 月开出了 8 个瓣的花，形成了这一珍贵的新品种。"

另据老君子兰爱好者讲，当年吴大夫的君子兰就是开 8 瓣的花，而该花的叶长度在 40cm 以内，宽度在 8cm 左右、叶直立、厚度、刚度俱佳，头形接近椭圆形，无扎手尖，其总体性状不比 60 年代末期培育出的短叶差。吴大夫的花从何而来？据《君子兰之谜》一书中讲"他的姑母是皇宫里的奶妈子，皇家逃散时搬出来一盆君子兰，送给行医的侄子吴大夫。吴大夫既会治病又会养花，这盆君子兰被他莳养出挑得鲜丽娇媚，后来人们要种籽繁殖这个品种，便得了个吴大夫的名字。现在无法考证的是，吴大夫的八瓣锦是否就是当年伪满倒台时他姑母从伪皇宫中搬出的那株君子兰。

短叶

顾名思义，比一般君子兰大胜利、油匠、和尚、染厂短即为短叶。后来人们将脉纹的特点付予短叶的含义之中。其实，短叶就应该短，不短就不能叫短叶。"短叶不短"的说法没有道理。其实，小胜利的长度不超过40cm，本身就是短叶，只不过当时没有起短叶这个名称而已。是1967年长春的刘春田从白金龙处购得，又经多次转手而分别落到潘日常和东广场小朱、小薛之手。

这株老短叶无论从时间和株形上看都不是白金龙文中所说的那株假鳞茎短的短叶，倒有些像被白金龙文中称为其短叶的母本小胜利。而无论是赵小铺短叶还是孙连弟短叶以及白金龙文中所谈的短叶都是这株老短叶（小胜利）的自交或杂交的后代。而那株老短叶（广场短叶）究竟是如何杂交培育出来的还有待于进一步考证。因为那株老短叶叶顶无扎手尖。白金龙在《长春君子兰》一书中是这样描述的，"于1967年开始进行短叶杂交育种的试验。选用小胜利做母本，用和尚做父本，进行杂交。结果获得6株子代苗，其中有4株苗假鳞茎高的，叶先端较尖。两苗假鳞茎短的，其中一苗叶片窄而直立，脉纹不够明显，而另一苗，先端圆，叶片厚而硬，短，成株后叶片宽可达8.5cm，长30cm。假鳞茎短，脉纹小而整齐。这一苗1969年8月成株开花结果。这一株型就是现在所称的短叶品种，受到人们的喜爱。"可目前人们所谈论的老短叶倒像叶片窄的那一株。白金龙在《大花君子兰》一书中对短叶做如下描述："横竖叶脉小而归整，脉纹能突起，叶片较绿，叶片厚，宽度可达八至九公分（厘米）。花朵较小，花色淡雅，花朵集中，花粉呈白黄色，果实顶端稍有小褶，果实呈圆形，蒂短，粉粒成熟后呈淡白色。"原始短叶亮度细腻度较差，头部有密集小

粒纹，叶面横纹为长节，竖脉纹间距窄。就从美的观赏而言，短叶并不美。短叶只是在杂交过程中有其重要作用而已。它的亮度、细腻度、颜色、脉纹、头形、座形都有待于在同其它君子兰杂交中加以改善和提高。短叶可以使油匠，黄技师等名品的长宽比，头形、头纹加以改善和提高。所以在培育高品级君子兰的过程中短叶不可缺少。

圆头

袁大夫在吉林出版社出版的《君子兰莳养经验选》一书中认为圆头是和尚做母本染厂做父本杂交而成。其叶片亮度、油腻度、厚度、刚度均一般，脉纹凸起差而乱，只是头形较好，此为大圆头。

叶片顶端圆才叫圆头，所谓"圆头不圆"的说法毫无道理。判断是否圆头，不能由脉纹来判断。圆头的叶片顶部应是半圆形或接近半圆形的椭圆形。叶片顶部有扎手尖无论如何不能称为圆头。有些人把急尖形头形称为圆头是不正确的。大圆头经"大桥一号"做父本进行杂交之后，其后代叶片上产生的所谓"对纹"是由父本带入的，并非大圆头本身的性状特征，所以，是否圆头不能以叶片上是否有"对纹"为依据。

而圆头并非只是一种，大圆头经大桥一号杂交后再由短叶杂交其后代则为短叶圆头。另外，小圆头则与大圆头无关，按张秀生在《长春君子兰拔萃》一文中认为，"其中最有前途的是黄技师与圆头和尚的杂交后代小圆头，再与黄技师杂交回交的一代"。圆头和尚是由短叶做母本和尚做父本的杂交后代，再与短叶做母本小油匠（油匠与技师杂交后代）做父本的杂交后代相互杂交，选育出集中短叶、和尚、油匠、黄技师的优点而显性存在于一株君子兰之上，便可得到较好的小圆头或叫短叶圆头。

应当特别说明的是，据君子兰界老前辈贡占

元先生讲，最早的圆头是在60年前后王宝林曾莳养一株，叶顶部圆形且有一小圆缺，就像顶部圆弧用剪刀剪去一小块一样，该株君子兰属中型品系，亮度、细腻度一般，刚度、厚度、长宽比较好，只是株形欠佳，叶茎部下垂。该株圆头由何而来不清楚，用其与油匠、技师、短叶杂交都可选育出高品级圆头，因此，圆头并非必含和尚与染厂成分。相反，不含和尚与染厂成分的圆头应是最好的圆头。王宝林莳养的这株老圆头后来换给了另一位养兰老辈吴鹤亭。

六、中国君子兰近期名品荟萃

君子兰具有独特的君子之风，是一种大众喜欢的花卉。深受人们欢迎的品种都散落在各地的君子兰爱好者手中。对于中国君子兰早期（1960年前），中期（1960～1980年）的名品在前两节中作了简单的介绍。1980年以来，随着人们对君子兰鉴赏水平的提高及对鉴赏标准的全面把握，君子兰杂交选育朝着高水平、高标准的要求发展，名品迭出。为了一睹名家名品的丰采，我们在全国各地征集了一些有代表性的名品，供读者用鉴赏君子兰标准去品评、交流。我们在此就不逐一加以点评了。

水晶　培育者：于双利（长春）

晨星　培育者：王宗善（长春）

碧雪　培育者：王国斌（长春）

同泰一号　培育者：王建基（长春）

不争春　培育者：牛俊奇（长春）

天锦　培育者：田玉贵（天津）

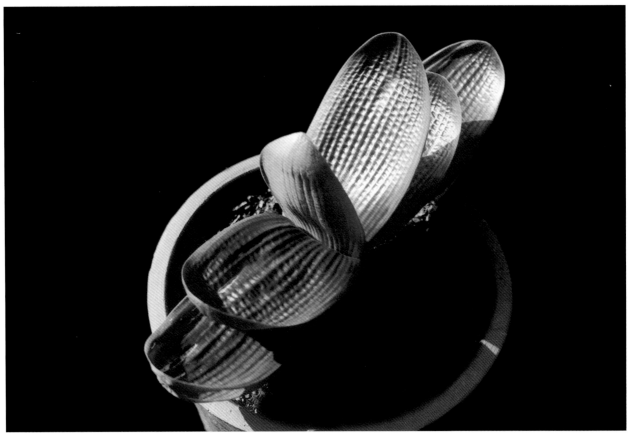

麻宝　培育者：卢志平（长春）

短王　培育者：刘司全（哈尔滨）

报春　培育者：刘春深（长春）

珍珠玉　培育者：刘金和（长春）

鸿远　培育者：宋远亮（长春）

灯泡　培育者：孙贵（长春）

中国君子兰

皇上皇　培育者：孙连生（长春）

162

津冠　培育者：孙桐林（天津）

珠峰　培育者：孙宾（长春）

小孔雀二代　培育者：孙重光（长春）

玉金短　培育者：苗硕川（长春）

朗月　培育者：佟伟勋（大庆）

中国君子兰

金城圆　培育者：李宝安（兰州）

54号　培育者：李超（沈阳）

小金刚　培育者：陈维刚（长春）

中国君子兰鉴赏标准

金凤凰　培育者：陈宣耀（长春）

171

绿珍珠

培育者：陈殿武（长春）

大漠1号　培育者：杨世平（兰州）

元宝　培育者：杨龙（兰州）

碧珠　培育者：杨成玉（长春）

新星
培育者：罗祥才（长春）

金兰　培育者：金安（长春）

千喜龙
培育者：金永杰（沈阳）

火山　培育者：金学（长春）

千眼蜂窝　培育者：周猛（鞍山）

春意　培育者：胡秋喜（太原）

中国君子兰

龙凤呈祥　培育者：赵超杰（长春）

凤宝　培育者：赵俸毅（长春）

晨光 培育者：高振达（长春）

凤冠　培育者：郭凤仪（长春）

永新　培育者：郭　强（北京）

杰兰　培育者：徐杰侠（兰州）

金孔雀　培育者：龚云岫（长春）

福顺　培育者：阎长林（抚顺）

海河 1 号
培育者：黄帮伟（天津）

星光　培育者：隋永义（北京）

中国君子兰

冰城金孔雀　培育者：韩景林（哈尔滨）

兰圆　培育者：蒲长春（兰州）

福星　培育者：薛林福（长春）

天元一号　培育者：戴君（长春）

子母情　培育者：戴炳善（太原）

七、君子兰花海漫游

君子兰虽以观叶为主，但其花果的观赏价值也较高，特别是对于果的观赏，人们往往不予重视。多数养兰人急于育苗，而未等到果的颜色由绿变红就摘下了。果美的最佳观赏期是在坐果8个月～10个月。所以本节在赏叶、观花、看果这几个方面选择了一部分彩照供读者欣赏。

另外，君子兰盆景近几年来逐渐被人们所欢迎。但这里要说明的是，把几株君子兰栽在一个盆里不是君子兰盆景。君子兰盆景最基本的特点是同根多株，就是由一个根茎长出多株君子兰经培育者的修整而达到一种总体形态的美的意境。

培育一盆君子兰盆景一般需要十几年时间，最少也得七八年以上。高品级君子兰盆景主要取材于油匠、黄技师等中早期名品的后代。

君子兰盆景主要体现的是一种整体形态飘逸大方的美，她蕴含着一种崇尚自然、近求自由的意境。她似嫦娥舞袖，像洛神下凡，如敦煌飞天。君子兰盆景的鉴赏除了要求叶片的亮度、细腻度、刚度、厚度、颜色、脉纹、座形与单株君子兰的条件相同外，其株形则不要求横看如开扇、竖看一条线，其头形也不要求特别圆。其长宽比也不要求在3∶1之下。虽然君子兰盆景也有巨、大、

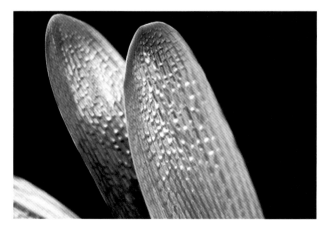

中、小、微的不同类型，但主要以大型、巨型为好。大型、巨型君子兰盆景才能把飘逸大方、雄伟壮观的形态充分体现出来。君子兰盆景适合于在大的厅堂中展现，特别是在节日期间多株大花团在同一盆中同时怒放，这是其它花卉难以与之相比的。

中国君子兰

中国君子兰

216

中国君子兰

中国君子兰

225

钻石一号

中国君子兰

244

第八章

中国君子兰文化

君子兰来到中国虽只有几十年的历史，它却经历了那么多的风风雨雨，坎坎坷坷。同时也吸引了许多爱好者为之痴迷。这是由君子兰特有的美丽的外表与深广的内涵所决定的。正如一位报告文学作家在《君子兰之谜》一文中所言，"君子兰兼有松柏的遒劲，荷花的娇艳，文竹的清雅，杜鹃的火炽，牡丹的端庄，水仙的俊逸。"所以说，君子兰确是一种名贵之花。过去的《群芳谱》里之所以没有被点上状元或榜眼、探花之类的荣耀，只是因为它传入中国的时间太迟了。

君子兰虽产于南非，却在中国人的手中大放异彩，就像乒乓球虽起源于英国，却在中国人的手中发扬光大一样。一位外国君子兰专家在长春参观了君子兰之后，得出了中国君子兰在世界上堪称"三个第一"的结论。"数量第一，质量第一，从业人数第一"。因此，像乒乓球一样，君子兰是中国人勤劳智慧的结晶，是中国人的骄傲，也是中国的宝贵花卉资源，是在世界百花园中可与其他花卉争奇斗艳的不可多得的重要花卉之一。

君子兰以它高深莫测的神韵和刚直不阿、百折不挠的精神赢得了人们对它的宠爱，以至使不了解君子兰的人不可理解，而曾对它进行过口诛笔伐。围绕着君子兰，有说不完的故事，讲不完

的话题，特别是关于君子兰价值与价格的议论更是涉及到了社会生活的方方面面。

君子兰从它走入民间以来，便开始影响人们的生活。对于这种独具魅力的植物，不可置疑地会受到人们的喜爱。在逐渐回归理性以后，君子兰仍然焕发出它固有的光彩，人们仍用各种形式表达对它的爱慕，用诗词、散文、绘画、歌曲、邮票等手段来宣传、推广君子兰文化，还有用君子兰作为公司行号，商品商标等，只要能够应用，总是将君子兰推到前台，尽情展示君子兰文化的内涵。

君子兰作为近年来深受人们喜爱的名花，因其在中国栽培历史较短，没有积累大量的传诵久远的文学艺术作品。但在它广泛栽培的同时，仍受到各界人士的关注与喜爱，而不仅是停留在研究者的手中。

君子兰尽管有鲜艳的花，丰硕的果，但还是始终以一种不事张扬的、充满生命活力的绿色、刚柔相济的君子之风范展示自己的丰采，这是它深受人们喜爱的原因吧。

近年来，很多文人墨客逐渐了解了君子兰，喜欢上了君子兰，因此留下了一些书、画作品，以表达他们对君子兰的喜欢和情感。现摘录部分诗词、书法、绘画作品供读者欣赏。

一、中国君子兰与名人及诗文书画

在1984年北京举行的首届中国花卉博览会上，
全国人大原常务委员会委员长万里在博览会上参观君子兰

在1984年北京举行的首届中国花卉博览会上，
全国人大原常务委员会副委员长周谷城为君子兰题词

1998 年，在上海举行的国际花卉展览会上，
中国花卉协会会长江泽慧参观君子兰

西部大开发
君子锦添等

赠太原迎西花卉展

江泽民题

二OO二年四月十日

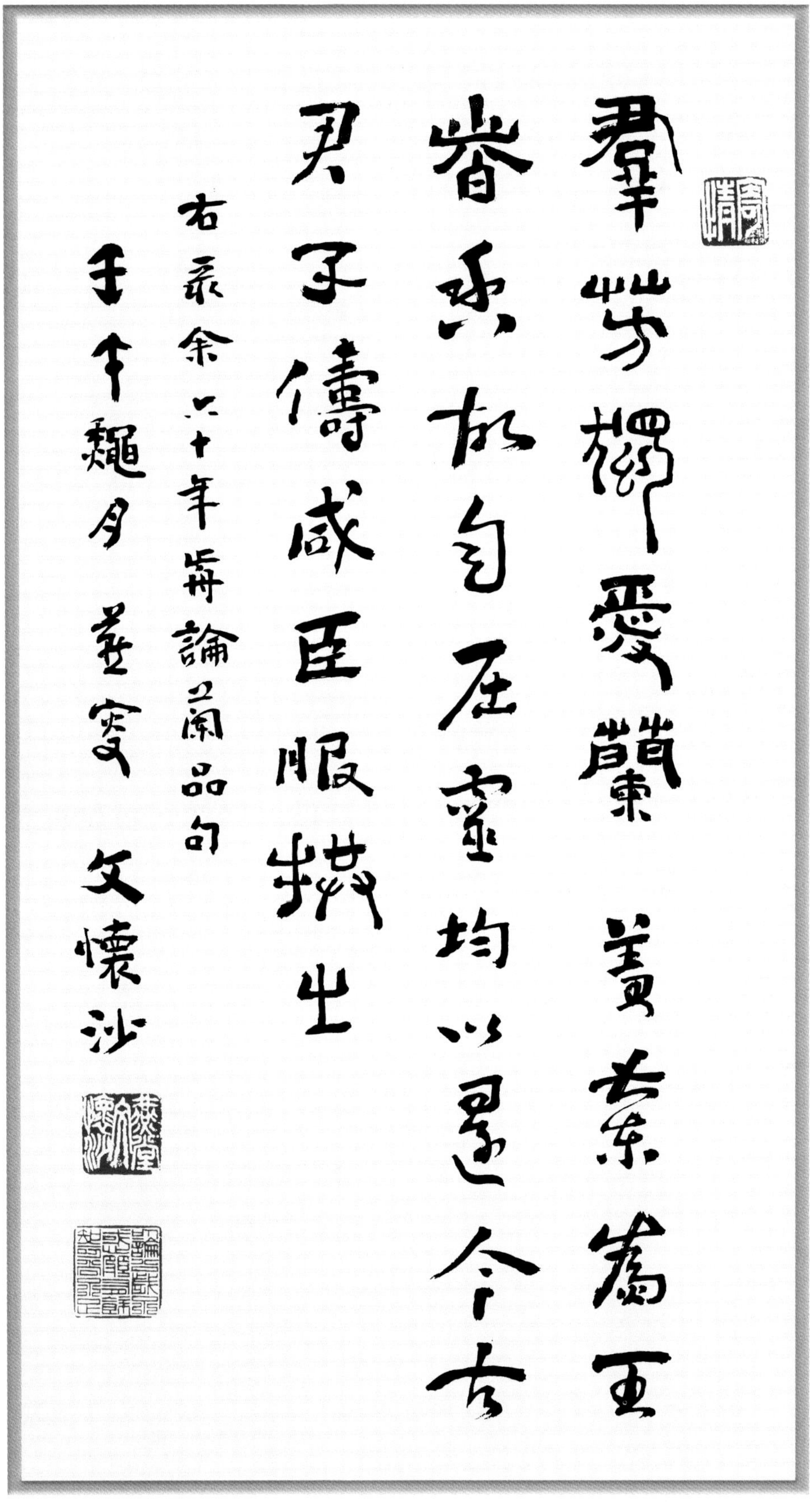

群芳独爱兰 黄棠为重
眷采故自屈灵均以遇今古
灵均傅咸臣服拱出

右录余六十年前论兰品句

壬午龇月燕叟文怀沙

释文
群芳独爱兰盖兰为王者香故自屈灵均以还今古君
子傅咸臣服拱之
右录六十年前论兰品句
壬午秋月燕叟文怀沙
印文
燕堂文怀沙　论公岁不惑颇有余知命尚不足
右上角钤寄情

中国君子兰

中国书法家协会副主席，中国新闻学院古典文字教授林岫诗并书

1999 年曹长福作

254

九九滇池边百花齐争艳
君子神韵盖群芳颂止
众人叹服区区一棵草饶
舍真美善到直不阿
中华魂试看谁能撼
牛俊奇卜算子咏君子兰
百岁凌禹门书

牛俊奇　词　凌禹门书

乙丑夏之初乱之突飞渡北国春城
横飞雪狂风更加著与世无所争竞
遭逢妒雪虐风饕美犹存冷宫
关不住　公元一九九九年九月牛俊奇卜算子咏君
子兰子长春　公元二千庚辰年四月十九日书于北京

牛俊奇　词　刘先银 书

2001 年曹长福作

卜算子

咏君子兰　二首

其一

读陆游咏梅词仿其意而用之

乙丑夏之初，

乱云突飞渡。

北国春城突飞雪，

狂风更加著。

与世无所争，

竞遭这般妒。

雪虐风饕美犹存，

冷宫关不住。

其二

读毛主席咏梅词仿其意而用之

九九滇池边，

百花齐争艳。

君子神韵盖群芳，

观止众人叹。

区区草一棵，

包含真善美。

刚直不阿中华魂，

试看谁能撼。

牛俊奇

1999年9月于长春

印文：花绽北国雪　暗香正宜人　　王以枕　篆刻

2000年曹长福作

释文：

谦谦君子长春兰品质端正亦自然
名扬大山江南北笑傲群芳天地间

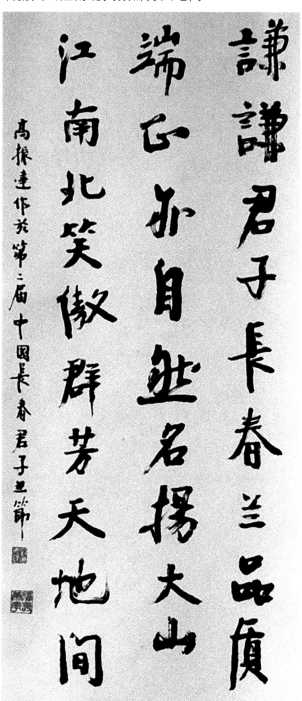

高振达　诗　刘先银　书

兰会有感

君子兰为名贵花，

纳塔①移入帝王家。

两排绿叶婷婷立，

四季长青文而雅。

冬来与梅双争艳，

春到花开独绚华。

美化楼台净空气，

人莳此花乐无涯。

①君子兰原产自南非共和国东部的纳塔尔省

常真

溥杰先生的回忆

中国末代皇帝爱新觉罗·溥仪的弟弟、全国人民代表大会常务委员会民族事务委员会副主任爱新觉罗·溥杰，听到长春君子兰在北京展览的消息后非常高兴，展出当天，他冒着小雨前往参观，乘兴为花展题辞："长春君子兰花展"。

溥杰看到一株叶片繁茂、鲜花吐艳的君子兰，引起回忆。他说："50年前，我在长春伪满宫廷里见过君子兰花，没想到今天能在北京看到长春民间君子兰珍品。这些花是伪满宫廷里的君子兰不能相比的。长春君子兰发展得真是太快了，太好了！"他还邀请长春养兰名家孟宪铎到他家作客。孟宪铎向他详细介绍了长春君子兰发展情况以及栽培、管理方法，并把自己培育的一株优良君子兰送给溥杰。溥杰连声道谢，当场为孟宪铎作了一幅字画，还把自己的一对玉石鸳鸯球送给孟宪峰留念。

重情义的友谊之花

我本来没有养花的爱好，可最近却对君子兰发生了浓厚的兴趣。原因是，从君子兰身上我发现一种自强不息的生存力量。一位朋友调到远方，他把一株仅有两个小叶的君子兰苗留下。作为友谊之花赠给我。出于对朋友的忠诚，我把它摆在洒满阳光的窗口，不时浇浇水，松松土，调换一下方向。也怪，不觉中叶子长大了，增多了，竟然抽出箭，开出十几朵金红色的花。为着延长花期，多结果实，我换土、施肥、加水，紧张忙碌起来。结果事与愿违，果实没结几个，根子却一根根烂掉。对此，我不免黯然神伤，悔恨自己无知，亏待了君子兰，真有些愧对朋友了。

幸好，经周围的明白人指点，这株濒临死亡的友谊之花，才神气地活了下来，而且三个像青杏一样的果实，还悄悄变红，成熟了。这时，也只有这时，我才有所醒悟：君子兰确实值得人们厚爱。它不仅有雍容华贵的外表：肥厚宽大纹理清晰的剑叶、此伏彼起持续良久的筒状鲜花、丰满充实的由绿染红的数枚浆果。重要的是，它有顽强旺盛的生命力，对环境条件并不挑剔，对栽培技术并不苛求。即使遇着像我这样不懂花卉的主人，它也以其倔强的生存力量给以谅解和宽慰。只要一息尚存，就决计把种子育成，留给人间。难怪人们敬重地称它是有生命力的艺术品，重情义的友谊花。

种子成熟了，我精选几粒，遥寄那位远方朋友。我深情地向他致歉，未能完满培育好这株幼苗，险些不见花果。同时，我也把自己的一点感受告诉朋友：君子兰，君子的心情可见，兴衰荣辱志不变！

王乃迪

买盆君子兰吧

买盆君子兰吧

在硕美的叶片间

绽开了一簇红花

满屋子映照绿色的光华

美了春城

美了万户千家

君子兰，一盆名贵的花

因为有了你，牵来

四方宾朋惊羡的目光

纷纷来长春下榻

因为有了你，招引

游人争看奇葩

西欧的阳台，东南亚的庭院

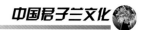
中国君子兰文化

甚至，一万米高的舷窗里
中国的君子兰典雅、秀拔
买盆君子兰吧
公园里，姑娘甜甜的声音
清晨，细雨沙沙
我骄傲
为故乡的君子兰
为君子兰一样美丽的国家

海南

君子兰歌

1=F 4/4

万忆萱 词
侍葵 曲

花中有君
子，恬静又端庄，叶阔凝柔碧，花艳色亦香，色亦香。禀赋幽兰柔内涵松柏刚。不以娇取芬，却以雅争芳，却以雅争芳。神韵蜚中外，盛名万里播，博得众人喜，堪称花中王，堪称花中王。

结束句

王，啊 堪称花中王。

刘树春 提供

259

君子兰四题

一、叶

像众多的兄弟，
拥着一个母亲的根上升。
人们爱你，是因为：
不互相缠绕、依赖，
绿的生命永恒。

二、花

竟不惧寒冷，
愈是严冬颜色愈浓。
敢和北国的冰雪较量，
你这花中君子，
君子里的巾帼英雄。

三、果

自从花朵在严冬开放，
就孕育着无数生命。
漫长的岁月里，
绿、深绿直至朱红、红，
走吧！这充满生机的历程。

四、根

默默承受巨大的压力，
埋在黑色的土壤中。
吸取那不尽的养料，
滋润完美的生命。
啊！根，坚实、稳重。

管毅

家乡的花

我从部队回到家乡，

家乡改变了模样，

窗台上摆满盛开的君子兰，

那橙红色的花瓣洁雅端庄。

休假期满我返回营房，

带上一盆君子兰情深意长，

它带来春城人民拥军的心愿；

也饱含着亲人的问候希望。

营房里的君子兰在含苞待放，

战士们谈论着家乡可喜的变化，

胸膛里洋溢温暖的春光。

家乡的花啊就像家乡的人，

家乡的花分外幽香，

边境的高山就是家乡的门栏，

守卫家乡浑身迸发无穷的力量！

李之

赞兰中君子

一、西江月

挺如勇士举剑

神似才女舒袖

纠纠婷婷兼而有

远观切莫近就

不与群芳争艳

只为增新祛旧

长青不落花更秀

怎怪人共赏求！

二、渔歌子

贵其高，称君子

艳胜桃李仪严庄

尘不染，花凝香

装点人间正气扬

三、醉花阴

献身大业虽无暇

倦极可赏花——

不作偷闲游

窗前、几上

与君子默话

举剑示壮志

垂靥献奇

谁道时空耗？

片刻相对

精神又焕发

高也平

曹长福 作

君子兰颂

窗台，是你的摇篮，

阳光，是你的伙伴。

居方寸之地却追逐光明，

——你有磊落、剔透的肝胆。

扎根，像古希腊安泰那样不离大地，

出土，举一柄无畏的生命之剑。

尘埃、风雪、邪恶向你低头，

——你一身正气，生机盎然。

开花，敢同花中之王媲美。

结果，把喜悦和珠宝馈赠人间。

人们爱你的君子兰懿德，

——豁达豪放，风度翩翩。

江南大厦，有你的倩影

北国村舍，有你的芳颜。

无论在哪里你都"微笑服务"，

——张开双臂呼唤春天！

李振中

君子兰赞

驰名君子兰，

盆景添绿妆；

四季常青翠，

无香到有香。

牡丹惊新秀，

芍药免争强；

珍品长春市，

媲美花中王。

邹旭华

咏君子兰

红花绿叶满春城，

君子翩翩愧妙容。

我贺兰花飞四海，

家乡有你倍光荣。

文瑛

中国书法家协会副主席吉林省书法家
协会主席段成贵先生题词

中国君子兰协会副会长龚云岫题词

君子兰

我有一股犟劲，最不好顺情说好话。朋友们赞誉君子兰。我想：一棵花何值得品头论足的。

不巧，在朋友家坐客，真的看见了一棵刚开的君子兰，那宽厚的叶，挺拔的茎，黄里透红的花真惹人喜爱。糟糕，我一不小心，将一棵小君子兰拔了出来，这岂不闯了大祸？

朋友的老母亲说："不要紧，别看这花昂贵，却不娇贵，就是拔出来放上一两天，栽上还活。"

"噢……"我恍然大悟，这不正是君子兰的可贵之处吗！有些花草名气不小，可就是难活，很多人花尽心血地栽培、终究是受益不多。君子兰有这样一种强有力的生命力，加上奉献给人们高洁、淡雅、纯朴无华的花朵，难怪人们给予那么高的评价呢。

我终于信服了，我清楚地看到，人们在爱君子兰的形象还在执着地追求什么……

张惠范

盼啊

如果有一天，我能迁进一处向阳的新居，我一定去花市上买回一盆盛开的君子兰——为了抚慰年迈母亲的一颗心，也为了偿还我对君子兰欠下的感情债。

我原本是不大爱花草的。就是君子兰已被命名为我们的市花，长春居民几乎"处处人家都插之"的今天，我仍然是这"几乎"之外的一个。其实，这并不仅仅是由于我的性格所致，更主要的是——十三平米的居室里，容纳着老少三代的四口之家，哪里还有放花盆的地方啊。加上这居室是坐南朝北，一扇背阴的窗子被邻近的高楼遮挡着，连一丝儿阳光也透不进来。

母亲却是喜欢养花的，她总想试一试。大约是七八年前吧，一个夏日的早晨她从外面散步回来，捧着一盆只有两片小叶的君子兰，对我说："笑然，这是你王娘给的，咱们也养养君子兰！"我笑了："妈，咱们就这么点儿的房间，站两个人就满了，哪还有地方养花呢？"妈妈也笑了："心宽不怕房屋窄呀。说不定就能养活。人家都说君子兰不挑剔嘛！"

母亲把花盆摆在了我们这个永远照不到阳光的窗台上，朝天每日地精心莳弄着。那认真劲儿，真不亚于当初照料她的小孙孙。

君子兰成了母亲心中的一点慰藉。白天，孩子上学，我们夫妻俩上班，母亲便常常一个人坐在窗台前，眼盯着她的君子兰，就好像看着一块稀世珍宝。傍晚，我们在一起聚餐，饭都盛上了，母亲却还在那里跟她的孙儿讲述着莳养君子兰的乐趣。知道我和妻子再三催促："妈，吃饭了。"她才笑眯着眼睛从窗台前走向饭桌。我那八十高龄的母亲啊，从养花中得到了新的宽慰和满足。

我记不清过了多久，母亲的君子兰真的长大了，又放出了两片新叶，翠生生，水灵灵的。她看着这花叶，高兴极了，莳养得更精细了，天天盼着它长大，盼着它开花。可是，它始终没有能开花，还差不点儿让我给弄死。那是一年冬天，母亲去姐姐那里串门。家里来了客人。晚上打床的时候，我把那盆君子兰搬到窗台上，却忘了再挪回来……

母亲回来时一看，立时惊呆了：走时还是翠生生的叶片，怎么忽然间变成了枯黄的烟叶。她捧着花盆，脸色很不好看。我的心里一阵难受，不禁有些迁怒于君子兰了：原来也是一种富贵花！

午休时，我特意赶回家来，想安慰一下母亲。一进屋，见她正和孙儿迅来一起忙着：迅来手里捧着一张君子兰报在给奶奶读着。奶奶一边听着，

一边用剪刀给冻伤的君子兰作手术。花盆上早已围上了一个用红布缝成的小棉被。迅来调皮地对我说："爸爸，爸爸，你看，奶奶给君子兰做新装了。"孙儿把奶奶逗乐了，我也跟着笑了起来。

时光荏苒，冬去春来。花盆由小变大，当年的君子兰幼苗如今已长成了壮年，可依然没有开花。

春节前夕，孩子说要买点礼物交由学校的慰问团转赠给边防军叔叔。母亲把他叫到跟前："迅来，别买了。你把这盆君子兰捎去吧，当兵的房子总会向阳的吧，让这花儿到那儿去开吧！"

孩子捧走了一盆君子兰，也捧走了母亲的一颗心，同时，却给我留下了一桩萦绕于怀的心事：什么时候我能分到一处宽敞一点的向阳的居室呢，我一定给母亲买一盆盛开着的君子兰，哪怕它价钱贵一点。母亲已经八十有二了。她能长生不老吗？一想到这里，我的心就一阵阵发紧，鼻子一酸一酸的，说不出是一种什么滋味。

我盼着啊，盼着早一点让老人家看到君子兰在我家盛开，那该有多好啊！

于笑然

曹长福 作

二、中国君子兰邮票

君子兰在我国东北地区广受欢迎。为此，吉林省长春市特设置了一个君子兰邮局。长春市邮政局为推广普及和宣传君子兰文化做了许多工作，利用邮政的特殊性质，发行了君子兰邮票、首日封等一系列深受集邮爱好者欢迎的集邮收藏品。以下选登部分作品。

《君子兰》小全张彩银摆（挂）件

《大花君子兰》邮票彩银摆件

《君子兰》纯金、纯银邮票珍藏集

《君子兰》特种邮票纯金箔卡书册

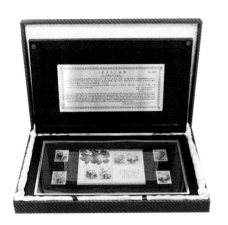

天地盒《君子兰》特种邮票及小全张
纯金箔彩色浮雕精品收藏版

手工立体，《大花君子兰》纯金箔彩色浮雕版

《大花君子兰》邮票彩银摆件

《君子兰》特种邮票原地纪念封
（一套4枚）

《君子兰》小全张彩银摆件

《君子兰》特种邮票小本票

《君子兰》特种邮票纪念张

《大花君子兰》纯银浮雕画（大）

《大花君子兰》纯银浮雕画（小）

《君子兰》特种邮票极限片

（一套 4 枚）

《君子兰》特种邮票纪念折

三、君子兰之谜

编者按

《君子兰之谜》是在1985年君子兰被无理扼杀的背景下由邓加荣先生所写的一篇记实性报告文学。

10多年过去了，君子兰在当时的逆境中顽强地活了下来，并昂首挺立在万花丛中。1990年，君子兰热又在长春悄然兴起，并以更大的规模波及全国各地。其高品级的价格仍然很高，不仅有几千元一株的，也有几万、十几万、几十万元一株的。就在2002年春，长春豪邦君子兰基地有一片叶小苗卖到3800元。

1985年长春的黑色之夏已经过去了，但历史是不应忘记的。前事不忘，后事之师。

《君子兰之谜》是把君子兰的坎坷经历讲得最全面生动的一篇报告文学。文中关于君子兰的传说和看法大部分是可信的、正确的。只有极个别的不一定准确和正确，但这并不影响《君子兰之谜》这篇报告文学的价值，它仍是一篇值得广大君子兰爱好者一读的好文章，所以收录于此。收录时略有删节。

谜也者，回互其辞，使昏迷也。或体目文字，或图象品物；纤巧以弄思，浅察以炫辞；义欲婉而正，辞欲隐而显。

——引自刘勰《文心雕龙·谐隐》

谜面之一

绿色的金条

你肯定不敢相信，一棵君子兰可以卖14万元？我的上帝，整整14万元呀！即使全是10元一张的大团结，也得装一麻袋！这，这不可能！什么花这么值钱？你说得太玄了！

可这是事实，千真万确的事实！1985年初，长春市养花大户王显文将一盆君子兰卖给了哈尔滨市的姚敬，付款人民币14万元整。谓予不信，现有发货票和交税手续单为证。

这真是太神奇了，不可思议！什么花，值这么多钱！宝石花？七色花？不，不，它不是童话世界里那种呼唤什么来什么的仙花，也不是瑶池畔上能让死人喘气的还魂草，它是扎根在世俗人家瓦盆里的一株普普通通的花。虽然它长的样子清秀俊逸，招人喜爱。但是，世间名贵花卉多着哪，牡丹，水仙，睡莲……何尝有此骇人的高价呢？

你想想看，14万元呀！就是黄金，也能买40多两呀！（按伦敦金融市场牌价，黄金每盎司400美元，折合人民币3500多元一两。）一株君子兰，顶多也不过二、三十片叶子吧，用40两

黄金来浇铸这么一盆金花,也用不了呀!而且科学实验证明,由于黄金的可塑性大,一两黄金就可塑成17.5平方米的金片,拔成125公里的金丝。如果用这40两黄金制作金花,不知要成几十盆呢?因此人们都管君子兰叫绿色的金条,或绿色的象牙;也有人叫它"赛金花"。但按王显文卖的那盆君子兰来说,它的价值可是比金条还贵呀!

除了王显文这株君子兰真的算得上是众香国里的"千金"小姐外,可以与之联袂媲美的也还颇有花在:长春另一养花大户曾用54000元高价,将一盆君子兰卖给沈阳市的某个省级单位,养花大户夏云飞也用42000元高价卖出一盆君子兰。有一次,鞍山市千山区要办一个君子兰花展,派人到长春搜集好花。那人慕名来到养花大户孙连生家里,看到一株取名"孙连生一号"的君子兰,爱不释手,出8万元高价来买,孙连生高傲地耸了耸肩头,交易没有做成。

还有凤冠换皇冠的佳话。

1985年元旦过后不久,省外贸部门陪同一位港商到长春市凤冠联营花卉发展公司参观,玻璃柜中一盆盆千姿百态、争奇斗艳的君子兰引得这位港商眼花缭乱,如醉如痴,竟决定不了自己的选择,最后不得不求教于主人,询问哪一盆最好。发展公司经理郭凤仪指着一盆说:"这盆!它是花的王国中的皇后,是我多年精心培育出来的,名叫凤冠,我们这个公司就是用这株花命名的!"港商再凑近花前看时,那株凤冠仪态万方,飘飘欲仙,频频含笑,差一点就没有和他说话了。港商心旌摇动,不能自持,恍恍乎好像也随之进入仙境。等他愣过了神,便对花的主人说:"这盆花值多么钱?"郭凤仪说:"无价之宝!"港商进一步问:"你卖不卖?我愿意用世界上公认的超豪华高级轿车皇冠,来换你这盆凤冠!"经理用手整了整领带的扎结,笑吟吟地对港商说:"不换,也不卖!你的皇冠,每分钟可以生产出多少辆,我用钱可以买到它;而我的凤冠是我多少年精心培育的结果,世上只此一棵,你换走了,我这里就断种了!我要留它在这里传宗接代,繁衍新的品种。老实说,没有了这株凤冠,我们这个发展公司还能用凤冠命名吗?"

在长春,用君子兰换松下彩电,换东芝电冰箱的事,那就纯属小巫见大巫,不值一提了!

据一位人品笃厚的养花大户对我说,在区区200万人口的这座中等城市里,卖过万元以上的君子兰,起码超过50盆。

简直不可思议!请问一下,古今中外在花的世界里,可曾有过这种"株花抵万金"的昂贵价值?可曾有过这种疯狂的交易?

一种商品,怎么可以取得如此离奇的价格呢?是谁对它那充满了绿色汁液的叶子,用了点石成金之术,将它们变成绿色金条呢?

根据马克思的劳动价值说,一种商品的价值,主要是由生产这种商品所消耗的社会平均必要劳动所决定。虽然随着市场供求关系的变化,价格有时可以上上下下地波动,但无论怎样波动,也不会离开它本身的价值太远,一双拖鞋的价格无论怎样上下波动,总不会卖成一艘轮船的价格来的。

可是,君子兰的高贵价值在哪儿呢?生产君子兰并不比生产其它的名花更为费事,也不要什么高深的学问和精湛的技艺,像制造银河亿次电子计算机那样。那末,君子兰的高贵价值藏在哪片叶子之中呢?

谜,谜,真是一个不解之谜!

谜面之二

一夜之间，又一落千丈、万丈！

啊，神奇的花，宝贵的花，致富的花！长春人把君子兰捧上了天，朝朝暮暮为君子兰大唱赞歌。1984年10月8日长春市人民代表大会正式通过决议，把君子兰定为市花，号召全体市民家家户户养君子兰，至少要栽3株到5株。不种君子兰，愧为长春人！君子兰是长春的优势，长春的光彩，长春的荣耀，长春的骄傲。长春，跌到疯狂旋转的君子兰旋涡里，一切无不打上君子兰的烙印：市报的副刊取名君子兰，挂历13张全用君子兰彩照，电视台用君子兰作本地节目的片头，长春洗衣机用君子兰作商标，足球赛用君子兰做奖杯，至于用君子兰命名的香烟、肥皂、服装、家具，就更是琳琅满目、举不胜举，只剩下没有把君子兰的徽标挂到城门上了！

一片金色的雾笼罩着长春的街头，多少人从君子兰身上得到了好处，找到了脱贫致富的金钥匙。且不说那几十个养花大户，昨天还是捞鱼虫的、捡破烂的、修理洋铁壶的、倒卖估衣青菜的，转眼工夫就成了腰缠万贯、出门坐小汽车的人。还是那位为人笃厚的养花大户告诉我说，在长春因养花而成为百万富翁的已有那么四、五个人；家赀几十万元的起码也有四、五十户了。甚至像下肢瘫痪病休在家的杨勤老汉，也因种花而发家，现在，为儿女办婚事动辄甩手几千块，家里家电皆全，在银行里还有几十万元的存款。

别说是养花的，就是制作花盆的，炮制花土的，生产花肥、花药的，也都随之发了财。长春磁性材料厂生产的一种专门浇灌君子兰用的磁水器，吉林农业大学研究制成的一种草炭土——君子兰营养土，也都成为市场上的热门商品，甚至连旅馆、饭店、饮食行业和交通部门，也都增加了收入。无怪来长春演出的著名相声演员杨振华说，"关东三宗宝，不如长春一棵草！"

君子兰！君子兰！全城争夸君子兰，因为它给长春带来了璀璨耀眼的繁华。然而谁也不曾想到，又一个奇迹突然出现了。正当人们在君子兰的迷梦里沉睡方酣之时，一夜之间（按：应为几个月之间），那高贵的君子兰竟然一落千丈。不，不是千丈，而是万丈，几十万丈！

这是怎么回事？是谁在一夜之间把君子兰身上的灵气、秀气、神气，那一切不落世俗的高贵灵魂，都给摄取去了呢？人们蹲下来再仔细地端详那花时，叶片还是那样翠绿，花儿还是那样橘红，君子之风依然倜傥不羁。可是，它的内在价值怎么一下子跌得这么惨呢？谁来解释这价值之谜？谁来？

简直是一个梦幻！人们怎样用科学的方法和现实的逻辑，来解释这君子兰之谜呢？

下边，我们推出几个谜底来，猜得切与不切，只供大家参考。

谜底之一 白头格猜法

宽厚的叶子，成双成对地从叶鞘中伸出来，深的苍绿生烟，浅的青翠欲滴，清晰凸出的叶脉，天然成趣地构成了许多匀称和谐的几何图案。它把象征生命活力的美，都在一片生意盎然的绿色云雾里有层次地、有风度地展现出来。至于那花，更是具有特殊的魅力，活像一盏盏橘黄色的小灯笼，闪动着诡谲诱人的光波，有十几朵同样的小花井然有序地合拢在一起，簇成一朵大花团，流金溢彩，光灿照人，它在两排扇形般展开的叶子中间亭亭玉立，正犹如一位端庄贤淑、雍容华贵的皇后，在两排绿衣御林军的簇拥下从皇宫里款款走出。

中国君子兰

长春人特别喜爱君子兰，也还有其特殊的原因。他们地处北国，风寒雪冷，大自然没有机会给他们更多的绿，一年之中至少有半年的时间看不到蠕动着生命活力的那种颜色。可是，君子兰满足了他们的这种心理上的要求，只要窗台上摆上两盆君子兰，屋子里就充满了生气，充满了生命的旋律，春天的气息。尤其惹人垂爱的是，它的花期是在春节前后，在白雪皑皑的天地里，燃起这样一团金灿灿的火焰，给人增添多少美感，多少吉祥！

君子兰兼有松柏的遒劲，荷花的娇艳，文竹的清雅，杜鹃的火炽，牡丹的端庄，水仙的俊逸。用郑板桥题画的一首诗来形容它颇为适宜：

遒劲婀娜两相宜，
群卉群芳尽弃之。
春夏秋时全不变，
雪中风味更清奇。

所以说，君子兰确实是一种名贵之花，过去在《群芳谱》里之所以没有被点上状元或榜眼、探花之类的荣幸，只是因为它传入到中国的时间太迟了。

原来这君子兰本生在南非开普敦一带。19世纪初叶，英国殖民主义者首先侵入南非，接着那些冒险家、传教士、探险者们便纷至沓来。他们在南非的丛林草莽之中发现了这种其貌不俗的植物。1823年，英国人鲍威首先将它带回到英国，种植在诺森伯兰郡的克莱夫公爵夫人的花园里。后来有人将它赠送给英国著名植物学家林博勒。

明治年间，这种花从欧洲引入日本。日本植物学家大久保教授根据其风格品貌，给它起了个"君子兰"的雅号。君子兰是日本人首先创造出来的名字，后来我们一直沿用下来。

实际上，君子兰并不是兰科和兰属的植物，

与通常所说的兰花是不沾亲也不带故的。只是因为我们这些受东方文化熏陶的人特别地喜欢兰，便将许多好花好草都冠上了兰的名称：洁白如玉的木兰花，称之为白玉兰，生有螃蟹大螯似的仙人掌种植物，称之为蟹爪兰；只有一支叶子状如美人蕉的植物，称之为一叶兰。因为自古以来兰就是美好的象征，所以一部《楚辞》，每隔几句就会出现一个兰字："朝搴陛之木兰兮，夕揽洲之宿莽。"

1932年，在我国的东北建立起一个不幸的傀儡朝廷，日本园艺家村甲先生把两盆君子兰作为尊贵的礼物奉献给爱新觉罗·溥仪。从此，南非的野生植物便成了伪满洲的宫廷之花。据说，溥仪对于此花爱如至宝，除了让花匠精心莳养外，自己也常亲手料理，每逢礼宾、盛会、宴席和祭奠等隆重场面，必将此花搬出来装点环境。1942年，伪皇帝的爱妃谭玉玲亡故，盛殓于护国般若寺。伪皇帝爱妃心切，便命人将宫中一盆君子兰摆在谭玉玲的灵前。祭奠仪式一直持续七七四十九天，因之那盆御花也就长时间地抛头露面于宫廷之外。也许是因为时间太久了，皇妃厚葬之后，竟忘记将宫花收回宫中，从此它就流落于民间。把这盆花收养下来的是护国般若寺里的一个僧人，法号普明和尚。现在长春君子兰的上等品种，多以和尚命名，因为那些叶片宽厚、叶脉清晰的君子兰花种，都是从普明和尚那里取得的。人们为了纪念这位好心的出家人，便给花起了个和尚的名字，虽然不算太雅，倒也意味深长，且能发人诸多回忆和联想（编者按：此传说不确）。

1945年8月，盟国军队摧毁了关东军的牢固防御工事，伪满洲小朝廷在风雨之中飘零了。溥仪仓惶出逃，抛下了一座金碧辉煌的宫殿。于是，"皇家"的许多奇珍异宝纷纷遗落到了民间，御花

272

园里好几盆君子兰，也都被人搬走了。其中有一株是栽在岫岩乌玉花盆里的。皇帝的御膳师将其带出宫外，留下他所喜爱的栽花的乌玉花盆，把花却送给了东兴染厂经理陈国兴。后来这株花经过陈国兴的精心陪育也成了一个好品种，人们便以"染厂"命名这种花。

在皇宫里还有一个专门给皇帝莳养花草的花匠名叫张友悌，在皇朝倾覆时他也带出一盆君子兰。这株花后来被收到了胜利公园，人们将这个品种名之为大胜利，后来又发展出二胜利。

长春城里还有个祖传名医吴大夫，他的姑母是皇宫里的奶妈子，皇家逃散时她也搬出来一盆君子兰，送给了行医的侄子吴大夫。吴大夫既会治病又会养花，这盆君子兰被他莳养出挑得鲜丽娇媚，后来人们要去种籽繁殖这个品种便得了个"吴大夫"的名字。

君子兰就是这样一种出身高贵、带着帝王豪气的名花。如果花儿有知，能够顾影自怜的话，定然会觉得自己是"龙种自与常人殊"了。后来，它竟"飞入寻常百姓家"，而且被打上了和尚、染厂、吴大夫等这样世俗平民的印记。

但是在民间，也有民间的培育名花的能工巧匠。那普明和尚、染厂经理和行医看病的吴大夫等，便是长春第一代培育君子兰的养花人。那时还没有养花大户这个名称，而且，养植君子兰也决非是为了买卖，为了赚钱，纯粹是为了涵养性情，陶冶情操，完全出于个人的喜好。

新中国成立以后，人民生活提高了。安居才能乐业，乐业之余又产生乐生，人们对于精神文化方面的需求也日益提高。于是，莳养君子兰的人逐渐增多了。从20世纪50年代初一直到文化大革命开始，长春出现了一批养植君子兰的能手，像王宝林、周东扬、吴鹤亭、姜油匠、贡占元、黄

技师、赵雪辉等，这些人大都是医生、教师、花匠、技术人员和工人，有一定的文化知识和养花经验，业余养花是他们8小时之外的极大的精神寄托。他们精心钻研相互切磋琢磨，用人工杂交授粉选优汰劣等方法，接连培育出一代代新的品种来。像长春机械公司的电气技师赵雪辉，从50年代初便跟随养花师傅姜油匠等在一起养花，他和师傅一道培育出一种君子兰，其花呈桃花瓣，花间闪烁金星，十分好看。后来姜油匠死了，为了纪念师傅，他就将这个品种命名为"油匠"。再如长春生物制品所的技师黄永年，他用油匠的纯种与大胜利杂交，得到了一种叶片特别油亮、润泽犹如凝脂、娇艳犹如初生春草一般的新品种，后来人们便称这种花为"技师"。以后，第四十中学教员贡占元又利用技师与大胜利等品种杂交，使叶脉明显如画地凸现出来，并有横纹交错其间，其状如罗纱、羽扇和回文锦，十分好看，被人称之为"花脸"。因为所用的父本和母本各不相同，后来人们又相继培育出花脸和尚、花脸技师、花脸圆头、花脸短叶等诸多名堂。细想这些名字真是又风趣，又热闹，又形象，虽然缺少那么点文雅气儿。

然而，正像人们所说："好花不常开，好景不常在。"那一派繁荣兴盛的景象顷刻之间又被一场飓风吹得柳败花残，凋零谢落了。文化大革命期间，那些不懂事的孩子和孩子般不懂事的大人，手擎着红宝书，大造其反，而作为美的化身的君子兰更是首当其冲，在劫难逃。什么"养花种草的，纯属资产阶级作风，统统要砸烂！"于是，全城千万株君子兰都被拔出来，毁弃于泥涂之中。多少心血，多少辛劳，多少期待与渴望，顷刻间被摧残殆尽，许多人心疼得流出了眼泪。

然而，人们对于美的追求是任何暴力也扼杀

不了的。就在那红色风暴席卷一切的时候，有人竟冒着极大的危险，把君子兰偷偷藏到防空洞中及下水道、废品库里。还有人想得更为狡黠，偷着将君子兰藏到公园的老虎圈中，那些"造反派"虽然高喊着一不怕苦，二不怕死，却决无胆量到老虎圈里去碰一碰。

在那特殊的日子里，有不少的人竟为一盆君子兰而被游街批斗忍辱丧生。1969年长春市公开展出了耸人听闻的八大君子兰特务案件，作为红卫兵横扫的辉煌战果。列在八大案件之首的，就是前边提到的长春客车厂八级工匠吴鹤亭。这老汉一直爱养花，平日里结交了一些养花朋友，你到我这儿掰个芽子，我到你那儿里授授花粉，来往的人也就显得比一般人家多了些。他家住的又是一间日本老式房子，朝东朝南各有一扇窗户，为了多晒一点阳光，他便不时地把花从这个窗台搬到那个窗台。红卫兵凭着敏锐的政治嗅觉，很快就发现了破绽：这里一定是个特务黑窝。来往的人这么多，什么染厂、和尚的，一定是他们的暗语，而花盆一会儿朝东一会儿朝南，无疑是秘密联络的暗号。

吴老汉被揪出来了，批了又斗，斗了又批。接着他们又顺藤摸瓜，扩大战果，相继挖出八伙"潜伏已久的特务集团"：其中有以技师为代号的黄永年，以染厂为代号的陈国兴，以和尚为代号的普明，以东大桥一号为代号的赵慈元……只有大胜利在相当长一段时间内还未找到窝主，可是也终未幸免。后来，黄永年技师被他们轮番批斗和施用毒刑，竟然惨死在牛棚中。尸体被拖到火葬场后，没有人敢去认领。黄技师的妻子影影绰绰听到了一点信息，但她不敢出面，就偷偷找她弟弟商量。弟弟也怕事，就央求邻居赵木匠陪他一起去火葬场。赵木匠是胜利公园莳养花的，当年把

大胜利送到公园里来时，也有他一份功劳。这个好心的木匠受不了人家几句好话，便不顾深浅地陪同去火葬场认领黄技师的尸体。这可是踏破铁鞋无觅处，得来全不费功夫，他自己送上门来了。于是大胜利的代号也破了案，赵木匠在牛棚里关押了两年多，被斗得死去活来，险些没有跟黄技师一道去阴世间讨论花道。

不管"造反派"把君子兰放到怎么恐怖的泥潭里，君子兰还是在生活的夹缝里生存下来。而且渐渐地，人们滋生了一种逆反心里，你越是把君子兰批得如何如何的臭，人们越是有兴趣莳养。到了70年代后期，在长春养君子兰已经蔚然成风，并形成了东西南北四大流派。各派有各派的名花，各派有各派的坛主。他们互相之间广泛地交流品种和技艺。这时，那种调剂余缺的原始交换，已经与货币挂上了钩，采取了为古风所鄙夷，为世风所倡导的商品交换形式。子曰：君子不言利。按理说，君子兰是不应当沾惹上铜臭的，但它却偏偏沾上了。

到了80年代，长春进入了君子兰时代。倾城倾巷，到处飘散着君子兰花香。君子兰挤上了每户人家的窗台。人们都在君子兰的绿色氤氲里呼吸。这时，君子兰的培育又攀上了一个新的高度，养兰能手新人辈出，风云际会，许多更佳的新品种又相继培育出来。从抗战胜利以来，长春的这些民间养兰专家已经培育出第六代、第七代君子兰新品种来，花的叶子已由80厘米缩短到20多厘米；宽度已由几厘米增至十几厘米，厚度也有所增加。

日本君子兰专家、园艺学家江尻光一先生在参观长春君子兰花展之后感慨地说"日本培育君子兰比中国早，从20世纪40年代起也形成了君子兰热，特别是北海道等寒冷地区更甚。但是，日

本君子兰的培育不如中国发展得快，分类不如中国细腻，品种也不如中国这样多！"

在国际上，长春君子兰已经独领风骚。

这是春城的骄傲，是长春人的骄傲！长春的君子兰不是一般的兰，它历经了沧桑劫难，有些品种是人们用生命和鲜血保存下来的；它们在几代的养花人手里精雕细刻，靠着不懈的追求和辛勤的汗水而更新换代，开出最鲜艳的花，结出最美的果来。君子兰，是长春人的自我奋斗！联想到这一切一切，君子兰的昂贵价格，就不是不可思议、不可理解的了！因为那一片片青如碧玉的叶子里，都凝聚着一种特殊的、用一般等价物（货币）所不好衡量的价值。

谜底之二 求凰格猜法

有一个养花户写了一首赞咏君子兰的诗：

小小一颗豆，

种在盆里头，

不要大成本，

长出就销售。

话虽不多，可正说到了点子上，20个字，20尊铜铸罗汉，个个掷地金石声。那花的妩媚，叶的清雅以及它的整体合谐，都被理性的思维给抽象掉了，剩下的只有小小一颗豆和资金的循环过程，一个可以不断增值的再生产过程。而这个过程，正是人们热情栽种君子兰的真实的内在动力。

这种动力，不仅在民间发生了巨大的推进作用，而且通过力点的扩散，很快也推进到政府方面来，在上层建筑领域产生出相应的政策措施来。若不，人们怎么说政治是经济的集中表现呢！

1983年，长春市政府做出了《有关君子兰交易的若干规定》。为一种花草的买卖专门以政府名义做出规定，这在世界上也较为罕见。1984年，政府接着又作出了一个《若干补充规定》，决定卖花要限价：一株成龄君子兰不得超过500元，小苗不得超过5元。同时还规定，除了按交易额征收8%的营业税之外，一次交易额超过5000元以上的，税率要加成，超过万元以上的，还要加倍。

为什么有这个补充规定呢？无非是因为君子兰一经商品化之后，它的价格便离经叛道，扶摇直上，让人看得眼晕。可是，这时社会上正滋生着强烈的逆反心理，由于这种逆反心理的作用，价格是越限制涨得越高，那份《补充规定》完全没有起到应起的抑制作用。

面对君子兰的这样一个活跃的、生机勃勃的形势，长春市里的一些领导人对于君子兰的作用有了新的认识。一位开拓意识很强的副市长清楚地意识到，长春君子兰商品化的迅速发展，是对外开放、对内搞活经济的方针落实的必然结果，是一个很了不起的飞跃。古今中外，有些城市就是凭借一种产品作依托，很快使经济发展起来：景德镇靠瓷，自贡靠盐，近两年来芜湖靠着一个傻子瓜子，都出了名。君子兰为什么不能作为长春的一项依托产品呢？由花来打通经济起飞之路的，在世界上也不是没有先例。荷兰的莱斯城，就是依靠种植郁金香而发展起来的。副市长在各城市经济崛起的历史纵坐标和横坐标的交叉点上，发现了君子兰这株奇异的花。长春无渔盐海运之利，又无矿藏石油资源，所幸的是，还有君子兰这一特定历史条件所形成的优势。扬长避短，若要开发长春的经济便不能不充分发挥君子兰这一优势。君子兰是长春的一项拳头产品，依靠它近则可以占领国内市场，远则可以打入国际市场，有朝一日会像荷兰的郁金香、法国的玫瑰那样，给国家赚来几亿，几十亿美元的外汇。看来，长春要实现2000年的目标，达到小康人家水平，君

子兰要大显神威了。一股开拓的精神驱使着他，连夜奋笔挥毫撰写文章，提出："国营、集体、个体、联营的经济单位一起上，大家都来经营君子兰。团结协作，互相竞争，把生意做活，把市场搞活，做到生产大发展，市场大繁荣，进一步满足各地各方面的需要。"

他视长春君子兰为长春经济发展的启动杠杆。颇具学者风度的市委书记，在他家里接见记者时说："立似美人扇，散如凤开屏，君子兰的确是一种令人喜爱的花卉！目前长春君子兰，成龄花已达 30 万株，小苗 1000 多万株，全国各省市的君子兰，没有一个地方像长春这样普及，所以，把君子兰与解放牌汽车、长影并列为长春城的三大名产，并不过誉！"

"君子兰不仅花色嫣红，纯洁高雅，而且四季常青。因此我们不仅要让它在长春放射光彩，还要让它走向全国，走向世界，愿君子兰开遍祖国大江南北，开遍五洲四海！"书记有着非常炽烈的感情，说话简洁得体，落落大方而又饶有风趣。

人们沉醉在君子兰的梦幻中。1634 年，荷兰人用一株郁金香的鳞茎换一幢带花园的房子。在我国，也有过"牡丹一株换楼阁""病梅值四两"的事例。至于蟋蟀、八哥、画眉、斗鸡等鸟虫，卖奇贵价格的更不少见。《聊斋志异·促织》中就写道："每买一头，辄倾数家之产。"

更何况，一棵名贵的君子兰是来之不易的，是经过几十年的杂交换代才培育出来的，是在几万株君子兰中通过选优汰劣的方式筛选出来的，这中间要花费人们多少心血和劳动呀！不是随便哪棵君子兰都能成为珍品的，这正如一幅名画能价值连城，是因为作品中凝聚着画家多年劳动的结晶。这种特殊劳动的价值，是很难用一般价值规律来解释的。

于是，人们都把经济开发的焦点，对准了纯洁端庄、品格高雅的君子兰。以它作为开发长春经济的依托，真是有百利而无一害；由它一身来体现物质文明和精神文明的建设与发展，真是再理想不过的对象了。

预测明晰，决策果断，这是取得良好经济效益的关键。现在，应当有胆有识地及早定下决心，给君子兰一个广阔的发展余地。先前限制君子兰发展的那些规定，该推翻的推翻，该改正的改正。捆绑起来的君子兰，是不会使长春经济起飞的。

正是根据这样一些预测和决心，1984 年 10 月 11 日，长春市第八届人民代表大会第十四次常务委员会，在听取了市长的报告之后，通过了一项专门决议案，决定将君子兰命名为长春市花，并要求有关部门加强宣传，积极指导，普及君子兰的养植。同年 12 月 20 日，长春市政府又颁布了一项有关君子兰交易的新的法令，明确地提出要放开价格，取消限价的规定，无论成龄君子兰或小苗，一律实行买卖双方自行议价；降低税率，一律按照 8% 收税。同时，划出更多的地段，开辟新的君子兰交易市场；鼓励居民养植君子兰，每户至少要养 3～5 株，对于发展君子兰有贡献的，有关部门要授予荣誉称号。

市府唯恐语焉不详，还专门召开了记者招待会。有人向副市长问："这次取消限价后，花价是否有可能大幅度地上涨？比如说，一棵卖几千元吧，政府会不会干涉？"副市长坦率地回答说："这次取消限价是彻底地开放，或高或低，完全由买卖双方自由议定。这次取消限价不是权宜之计，而是长期措施，今后不会改变的！""我们总的想法，就是把长春君子兰的优势充分发挥出来，使它作为我们致富脱贫之道！"

一棵小草，被委之以经邦济世、致富脱贫的

大任；君子兰，成了一个城市的守护神！这是它（不仅是它，包括所有的花草在内），连做梦也未曾想象到的！

长春市迎春征联获奖作品中有一副说得很好："生财无路问君子，致富有道养兰花。"

市里一些同志，把养兰花作为致富的重要手段，决心要把长春变成为君子兰之国。就像荷兰的郁金香、法国的玫瑰、桑给巴尔的丁香一样。因为我国自古就是养花之国，3000多年以前就养植菊花，2000年前就种植牡丹，今天，我们也应当成为花卉出口的大国（你看人家荷兰，每年出口花卉七八亿美元，哥伦比亚、泰国、保加利亚每年也出口几千万美元），我们的花卉出口也一定能够赶上他们，超过他们！

而在我国的花卉出口中，君子兰应当成为对外开发的前驱。20世纪80年代崛起的，应当是君子兰，而不是其它的花。如果说，30年代是郁金香的时代，玫瑰的时代，那么，80年代就是君子兰的时代。因为，30年代是庭院式的生活方式，而郁金香和玫瑰在庭院里是娇娘，是宠儿，它们在庭院里垄断着全部的温柔之梦。而80年代的基本生活方式是在室内，庭院里的小夜曲已经唱完了，人们走进了室内。而君子兰才是室内花卉的皇后。它在室内养植好处极多，因为叶片宽厚，叶面上的气孔大，所以它呼出的氧气特别多，比一般的植物多35倍，在极微弱的光线下，也能进行光合作用。更适人意的是，它与一般植物不同，在夜间也不吐二氧化碳。因此，在豪华的客厅、大宾馆的卧室、新婚的洞房、少女的香闺里摆上几盆君子兰，是最为理想的了。

此外，经过医学专家、教授们的化验分析与临床实践证明，君子兰中含有大量的生物碱，能够消炎、止痛、利尿、保肝，还能起催生及抗癌作用。

君子兰确实是宝中之宝！它是开拓之花，时代之花，于是，市府出面召集有关方面人士开会，商讨如何开发长春君子兰的丰富资源，尽快开展君子兰经济横向联系，开办各种经济实体。会议开过不久，各种名目的君子兰开发公司便如雨后春笋般兴办起来，国家、集体、个人一齐上。在短短几十天里，就出现了十大公司和40家花木商店，向外省市扩展的分公司、子公司更是不计其数了。这些公司个个都声势赫赫，气度不凡，它们动不动把触角就伸入到北京、广州、沈阳、鞍山、大连、哈尔滨，甚至连开放的窗口深圳也去了。最高潮时候有5000多人去各地搞君子兰展销，来回都坐飞机。君子兰有很强的渗透力，它既然已经扩展到了深圳，自然也便觊觎香港，觊觎世界。

可不要小瞧这绿色的魔鬼！

到长春来的或参观过君子兰花展的文化名人，都要请来为君子兰捧捧场。歌唱家王洁实、谢莉斯为君子兰歌唱，画家范曾为君子兰作画。作家万忆萱为君子兰赋诗，音乐家侍葵为之谱曲，书法家启功为之题字，甚至语言大师侯宝林也要为君子兰说上一段幽默含蓄的相声……当然，一般来说随后都要送去一盆君子兰，还要赠予君子兰协会名誉会员的称号。

更为隆重的君子兰的盛典，还要数1985年春节期间举办的长春市花首届迎春花展了。2月17日下午1时，儿童公园里彩旗飞舞，鞭炮齐鸣，人潮花海，车水马龙，省市的十几位主要领导同志亲临现场，省市委书记还双双为之剪彩。一位挂名中国花卉协会名誉主席的国务委员还专门发来贺电。如果花卉有知，定会受宠若惊，在古今中外的花的王国里，有哪一种花曾经受到了人类如

此深厚的宠爱和隆重礼遇？

在花展期间，又不断地有党政领导同志和社会知名人士前来参观，并与养花专业户会见、谈论养花之道、全景留念。这些喜讯通过条条有形的和无形的、有线的和无线的载体传播到国内外，于是君子兰便名噪一时，蜚声海内外了。

自此，君子兰便更加身价百倍，那令人难以想象的价格奇迹，也就随之出现了，超越了著名的拉马曲线的最高点。

长春首届迎春花展取得如此显赫的成就，怎能不强烈地震撼着相邻和不相邻的省市呢。一花引来百花开，谁不向往着繁华之梦呢？

君子兰具有很强的辐射力！

多少长春人，其中包括管理宏观控制闸门的人，都把长春经济的崛起和腾飞，寄托在君子兰的身上。

谜底之三　破损格猜法

至此，君子兰的价格，已被无数双有权的和无权的手、养花大户和养花小户的手，给高高地捧起来了。但是，那价值高贵的灵魂却仍然缺乏坚实的肉体。灵魂抬起了高贵的头颅，在忘情地呼唤着，然而甘心趋附者却寥寥无几。尽管倾心者有千千万万，但是，都苦于囊中羞涩。

商品的价值，只有通过交换才能实现，而交换中需要的不是一般的倾慕、向往和热恋，而是坚实的货币。理念代替不了金钱，这正像《神曲》中的但丁，当他来到天堂向圣彼得讲述了信仰的要义之后，圣彼得毫不含糊地问他：这个铸币经过检验，

重量成色完全合格，

但告诉我，你钱袋里有吗？

遗憾的是，群众的钱袋里正缺少这个东西。

你想想看，买一棵小苗子还要花几百元，要买棵大花还不得万儿八千的呀！我们现在还处在向着小康之路迈进的时候，离小康人家还有很远的距离，谁有那么多的钱，做这种高贵的欣赏呀！消费，缺乏现实的基础。因此，这时君子兰市场上，万元以上的高档君子兰，还只是有行无市，由几个养花大户在做象征性的买卖。你买我一株万元，我再买你一株万元。你的花好，我的也不差。做的虽然是等价交换，但却是虚拟资本。在这种交易中，收到的不是经济效益，而是社会效益：你提高了我的花价，我也提高了你的花价，造成了一种强烈的社会意识（编者按：这只是个别行为或是一种推测，不完全是这样）。

当然，也不能小看这种社会意识！它虽然只是精神上的东西，但一经形成便会产生强大的反作用。它既已改变了消费者的心理，也便随之开拓了消费市场。在社会上既已形成了一种观念，认定君子兰是一种高贵的东西，也就随之产生强烈的追求，正像人们追求高贵首饰、名人字画和珍贵艺术品那样，这是一种特殊的购买欲望，经济学家认为，这种特殊的购买欲望，是形成某些商品的特殊昂贵价格的基础。

但是，自从国营单位插手于君子兰买卖之后，情形就发生了重大的变化。过去是有行无市，现在变成了有行有市；过去是虚拟资本，现在变成了现实资本。开始，是各宾馆、饭店、机关和企业事业单位，以美化和绿化环境为理由到市场上购买君子兰。绿化费是相当大的一笔款项，它投到市场之后，很快就把君子兰的价格抬高了。而用高贵的花卉来装点气氛，美化环境，自然使环境显得高雅不俗。君子兰曾是宫廷之物，当年曾经是皇家高雅的装饰物；今天，用它自然也会装点出一个现代化的气氛来，且有那么一股倜傥

不羁的君子之风。长春洗衣机厂的一位开拓型厂长颇有见识地说："我们能生产出具有80年代国际水平的产品，为什么不能创造出一个具有80年代国际水平的工作环境呢？于是我想到了君子兰。不管是什么地方，只要你摆上一盆君子兰，立刻就能感受到它给予你的宁静感。"洗衣机厂投资了几十万在办公主楼的顶上盖了600平方米的空中温室，用大笔的钱购进了大批花卉。

1985年2月，吉林热电厂服务公司到养花大户王安志家，一次购买9株成龄君子兰和一些小苗，共付款14万元。吉林市二〇一服务公司到另一养花大户家，一次购买成龄君子兰十几株和一些小苗，共付款32万元。

要知道，国营单位可是财大气粗呀！他们手指头缝儿稍稍漏一漏，钱财就大把大把地流出去。几十万元在他们那里是个区区小数，聚到市场上可是个相当可观的大数！在计划经济社会里，集团购买力是个强大的冲击波。若不，我们的经济学教科书里，为什么总是一再强调要加强集团购买力的控制呢！

与此同时，各地的园林部门看到君子兰如此的高价，也要与民争利，因之也拿出大量公款从市场上购进优良品种，作为繁殖的母本。后来，又兴起了机关单位办企业之风。在长春市里，最容易办起来的企业莫过于君子兰公司或君子兰商店了。而要开发这种公司或商店，也得要投资，于是又从国库里拨出若干款项来，拿到君子兰市场上去购买好花。有了母花，而后才能下仔呀！母花越高贵，仔花才能卖出好价钱来！于是，水笼头又打开了，国库里的钱哗哗地流到私人的腰包里去。可这是为待业子女解决就业问题呀！公家拿出点钱来也理直气壮，名正言顺，谁也说不出什么来！有人粗略地做过统计，在1984年一个月

里，长春市就成立了32家知识青年办的花木商店，几年的功夫，长春街头就出现了百十余家专以经营君子兰为主的知青商店。他们要从私人那里购进多少君子兰呀！有多少公款又在为君子兰的昂贵价格撑腰！

"疯狂的君子兰交易"，就是在这样一个特定的历史条件里，在这样一个社会心理状态下形成的。

君子兰沉醉在狂欢的梦境里。市场上繁华似锦，万头攒动，人人都在寻求神奇的效益。市里又增辟了几个繁华地段作为君子兰市场。每个市场都有二三里路长，从头到尾摆着的只有一种商品——君子兰。绿色的金条在召唤着万万千千的人。人们你拥我挤，都低眉俯首、绞尽脑汁地在那青黄苍翠之间进行选择，在"和尚"与"技师"之间讨价还价。据市工商行政管理部门统计，最高潮的时候每天市场可达40万人次，也就是说，全长春有1/5的市民走进君子兰市场，而且还不包括那些走街串巷进行无证交易的人。全国各地有100多个城市，西至新疆，南至广东，都有人慕名来春城购买君子兰。长春市每年的君子兰成交额竟高达1700万元，一年收入的税金也有四、五十万元（还不包括那些偷税漏税的钱）。

南无阿弥陀佛！真是广开善缘，生财有道呀！

有人从外地来长春，随着人群信步走进市场，看到了疯狂的君子兰交易，一下子就看呆了。眼前的现象简直无法理解。

啊，疯狂的君子兰！

谜底之六 秋千格猜法

在1985年2月18日的报纸上登载了一条新闻。

2月8日上午，在红星剧场公开宣判了抢劫盗窃君子兰花的惯犯姜有田一案。姜犯以砸碎玻璃、

撬门等手段，先后盗窃君子兰花17株。尤为严重的是，有一次他竟闯入汽车厂职工宿舍武某的家里，强行抢走成龄君子兰花一株……法院决定从严惩处这个无耻之徒，判处姜犯有期徒刑14年，剥夺政治权利3年。

"啧，啧，为了几盆花判了14年刑！哪头合算？"读报的人感慨万端地议论着。

"色酒红人面，财宝动人心嘛！那是花吗？那是金条，象牙，元宝呀！"另一位见识很深的人说。

"哼，真是要命的花！"

"这算啥，还有为一盆花，送掉两条人命的呢！"

那是两年前的事了。农机厅有个技术员，在家里养了两盆君子兰，花儿长得好，品种也不错，不是"花脸"，就是"圆头"。人们说这些花可以卖出一个大数来。技术员有个弟弟看着红了眼，邪念侵入他的骨髓，魔鬼迷住了他的心窍。一天，他到了哥哥家里，抱起那盆花就走。技术员哪里肯依呀！弟兄俩你争我夺，撕掳在一起了。弟弟拳打脚踢，不大一会儿就把技术员给打昏过去。技术员的妻子闻声赶过来。走上前去想拦住，但已经丧失了人性的弟弟又把嫂子打昏过去，并把她塞到灶坑里。技术员苏醒过来去扶救妻子时，妻子由于伤势沉重，再加上灶里倒出来的煤烟熏呛，再也不省人事了。当然，那个贪财害命的弟弟，也难逃法网，最后，受到了应有的惩罚。香港的报纸报道了这件事，标题是《嫂弟俩为一盆花双双毙命》。

这就是轰动一时的君子兰四大血案。

最大的血案，爆炸吨位最高的就是那件尽人皆知的所谓"达木兰之梦"了。达木兰就是君子兰，辽南一带的人都喜欢这样称呼，就像《阿Q正传》里的未庄人都喜欢管长凳叫条凳一样。原

来，在辽南的鞍山市立山区人民检察院里有个姓方的检察员，他听说长春是一座保藏着绿色金条的城市，于是，周身的邪念便不可遏止地一天天膨胀起来。一天早晨，他找来自家的两个兄弟，又约合了另外一个人，全都配戴枪支，开着一辆越野吉普径直地向长春奔去。他们要明火执仗地去抢劫君子兰城里的君子兰。谁让它那么值钱来的！遗憾的是，欲火烧昏了他们的头脑，也不知从哪个细节上走漏了风声，因此车子刚从鞍山一开出，长春公安局就接到了电话，调动起公安系统的全副武装，甚至连消防队的车辆都开动出来了。全城严阵以待。他们的吉普车一开进长春，便已进入了秘密的包围圈。当他们找到养花大户的门，刚刚举起锤子去砸花窖的玻璃窗时，连护花的黑贝还没来得及吠一声，手铐子就将他们的手紧紧铐住了。四个想君子兰想得发疯了的人，全部陷于囹圄之中。

但是，想得发了疯的人并未因此而绝迹。他们还在伺机而起，蠢蠢欲动。好像只要君子兰价格不降下来，他们的抵抗运动就决不罢休似的。据公安部门统计：1984年君子兰的盗窃抢劫案127起；1985年1~5月是243起，发案率有增无减，养花人提心吊胆，社会的秩序和人民生活的安定受到了严重的挑战。

令人难以想象的是，连公安局长和法院院长家里的君子兰，也被盗了。

君子兰弄得人们神魂颠倒，使社会处于一种病态心理状态之中。那样一种品种高尚的花，竟会成了一股祸水，就跟当年由艳丽的罂粟花所结出的鸦片一样，一步步地污染着人们健康的肌体和纯洁的灵魂，助长歪风邪气，败坏伦理道德，破坏人们正常的价值观念，增加社会的犯罪心理和犯罪活动，导演出多少污浊怪诞的荒唐事来。

啊，堕落的君子兰！

于是，一片责难和非议之词，便从上到下、从政府到民间风涌而起，特别是那些没有养花或者虽则养花但没有见到经济效益的人，唾骂得更为厉害。君子兰一不能吃，二不能用，最多只有个观赏价值，怎么可以卖那么高的价呢？如今这么高的价，完全是被少数人哄抬起来的！它比精神污染还精神污染，使得许多人不上班，上了班也不专心干活，一心只想着接花授粉的事。有些中学生也不上学了，钻到君子兰市场上去当倒儿爷，成何体统！在鞍山，甚至有人给市长写信，尖锐地向市长提出质问："你是要钢铁，还是要君子兰？"因为有不少的工人不上班，在家养君子兰。娇嫩的君子兰，挤了坚硬的钢铁！

于是中央和地方的报纸接连发表文章，出现了一篇篇声讨君子兰的檄文。《人民日报》以《君子兰为什么风靡长春？》为题，指出长春君子兰市场之所以如此繁荣，主要是靠挖国家财政的墙脚所致，是一种虚假的繁荣。长春君子兰市场的这种交易，既不是第一产业和第二产业，也不是第三产业，而是一种"虚业"。搞四化建设要踏踏实实地干实事，而不是干这种虚事。《吉林日报》以本报评论员的名义，一鼓作气地发了一评、再评、三评《奇高的君子兰花价能维持多久？》的文章，揭露和抨击了疯狂的君子兰交易中的种种弊端和劣迹，措词严厉，声势猛烈。其它的报纸，如《团结报》《天津日报》等也有专论发表。

君子兰交易的反常现象受到了各方面的重视。1985年6月1日，长春市政府发布了《关于君子兰市场管理的补充规定》，这个补充规定虽然依然提出要继续发展君子兰的优势，让市花怒放春城，但是却补充了几个关键性的细节，仅此几个细节，就使得那奇高的价格受到了致命的打击。这几条细节是："机关、企业和事业单位不得用公款买君子兰；各单位的领导干部养植君子兰只准观赏，不准出售；凡是用公款公物修建花窖的，一律按价付款；在职职工和共产党员，不得从事君子兰的倒买倒卖活动，对于屡教不改的要给予纪律处分，直至开除公职和党籍；同时进一步调整税收，仍然恢复加成加倍地征收税款的办法。"

此外，对于那些欺行霸市、哄抬物价、偷税漏税和不按指定地点交易影响市容和交通的，都提出了严励的惩治办法。为此，市里还专门抽调了公安、税收、银行和工商行政管理等部门的有关人员，组成了联合办公室，深入到场内外去明察暗访，严格执行法纪。在短短的1个月时间里，就取缔了1000多人次的场外交易，惩治了偷税漏税、欺行霸市的违法案件240起，追回补交的税款45000元。

经过这么一番整顿，堕落的君子兰得救了，它那颗锈损了的灵魂经过洗礼而得到了升华。从现在起，它开始洁身自守，不再勾引良家子弟，特别是那些在职职工与共产党员。它不再用金钱去撩拨人心，干出许多合理不合法或者合法不合理的事情来了。市场的面貌也大为改观，场内井然有序，场外交易明显减少。自从省报的三篇评论文章发表，再加上市场管理的几条补充规定，不出两个月的时间，君子兰的价格不仅是一落千丈，而是一落万丈了！

猜残灯谜无人解，何处凭添两鬓丝？

至此，谜底我们已经推出了6个，有人可能要问，到底是哪个谜底射中了？影响到君子兰价格如此地暴涨暴落？我们只能说：长春君子兰价格的奇迹，是上述几方面的合成力所致，是各种因素之间，相互作用，相互影响所致，我们只能

从它们的相互作用中,来揭开君子兰的价格之谜。

尾 声

时间:在君子兰被批得如同失贞少女,再也抬不起头来的半年之后。

地点:总是令人产生倾羡感情的繁华城市——香港。

阳春3月,江南草长,在一片温柔的嫩黄的阳光下,空气中仿佛总是响着一种微妙的撩人心弦的声音。街上熙熙攘攘,在两排鳞次栉比的高楼大厦中间,样式繁多的小汽车覆盖着路面,像一条彩色的河流在急速地流淌着。通过了车的河谷,人们川流不息地向大会堂方向走去,心头怀着盎然的春意去观赏第19届花卉展览。能够引起香港人更多的美好冲动和缠绵缱绻的乡土感情的是:北国的长春君子兰竟然夺得了盆栽花卉冠军,成了本次花展的皇后。

千里迢迢,特地从长春赶来参加这次花展的两盆君子兰,一名长寿,一名凤舞。凤舞独占花魁。花的主人是:长春君子兰专业户、君子兰技术学校顾问张道路同志,他获得了一只金光闪闪的嘉多里奖杯和两万元港币的奖金。

长春君子兰为祖国赢得了荣誉,凤舞和长寿的名字传遍了香港。港九的人们都被这充满着高贵和吉祥的花儿给迷住了,香港《文汇报》还专门发表《宫廷御花君子兰》的文章,编写了观赏君子兰的十条要诀,让人们快到大会堂去,"不妨根据这十诀歌谣来细细品味!"

1986年3月,长春君子兰还在广州越秀公司的花卉馆里展出。在北国春城已被咒骂成一身祸水、通体邪祟的君子兰,在南国花城里又受到了一片青睐。每天有数千人到花卉馆去参观这北国名花,连省市许多领导同志都去参观了,并给了

很高的评价。孟加拉国国防部的四位将军也参观了花展,刚柔并蓄、端庄雅丽的君子兰,使他们盛赞不已:"在世界上走了这么多国家,还没有见过这么美好的兰花!希望你们能去孟加拉国展出!"美籍华人、国际电报电话公司东亚分公司负责人李铁芬女士也对此花爱不释手,邀请长春养花专业户到美国去展览,当场就以一元钱一粒的价格,买下了30粒花种籽。

张道路荣获嘉多里金杯的消息,在《人民日报》海外版、《中国花卉报》、广东《花鸟世界报》、《羊城晚报》和《信息时报》等许多报刊都以显著地位刊出,有的还配以大幅彩照,但在君子兰出生的本省市的报纸上却只字未提。

君子兰现在正纷纷办理迁移户口手续,大量地从长春转向外地,希图在外地寻找一个理想的投资环境。许多长春养花户惋惜地说:"为什么我们培养出的凤凰,让它到外地下蛋去?"

为什么?当然没有人去回答,这是由市场上那只看不见的手——价值规律所决定的。不过在长春,君子兰也在自找门路,它已转变了投资方向:由观赏型转变为科研型,由经营型转变为生产型。业经市里有关主管部门批准,北方君子兰公司已与贵州茅台酿造厂进行横向经济联系,共同投资开办了一所"君子兰滋补饮料酒厂"。他们利用君子兰的抗癌效能,生产君子兰高级滋补酒、君子兰小香槟、君子兰清凉液等产品。

预测未来,君子兰饮料也许会风靡市场,誉满全球,领导着饮料市场的时代新潮流;也许会在下一届(或者是下下一届)的奥运会上,各国来宾从飞机升降梯上走下来,运动员从赛场上跑出来,广大观众从看台上走出来之后,争着抢着要打开瓶口的饮料,不是美国的可口可乐,而是长春的君子兰可乐。

有人询问："味道怎么样？"

饮者会异口同声地回答说："OK，味道好极了！"

也许这并不是幻想！谁知道呢？当前正是处于开拓的时代，一切都得用20世纪80年代的眼光、或者是用90年代的眼光来观察事物，看待问题。老脑筋是不行了，整个世界都在开拓中飞旋，何况君子兰呢！

噢，君子兰呀，君子兰！

邓加荣

附　注

谜格是猜谜语的一种方法，灯谜共有谜格24种，常用者有鹅顶格、卷帘格、会意格、白头格、破损格、拆字格、秋千格、徐妃格、求凰格等。鹅顶格，就是把四句诗的头一个字联起来猜；卷帘格，就是把一句话倒过来读；白头格，就是把第一个字读成别字；拆字格，就是把谜面的字拆破；破损格，也是拆字，但谜底的字拆得不完整；会意格，是从揣想上领悟；求凰格，是猜对应物等等。

四、君子兰插花

287

第九章

中国君子兰的产业化

一、君子兰产业概述

（一）君子兰产业的现状

近些年来，君子兰养殖业发展迅猛。长春市养殖君子兰历史较长，在1945年由伪满宫廷流入民间至今，历经50多年的沧桑变迁和几代养兰人的默默耕耘，成绩显著成为中国最大的精品君子兰基地，被誉为君子兰花卉之乡。1984年，经长春市人大常委会批准，君子兰被定为长春市市花。目前，长春市君子兰温室面积有30多万 m²，从业人员达3万多人。长春市政府已经把君子兰作为一个产业，采取积极措施扶持发展。1998年、1999年分别以市政府的名义，连续成功地举办了东北地区君子兰花卉博览会。2000年，长春市还举办了首届中国君子兰节，再次获得成功。长春市政府决定，君子兰节每二年举办一次，以激发人心，凝聚人气，依托长春市君子兰特有的优势，把君子兰产业作为一个新的经济增长点大力发展。

近几年来，鞍山市君子兰产业发展更加迅猛，大有后来居上之势。鞍山市君子兰现有花窖1200栋，温室面积36万 m²，从业人员达4万人，年产值1.5亿元。仅千山区魏家屯君子兰生产基地就占地20万 m²左右，为君子兰产业化提供了坚实的基础。鞍山市委、市政府对开发君子兰产业十分重视，市委、市政府主要领导多次过问花卉生产情况，到花卉基地调研、指导工作，并拨出专款扶持基地基础建设。2000年，鞍山市以政府的名义成功地举办了鞍山国际花卉博览会暨中国第三届君子兰展览会，并以其规模大、范围广而闻名于世。

目前，君子兰养殖业已由东北三省发展到关内，直至大江南北，覆盖17个省、自治区、直辖市。全国君子兰养殖温室面积近百万平方米，就业人员近15万人。其中哈尔滨市温室面积近10万 m²，从业人员近1000人；大庆市温室面积近1万 m²，从业人员60多人；吉林市温室面积1万多 m²，从业人员60多人；沈阳市温室面积12万多 m²，从业人员1000多人；大连市温室面积8万多 m²，从业人员400多人；辽阳市温室面积1万多 m²，从业人员60多人；铁岭市温室面积近1万 m²，从业人员60多人；抚顺市温室面积1万多 m²，从业人员70多人；北京市温室面积近2万 m²，从业人员近100人；天津市温室面积1万多 m²，从业人员70多人；廊坊市温室面积近2万 m²，从业人员200多人；兰州市温室面积近1万 m²，从业人员40多人；太原市温室面积近1万 m²，从业人员40多人；青岛市温室面积近2万 m²，从业人员近100人。还有齐齐哈尔市、锦州市、邯郸市、烟台市、长沙市、苏州市、昆明市、银川市等也都建立了君子兰生产基地。

（二）君子兰产业化面临的问题

君子兰产业发展之快，有目共睹，但距离产业化尚有一定的差距：一是小生产与大市场之间的矛盾。由生产者到消费者之间的流通环节只靠零散个人疏通，缺乏具有一定实力的中间商介入，严重地影响了君子兰产业化的发展。

二是小规模与社会化之间的矛盾。市场化的生产必然是社会化的生产，这是由市场经济的特性决定的。君子兰产业化的社会化内涵，一方面是指社会化生产的规模比个体规模大，它不是一家一户的单独生产，而是一家一户的生产联合。另一方面是指分散的，互不联系的个别生产过程转变为互相联系的社会生产过程。即实行种养加、产供销、内外贸、经科教一体化经营，变部门利益分割为部门利益合一。

三是资金分散与集约化之间的矛盾。资金分散在各家各户，不能集中使用，难以办成大事。如果实施君子兰的产业化经营就可以改变这一传统的经营方式，通过更多的资金、科技的投入，通过君子兰生产的结构优化、流通组织方式的创新、经营管理的科学来提高君子兰的经营效益，增加生产者的收入，这也是君子兰产业化的目的所在。

（三）君子兰产业化的蓝图

君子兰产业化，就其本义来讲，应该是以市场为导向，以效益为中心，优化组合各种生产要素，实行区域化布局、专业化生产、一体化经营、社会化服务，形成以市场为龙头，龙头带基地，基地带养兰户，集种养加、产供销、内外贸、经科教为一体的经营管理体制和运行机制。

长春市君子兰产业化的蓝图是：优先建立和完善市场流通体系，以市场为导向，以科技为手段，以基地为依托，以效益为目标，强化品牌，优化结构，提高质量，扩大规模，全面推进长春市以君子兰为龙头的花卉业向专业化、商品化、产业化、集团化方向发展，逐步形成政府引导，集团投入，中心研究，基地生产，市场运营的产业模式，使长春君子兰的科研开发、种苗繁育、培训推广、市场信息、联合养兰户的生产经营体系，变资源优势为产业优势。逐步形成布局区域化、供应周期化、管理科学化、服务社会化的现代型的花卉产业体系。目前，长春已经形成了新月、一汽、蔡家、豪邦等一大批初具实力和规模的君子兰生产基地和集团，成为产业化的龙头。

鞍山市政府为了尽快实现君子兰产业化，他们狠抓了市场开发、基地建设、科技兴花以及发展规划等。为了建立龙头企业，他们决定将鞍山永乐公园临街改建为5600m²的花卉交易市场，吸引生产厂家、科研单位、流通部门参加，组建成龙头企业集团，以改变花卉业群龙无首的格局，

为实现君子兰产业化铺平道路。鞍山市委、市政府还主动为广大养花户排忧解难,制定了一系列扶持花卉业发展的优惠政策。比如,安排贴息、低息贷款,降低土地承包费,优先安排水、电供应等,有力地促进了花卉业的迅速发展。

其它各地都在采取一些措施促进产业化升级,以促进君子兰产业有序健康地发展。

(四)君子兰的综合利用是发展君子兰产业化的重要组成部分

利用高等植物细胞深层培养技术,生产某些有价值的次生代谢产物,其中有许多属于珍贵的药品。此项技术之所以引起国内外的普遍关注,是由于它为开发天然药物开辟了一个新的途径,具有巨大的潜在经济效益。因为它采用工业化方式生产,可以解决中草药的野生资源环境日益短缺的问题;不受气候、病虫害、地理环境和季节的限制,可以长年不断生产;可以使生产系统规范化,什么时候需要何种品种,以及需求量如何,都能根据市场的供需情况,随时进行调整;还能使产品的质量、产量更加稳定,同时减少栽种占用的土地面积。

君子兰生物碱的开发与利用,是君子兰产业化发展的必由之路。目前国内中试中,100L规模每月可生产1500~3000g细胞干粉(其中生物碱含量1.5%)。若建成1t规模的生产线,提取的各种生物碱每月收入约4万元(人民币),年产值可达60万元。目前,我国在检测和提取生物碱的操作技术水平方面虽然与先进国家相比还有差距,并且有些生产设备也较昂贵,但采用自行设计发酵罐,在保证汽液互相合理分配的基础上,改变结构及用材,根据需要分配附件的办法;或在提取生物碱上采用萃取液浸提渗漉工序,全部采用自行设计的设备,采用代用品和回收工艺,降低培养基成本等,可大幅度降低生产成本,取得较好的效益。

在综合利用方面还应该提到的是,目前在北京等地,君子兰的鲜切花生产也初具规模。作为鲜切花用的君子兰品种,对株型、叶型、叶片的质量等均无什么特殊要求,对开花时间也无特定规定,从北京市场来看,冬季一支君子兰箭梗售价约30~40元人民币,夏秋则在10~20元左右,效益十分可观。由于作鲜切花的君子兰箭梗要求达到33cm以上,因此,为一些大中型品种君子兰的生产提供了新的发展天地。今后随着适于作鲜切花的君子兰新品种的选育,以及在花色上的调整,在市场上会受到越来越多的欢迎。也为君子兰的规模化生产提供了一条新途径。(刘绍礼、李廷华)

二、君子兰产业化思考

(一)君子兰产业化创办超级市场、优化种植基地、发挥科技优势的思考

全球正在步入知识经济时代,企业家和科学家结合才是高科技结合的方向。由企业集团创办君子兰超级市场、优化种植基地、发挥科技优势是君子兰经济发展的需要。

有条件时,创办以君子兰为主的花卉超级市

场。经营原则：物美价廉，以质论价，服务到位。比如：消费者购买名牌君子兰，微机贮存，赠送养兰手册、专用花土、花肥和花药等科技成果产品，跟踪服务到位。有要求者可技术咨询，指导授粉，君子兰佳品回收等售后服务。扩大内需引导消费向日常消费，活动消费和大众消费过渡。这种现代经营理念，消费者一定欢迎。

有需要时，优化种植基地。优化原则：向科技企业，创汇企业努力。比如营养液栽培君子兰，无污染，病虫害少，清洁卫生，质量好，节约水分、养分和土地等，生产出高科技名牌产品，有注册商标，有质量标准，以礼品鲜花投入市场。对旅游观光者、国际友人、洽谈生意商家等，提供以质论价的君子兰精品；对以美化环境、陶冶情操的一般消费者提供君子兰佳品，让君子兰名牌产品逐步走向世界打下坚实的基础。有的专家预言，今后花卉业竞争，将会更激烈、更残酷。荷兰每年都有一定比例的企业倒闭合并，所以在发展君子兰产业时，要考虑到高起点，低成本，高科技，高质量，高产出，使之向集约化、专业化、工厂化方向过渡。

尽可能发挥科技优势。要大力依靠各级技术人员和科研部门，从事林业、园林、花卉方面的研究。龙头企业更要发挥整体科技优势，招聘人才，组建花卉产业研究中心或创新工作团进行技术创新、管理创新、市场创新。开展立项研究和科技开发工作。其原则是科研为当前、当地服务。比如：科学回交育种等实现品系提纯复壮，培育新品种。营养液栽培等实现优化种植技术。售后服务实现服务品牌战略。君子兰深加工实现君子兰药用价值等。科学技术是第一生产力，而促进君子兰产业迅速发展的重要因素是科学研究。科研成果的实用性在于它能与企业生产、经营、获利直接相联。如君子兰花卉资源开发与利用，品种的引进筛选、提纯复壮、育种、组织培养、无土栽培、花期控制、保鲜加工等研究都将提高君子兰产业化效率。

这样以君子兰产业集团为龙头的花卉业，研究名牌，生产名牌，经营名牌，以君子兰文化为各地的社会经济发展做出贡献。

（二）君子兰产业化途径思考

发展君子兰产业应立足生产基地，面向全国，走向世界，政府引导是根本，集团投入是前提，科学研究是保证，基地生产是基础，市场经营是关键。应该突出解决什么呢？突出解决市场意识和质量与效益观念问题，发展什么和怎样发展都必须以市场为导向。市场假冒伪劣商品，人们深恶痛绝，在商品社会，市场经济之中，名牌效应很重要，比如：法国香水、意大利皮鞋等，风靡全球。君子兰要想走向世界，必须鉴定出名牌产品，否则一切无从谈起。君子兰是新崛起的著名花卉，已闻名国内外。我们可通过发掘、收集、整理、发展继续创造辉煌。

半个世纪以来，人们历经沧桑，培育出许多好的君子兰，民间命名的有：风舞、王冠、凤冠、铁北、蜡膜、元宝、圆梦、水晶等系列精品，品质好，效益高。君子兰每平方米经济效益120元左右，而温室生产蔬菜5～6茬，经济效益才60元左右。如果这些品系、精品君子兰组织鉴定，商标注册，有了知识产权，受到法律保护，向国内外市场经营，更具竞争力和丰厚效益。

总之，政府引导，集团投入，中心研究，基地生产，超市经营途径，发展君子兰产业化。

（三）君子兰产业化模式思考

君子兰产业化模式应该是：市场加科技，科技加养兰户，养兰户加基地，基地加市场这样一种良性循环模式。

科技开发名牌产品，要有市场，有效益，有活力，有后劲，变买方市场为卖方市场。

君子兰等花卉不同于一般商品。一般商品购买回家后只要正常使用就能保证一定的寿命和使用特性。而花卉产品则需要一定的知识和技术才能维持花卉的独特性状和生命力。所以君子兰好养但养好难的问题实际上是类同售后服务的问题，这需要经营者和消费者共同提高君子兰的一般家养技术。普及比如：市场反馈，君子兰养好难的问题。市民养的君子兰，初养还可以，时间久了，株型不好，这是普遍存在的问题。原因：①君子兰种性不纯，易变化，不稳定。②家庭养兰环境不如温室。③养兰技术市民不如专业人员。俗话说："君子兰养好难，养死也难。"就是这个道理。

市场反馈，君子兰组织培养问题。蝴蝶兰、香石竹(康乃馨)、满天星(丝石竹)、一串红、月季等花卉组培成功，快速繁殖后代，已大量用于生产，投入市场。而君子兰组织培养有一定难度。原因是君子兰是杂合体，又叫异质体。基因型部分或完全处于异质结合状态的生物体。一般二倍体或多倍体生物的基因型，如果在同源染色体对应的一个或几个基因位点上，存在不同的等位基因。如：Aa 即、A┤├a，或 AaBbo 在具有这样基因型生物，对这些基因型来说都称杂合体。它们自交后代表现不一致，会发生分离现象。君子兰是杂合体，一经有性过程，就会发生基因分离，性状重组。这再一次肯定了君子兰可无性繁殖的重要性。对名贵品种取材时，必须取体细胞组织培

养，而不是取有性过程的胚进行组织培养。因为除生殖器官内性细胞以外的其它细胞总称体细胞。它的显著特点是细胞中染色体数比生殖细胞多一倍。但由体细胞组成的某些组织，器官（根、茎、叶等）以及细胞群体（如离体培养的体细胞）或某些特殊繁殖的器官，在一定条件下，具有与生殖细胞相似功能，也可脱离母体而繁殖后代。君子兰体细胞组织培养正在研究之中。君子兰组培难度大是因为君子兰组培出愈率和愈伤组织成苗率低。所以通过组织培养实现君子兰无性快速繁殖，以达到工厂化生产目的，尚需进一步研究。目前，还应以常规育种为主。君子兰优良品系均是常规育种的产物。

市场反馈，君子兰药用价值问题。根据国内外学者研究报道：从君子兰叶、根茎分离具有抗病毒和抗癌作用的多种生物碱如石蒜碱、君子兰碱等能改善冠心病、胃癌、肺癌等患者血清的锌／铜比值，从而起到防治作用。张会常等报道(1997年)，君子兰水提物能增强心脏多种收缩功能和泵血功能，使心波指数和心脏指数增加，而心率不增加，降低血管阻力和血压，同时使心肌耗氧指数降低。此外，君子兰尚可调制高级滋补饮料、小香槟及清凉液等产品。君子兰药用价值是肯定的，有待研究开发。

市场反馈的诸多问题，经科学研究，科技成果开发，生产名牌产品投入市场，形成良性循环模式。

综上所述，君子兰产业化必须具备三个基本要素：

① 有产业名牌产品较大的生产基地。

② 有产业售后服务较高的超级市场。

③ 有产业核心技术较强的研究中心。

以高起点向专业化、工厂化过渡，与国际花卉

市场接轨，才能实现君子兰产业化。　　　　　徐惟诚

三、高效花卉设施的结构、类型及性能优化

（一）概述

设施农业即可控农业，是人为创造一个良好的生存环境，以满足动植物正常生长的需要；以最小的资源投入，在可控条件下，按动植物生长发育所要求的最佳环境进行动植物生产，其效率和效益较常规的自然农业要提高几倍乃至几十倍，是现代农业技术和工程技术的集成。温室是以采光覆盖材料作为全部或部分维护结构，在冬季或其它不适宜露地植物生长的季节供植物栽培的建筑设施。温室(greenhouse)是现代工程技术在农业上的成功运用和集成，是目前我国最主要的高效农业设施，被广泛应用于各种农业高科技园区、现代化苗圃、工厂化育苗车间、花卉生产及交易等领域。

我国设施农业起步于20世纪80年代初期。自改革开放以来，我国相继从国外引进了20余hm²大型现代化温室。1995年以后，又大规模引进国外成套温室设施和配套技术，刺激和带动了我国温室业的迅速发展。然而，许多建设单位对各类温室的性能特点、特别是在对当地气候的适应性不太了解的情况下，对温室的选择存在着很大的盲目性，甚至造成了严重后果。因此，针对我国温室设施的结构、类型及性能进行评述，以期为我国温室的建设和使用提供有效依据。

（二）温室的分类

温室的分类有多种方式，根据覆盖材料的不同可将现代温室分为塑料温室、玻璃温室、PC板(聚碳酸酯板)温室3大类。凡是用金属或木结构件作为骨架的，用玻璃覆盖而成的温室称为玻璃温室；凡是用塑料薄膜或硬质塑料板覆盖而成的温室称为塑料温室，凡是用PC板(聚碳酸酯板)覆盖而成的温室称为PC板温室。

根据有无加温设备分为加温温室和不加温温室（日光温室）。不加温温室有在北方寒冬季节可以进行喜温果菜类蔬菜生产的日光温室，称之为节能型日光温室，或冬用型日光温室；另一类寒

冬季只能进行耐寒蔬菜生产的，称为春用型日光温室，或普通日光温室。

按用途分为生产性温室（如育苗温室、栽培温室）、实验温室（如人工气候室、普通实验温室、杂交育种室、病虫害检疫温室）、展览销售温室（如观赏温室和陈列温室）、庭院温室等。

按温室建筑形式又分为单栋温室和连栋温室。

（三）几种常见温室结构、类型及性能分析

1.节能日光温室

日光温室主要是以取之不尽、用之不竭的太阳能为热源。白天，温暖的阳光透过日光温室塑料薄膜，把能量送入温室内，通过加热、积热、蓄热，使室内气温上升；夜晚，覆盖草苫、纸被等保温材料，减少室内热量的散失，依靠"温室效应"满足室内农作物生长所需热量。日光温室实际上就是一个太阳能集热器，其最大特点就是最大限度地获得和保护太阳辐射能，在北方冬季不加温的条件下生产蔬菜、瓜果、花卉等作物，节

省了能源，减少了污染。

节能日光温室类型，按骨架材料可分为：普通焊接式、镀锌焊接式、热镀锌装配式、"几"字型钢装配式。

按生产方式可分为蔬菜栽培型、果树栽培型、花卉生产型、养殖型、四位一体型。

节能日光温室的规格有：6.5、7.0、7.5、8.0、8.5、9.0、9.5、10.0(米)等不同跨度，可根据各地不同气候条件用户自行选择，亦可提供各种特殊设计服务。

节能日光温室的保温设施：复合保温被配合复合保温墙体，多重保温效果好。

卷铺方式：电动卷铺机构、手动卷铺机构。

覆盖材料：塑料薄膜（单层膜、双层膜）、PC板、玻璃覆盖三种形式。

性能优点：高效节能型日光温室一次性投资少，运行费用低，性能好，适应性强，十分适合我国国情。与传统温室相比，它具有以下优势：

(1)适合机械化作业。新型节能日光温室为大跨度无柱结构。

(2)采光好，性能优。计算机优化采光曲线，在冬至时节，后墙与后坡无光照死角；前屋面采光好、升温快；晴天，室内外温差不小于3℃，夜间室内外温差不小于2℃(北纬40℃地区为例)。

(3)用料省、造价低、资金投入合理。新型节能日光温室与传统温室比较，其用砖量节省35%，用钢量节省30%，后墙、后屋面的资金投入比例由76.7%下降到52.3%；前屋面投入由原来的24.

4%提高到47%，改变了以往后墙后屋面投入过大、前屋面投入太小、保温不足的缺陷。

(4)保温被质量好、寿命长，并实现机械化操作，降低劳动强度，提高劳动效率。新型复合保温被采用超强、高保温新型材料复合而成，具有质轻、防水、保温隔热、反远红外线等功能，使用寿命可达5～6年以上；保温效果好，同等条件下较草苫覆盖可提高1～2℃；采用电动卷铺机构操作，省时、省力、省电，大大提高了劳动生产率，且工人不用爬上屋顶操作，免受风寒之苦；还可增加温室至少1h的采光量。

(5)墙体和后屋面板的优化及新材料的选用，使温室综合保温性能提高。新型节能日光温室采用新型保温材料作复合保温墙体，外墙隔热防寒、内墙蓄热保温，保温隔热和蓄热功效提高约15%。GMC强化后屋面材料，质轻、强度大、保温性好，又大大提高了后屋面的保温性；加之采光好、外覆盖复合保温被，室内温度较传统温室提高3～4℃。

(6)提高了土地利用率。新型温室墙体厚度只有50cm左右，减少墙体部分的厚度，后屋面遮阴面减少1m，使温室土地利用率高达80%，较传统温室提高12.6%～28.8%(北纬40°地区为例)。

(7)采用卷膜通风，提高温室环境调控能力。

2.特色双连栋温室

(1)骨架结构 无柱式热浸镀锌钢管装配桁架，轻巧坚固，装拆方便。

(2)保温设施 复合保温被、新型保温后屋面板、复合保温墙体及PC板联合使用，加强了保温效果。

(3)型号 JWS—10.0、JWS—14.0

(4)覆盖材料 长寿无滴膜或PC板覆盖。

(5)性能优点 在充分发挥我国独创单栋日光

温室技术的基础上，结合现有的单栋日光温室和连栋温室技术，进行优化设计，通过优化和筛选新型的覆盖材料，改进温室的结构、密封和保温性能。

该温室类型在以下几个方面加以很大改进：

采光面形状及采光效果的优化。采光面形状是日光温室吸收太阳能的关键因素。特色双连栋日光温室采用更先进的双采光面设计，采光量更充足。

进一步提高了土地利用率，更适合集约化立体栽培。我国传统日光温室对土地、设施利用率低，产量、效益不高，带有普遍性。特色双连栋温室，增大温室可利用空间，集合了单栋保温节能和多连栋温室土地利用率高的优点。采用高屋

节能日光温室

脊结构设计,空间更开阔,土地利用率提高了30% 以上,更便于内部机械化作业。

温室外观:(见上图)

3.单层膜塑料大棚

(1)类型:按骨架材料可分为普通钢管焊接式,热镀锌钢管焊接式,热镀锌钢管装配式。目前大棚骨架主要采用热镀锌钢管,在一些地区还使用简易的竹木结构或铁丝结构。

按功能:单栋塑料大棚,连栋塑料大棚,遮阴棚等。

(2)规格:6.0m,7.0m,8.0m,9.0m,10.0m,11.0m,12.0m等跨度塑料大棚。

(3)覆盖材料:以单层塑料薄膜作为覆盖材料。

(4)性能分析:由于单层膜塑料大棚以单层塑料薄膜作为覆盖材料,全部依靠日光作为主要能量来源,冬季不加温,并且抗风、抗雨、抗雪能力不十分理想,只能提供简单的种植保护,如果它在温度较低的地方使用,只能达到春提前秋延后的作用,不能达到周期性生产的目的,因此这种温室使用较少,基本上主要在我国南方使用。

4.现代化智能连栋温室系列

(1)类型:按覆盖材料可分为薄膜连栋温室,PC板连栋温室,玻璃连栋温室。

按生产类型可分为生产型温室、观赏温室、造型温室、交易展厅等。

(2)性能优点:是近几年刚刚兴起的一种高科技温室,具有以下几个优点:

温室主体采用高架结构设计，而且温室骨架多选用耐腐蚀热浸镀锌钢材，经久耐用。每日可以有充足的阳光直射时间并且接受阳光的区域大，因此能高效地吸收太阳能源；

高效节能保温的同时又为特殊重要时的散热降温作了特殊设计；

土地利用率高。土地使用面积达 90％以上，内部作业空间大；

温室自动化程度较高，内部配置齐全，基本配置了通风、降温、补温、防虫植保、灌溉施肥、补光、照明配电、自动控制等设备，可以实现大面积自动控制，也便于机械化管理和工厂化育苗的实现。

(3)主要结构系列简介

A.薄膜连栋温室

类型：按其屋顶形状有拱圆形、锯齿形、尖弧形等。

按其覆盖材料有单层膜连栋温室和双层充气膜温室。

单层膜连栋温室：主要以单层塑料薄膜作为覆盖材料，有拱顶和尖顶两种。拱圆形温室是塑料温室中最常用的一种结构形式，在我国南、北方都有应用。一般跨度为 8.0m 或 9.0m，开间 3.0m～4.0m，拱面矢高 1.5～2.0m。但由于是单层膜覆盖，冬季保温性能较差，北方地区冬季运行成本太高。

双层充气膜温室：通过用充气泵给两层薄膜之间充入一定量的空气，使温室内外形成一层隔热层，从而在温室内形成一个小环境，将温度和湿度等控制在一定的范围内，保证作物正常生长。

双层充气膜温室与传统的塑料薄膜温室除覆盖材料为双层充气膜外，其他几乎没有多少区别。由于采用了双层充气膜覆盖，其保温性能提

高了30％以上，但同时温室的透光率也下降了10％左右。在我国光照充足而冬季气温较低的北方使用有较好的经济效益，但到长江以南使用，由于冬季光照不足，而气温又较高，其节能效果难以弥补由于透光不足而带来的损失，所以一般不宜采用。

B.玻璃温室

玻璃温室以玻璃为覆盖材料。主要分为双坡面温室和 Yenlo 型温室。双坡面温室内操作空间大，便于机械化作业；且其采光面积大，室内光照均匀；占地面积小，地面利用率高。主体结构采用热浸镀锌表面防腐，单位面积用钢量小。但双坡面玻璃温室保温比小，散热面积多。

Yenlo 型温室是一种源于荷兰的小屋面双坡面玻璃温室.它的结构特点是构件截面小、安装简单、使用寿命长、便于维护等。结构材料：钢柱及侧墙檩条采用热浸镀锌轻钢结构，屋面托架采用桁架结构，屋面梁采用专用铝合金型材料。屋面采光材料采用 4mm 或 5mm 厚浮法玻璃，玻璃透光率稳定，一般可达 86％～89％。Yenlo 型温室具有透光率高、密封性好、通风面积大、使用灵活等特点。因此可在多种气候条件下使用。目前，我国国内自主开发的玻璃温室，主要还是以 Yenlo 型为主。

玻璃温室透光性能最好，它可以在我国光照比较差的地方使用，不会由于光照原因而影响内部作物的光合作用以及正常的生长发育，但玻璃温室保温比小、玻璃导热系数大，故节能效果差。在冬季，特别是在严寒地区因其采暖负荷大，所以运行成本比较高。

C.PC 板温室

又叫阳光板温室，它主要是以PC板作为覆盖材料的一种温室。PC板于20世纪70年代在欧洲

问世并被广泛地应用于农业温室建设上,是继玻璃、薄膜之后的第三代温室覆盖材料,它的主要材料是聚碳酸酯,结构是透明中空的,一般为双层或三层,也有单层波浪板结构。PC板温室骨架采用热镀锌钢管装配式,坚固耐用,防腐蚀,抗老化,温室采光面积大,室内光照均匀;地面利用率高。屋面的采光材料采用PC板,PC板透光率比较高,可达到79%～81%;密封性好,抗冲击性好,保温性好,是目前所有覆盖材料中综合性能最好的一种,可以在全国各省市推广使用,不受地区限制,唯一不足的是价格较昂贵。

4. 温室内部配套系统

现代化智能连栋温室基本配置了下列设备,从而保障了综合性能的发挥.

温室结构:温室骨架、覆盖材料、连接结构(铝合金、卡槽等)、密封材料;

温室通风:齿轮齿条开窗机构、电动及手动卷膜机构、强制通风系统、环流风机;

温室降温:温室内外遮阳系统、湿帘—风机降温系统、微雾系统、屋顶喷淋系统、空调系统;

温室采暖:热水采暖、热风采暖、地面加热、苗床加热、地下热交换;

温室灌溉:喷灌系统、滴灌系统、移动式喷灌机、施肥系统、综合水肥管理系统;

温室控制:室外气象站、单片机控制系统、计算机全智能控制系统、温湿度、光照传感器等;

温室栽培:固定或移动式苗床系统、基质栽培系统、水培系统、小型耕作机械、植物悬挂及采收运输机械;

温室植保:防虫系统、补光系统、CO_2发生器、固定或移动式药物喷洒系统、硫磺熏蒸系统。

(四)其他温室设施

遮阴棚、遮阳网,我国目前约有1亿多m²的塑料遮阳网应用于蔬菜生产,覆盖栽培面积达6万hm²左右。

(五)农业设施性能优化和发展趋势

1. 向多样性发展

由于我国幅员辽阔、地理环境复杂、气候条件各异。因此,气候的多样性,衍生了高效农业设施技术的创新性、多样性。

2. 向大型化、规模化发展

高效农业设施的大型化发展,有力地推动了我国现代农业的产业化、规模化进程。

3. 向智能化发展

智能化数据采集全自动控制系统,通过内部的温度、湿度、光照传感器及室外气象站温、湿、光、雨、风速／风量传感器,综合考虑各方面的因素,控制相关设备的运转,给予每种植物适宜的温湿度、光照和营养水分;通过计算机和控制软件,记录种植过程中的环境参数,积累数据,帮助用户建立正确的种植计划。计算机网络、各类专家系统、遥感技术、地理信息技术的应用,进一步提高了产品质量。从而推动我国农业的信息化、网络化、智能化进程。

4. 向节能化发展

随着全球能源危机的加剧，如何实现节能，降低生产成本，已成为农业发展迫切需要解决的问题。所以，高效农业设施，必须注重节能设计，采用新型材料，提高综合性能。

5. 向综合性发展

伴随社会的发展，高效农业设施将集生产、观光旅游休闲、科技开发、培训与咨询服务、示范教育、生态环境保护等功能于一体，向综合性发展。

6. 向国际化发展

随着 WTO 的加入，世界贸易全球化步伐加快，我国自主开发的高效农业设施，在技术水平和科技含量方面已完全能与国外媲美，适应市场的多变性和广阔性，这既满足了今天我国市场的需求，也为明天的出口创造了条件。

(六)高效农业设施设计和选择配套设施的原则

1. 因地制宜的原则

充分结合地理位置、气候条件、园艺种植技术、园区实际情况和资金投入等情况选择配套设施。

2. 高效节能、降低成本、经济实用的原则。

3. 先进性与实用性相结合的原则。

4. 市场性原则。

5. 突出重点、主次分明、高中低档兼顾的原则。

6. 先论证后实施的原则，避免盲目上项目。

杨仁权

第十章
中国君子兰论坛

一、君子兰纵横谈

（一）大花君子兰品种名应改为天笑君子兰

在 20 世纪 80 年代关于君子兰的书刊中，都把我国君子兰分为两种，垂笑君子兰和大花君子兰。这两个名称不是对某一株君子兰的命名，而是对两个不同种类君子兰的命名，垂笑君子兰因其漏斗型花朵开放时花朵下垂，花冠朝下，也称吊挂金钟或倒金钟，这名称极为贴切。而所谓大花君子兰据说是花朵大而得名。而在所谓大花君子兰中，花朵大的花冠开度可在 7cm 以上，高度也有 7cm 左右，而花朵小的花冠开度仅在 3cm 左右，高度也在 3cm 左右，所谓大花君子兰的花朵并非都大。而且并非都比垂笑君子兰的花大。所以大花君子兰这名称不能概括垂笑君子兰以外的无茎君子兰的特性。而所谓大花君子兰的花朵有一共同的特性是花朵也是漏斗状，但花冠朝上。既然"垂笑君子兰"也叫下花君子兰，那么所谓大花君子兰就应取名为上花君子兰，若与垂笑君子兰的名称相对应，则应叫天笑君子兰。所以，大花君子兰品种的名称应改为天笑君子兰比较合适。

另外，有人把天笑君子兰（即大花君子兰）这一品种名定为君子兰，本人以为不妥，因为君子兰是属名，无论君子兰中的哪个品种都是君子兰，而把某一个品种的名称定为与属名相同，会造成混乱。

（二）君子兰究竟应当怎样分类为好？

多年来，君子兰的名称任意起，系列随便立。从分类学的角度讲，门、纲、目、科、属、种、品种、品系、类、型等名称是需要统一规范的，而不能随意命名。只是某一家花的品牌或某一棵花的名称像企业或人的名字那样是可以随心所欲起用的。

中国君子兰属栽培植物，按国内外对于植物花卉分类的惯例，应按科、属、种、品种、品系、类、型来进行分类与命名。众所周知，君子兰属石蒜科，君子兰属。按君子兰的什么特征确定种、品种、品系、类、型的划分及命名，不同的人对君子兰的理解与了解不同而异。笔者以为，我国的君子兰均为无茎君子兰，而南非还有一种有茎君子兰，有茎与无茎（短缩茎），性状稳定，差异大，以此作为划分种的依据比较合适。那么君子兰在种这一级的分类上可确定为有茎君子兰和无茎君子兰这两个种。中国君子兰是无茎君子兰这一种，其下一级别品种的确定则以花朵的开放方向而定，漏斗型的花朵开放时花冠朝下者为下花君子兰，即垂笑君子兰；而漏斗型花朵开放时花冠朝上者为上花君子兰，即天笑君子兰（以前都被称为大花君子兰）。

本文讨论的重点是天笑君子兰的分类问题。而天笑君子兰虽然其叶、花、果均有较高观赏价值，但主要以观叶为主，所以在品系这一级别的分类上，以叶片的特征加以划分。经过几十年的反复杂交培育，目前中国君子兰已都是混合体，除非个别君子兰的遗传基因在杂交的过程中因基因突变产生了新的类型（也仅是某一性状的基因突变）是例外。人们给君子兰所起的千差万别的名称和不同的所谓系列都不具有品种分类的意义。

君子兰级别的高低是由对其鉴赏评定标准的分值来确定的,而不能简单以某一品系来确定。比如两个高品级君子兰分别作为父母本进行杂交,其子代不完全都是高品级君子兰,而是各品级都有,且差异很大。因为其父母本所携带的决定其性状的遗传基因在子代上有的是显性存在,有的是隐性存在。君子兰像人一样,除多胞胎之外,相貌几乎没有相同的。同一父母所生子女相貌也是一人一样。所以,对天笑君子兰的品系分类应本着表现性状和不涉及DNA鉴定为原则来确定。依据这一原则,以君子兰株型的大小(叶片的长度)来划分其品系比较合适。因此大体上可分为5个品系,即微型兰、小型兰、中型兰、大型兰、巨型兰。它们的叶片长度区分如下:叶片长度设为L。

微型兰:L ≤ 200mm

小型兰:200mm < L ≤ 350mm

中型兰:350mm < L ≤ 500mm

大型兰:500mm < L ≤ 650mm

巨型兰:L > 650mm

这种划分君子兰品系的方法,使每个品系的君子兰中都有各级别的差异,不同品系的君子兰则无级别高低之分。不同的场所,不同的环境对不同品系的君子兰有不同的需求,所有"天笑君子兰"都可归入这5个不同的品系之中。不同品系的君子兰不互相包容,这是目前对君子兰最简单可行的分类方法,并对君子兰的鉴赏评比具有实际意义。即用统一鉴赏评定标准对5个不同品系的君子兰分别加以评定。以往的所有展会对君子兰进行评定时的所谓不同系列的分类互相包容、交叉,很不科学。

在类与型这两个层次上的分类,实竟选择什么性状为好,这也是个难题。尽管君子兰的果的大小、形状、颜色各有不同,尽管君子兰花的大小、颜色(赤、橙、黄、白、绿都有)也有很大差别,但君子兰毕竟是以观叶为主,观花果为辅。所以,在类与型这两个层次上的分类仍以叶的性状来划分。

但叶片的性状很多,仅就叶的鉴赏标准中就有10项之多。而且,在人们对不同方面的重视程度又有较大差异,但基本上人们多看重叶片的颜色与脉纹,所以君子兰类与型的划分用脉纹与颜色这两个性状来确定。若以叶面的颜色来作为类这一级别的划分依据,可分为复色君子兰和单色君子兰两类。复色类包括:彩练(花脸,青筋黄地,青筋绿地或绿筋黄地)、彩带(纵向不同颜色条纹、单条浅颜色的宽度在5mm以上)、彩道(纵向不同颜色条纹、单条浅颜色的宽度2mm～5mm之间)彩丝(纵向不同颜色条纹单条浅颜色的宽度在2mm以下)。

必须指出,选取什么性状作为不同层次的分类标准,其分类结果是大不相同的,这会因人而异,不能强求一致。但是,同一层次的分类标准必须是选用同一性状。这是君子兰分类的基本原则。

单色类包括:黄色、黄绿色、绿色、墨绿色。

型这一层次若按脉纹来划分,则可分为凸脉型和平脉型两种。凸脉型即脉纹在叶面上凸起,有单面凸起和双面凸起的。平脉型即是脉纹隐含在叶片中,叶片两面都不凸起。

必须指出,在一部分人中把某种花具有多少个品种作为成绩来炫耀,笔者以为无多大意义。若把君子兰叶片及花、果、花莛的不同性状加以不同层次的分类进行排列组合,能分出几百几千几万种。所以君子兰在分类上没有必要过细,没有必要片面追求有多少品种。

我们对于君子兰主要观赏它的美,没有必要把品种分类复杂化。所以天笑君子兰按株型大小

君子兰品种分类图

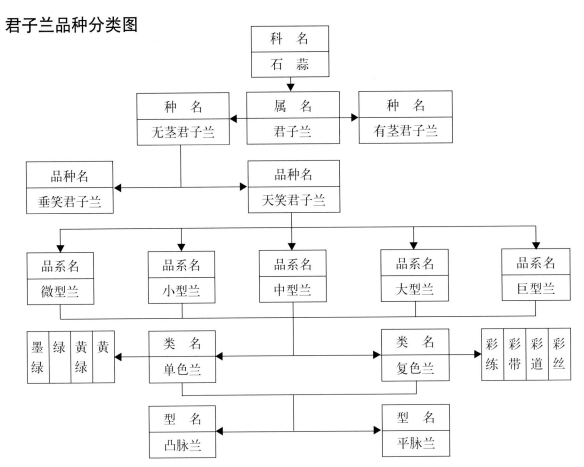

分为5个品系，每个品系又可分为复色类与单色类，而在型的分类层次上又以叶脉的不同而分为凸脉型和平脉型。

把君子兰分为所谓绿兰和彩兰是不合适的。青筋黄地的花脸叫绿兰是显然不妥当的。若叶面有两种以上颜色的称为彩的话，那么青筋黄地的花脸比瓷白墨绿的丝道更有资格称为彩。而叶面黄色与黄绿色的君子兰也不能统称为绿兰。所以，把君子兰叶面的颜色按单色与复色来划分比较科学。

君子兰品种的分类还有待于在实践中逐渐完善，而在DNA水平上的划分则更有待于进一步研究与探讨。

（三）君子兰价格体系的形成

根据君子兰鉴赏评定标准，君子兰质量大体可分为7个级别：极品、珍品、精品、佳品、良品、普通品、次品。高品级君子兰极难杂交培育出来。它不是百里挑一、千里挑一，而是万里挑一。分值在90分以上者可是万里也难挑一。而且它的花粉又可为一定品级的君子兰做父本而提高下一代的质量。以每支花粉1000元计（现实中有每支2000元以上成交的）一般每次可开十几朵花，每朵花有6支花粉。即每一株高品级君子兰一次开花可得花粉60支以上，若全部售出可得6万元以上。而它所产生的小苗最低也得50棵左右。其小苗的价格一部分也在千元以上。高品级君子兰不仅其自身有极高的观赏价值，而且它既可做父本提高其它君子兰后代的品级，又可作母本生育出高品级的下一代。所以，高品级君子兰的价值就不能由"生产它所需用的平均社会劳动时间"来确定，而是以"物以稀为贵"的原则来确定。只有低档君子兰的价值才是由"生产它所需用的平均社会劳动时间″来确定。而一般商品的价格依据供求关系围绕其价值上下浮动。但不会偏离太远。根据我国目前国民经济发展状况及国民生活水平及君子兰的供求关系。各品级君子兰（成龄兰）的价格由几十元至几十万元之间不等（表10-1）。

表10-1 参考价格表

（单位：元）

级别	幼苗一片叶	一年半小兰五片叶	两年半中兰10片叶	成兰大兰15片直以上
极品（一级）	2000～10000	10000～50000	50000～200000	200000 元以上
珍品（二级）	500～2000	2000～10000	10000～50000	50000～200000
精品（三级）	100～500	500～2000	2000～10000	10000～50000
佳品（四级）	20～100	100～500	500～2000	2000～10000
良品（五级）	5～20	20～100	100～500	500～2000
普品（六级）	1～5	5～20	20～100	100～500
次品（七级）	1	1～5	5～20	20～100

（四）浅谈君子兰发展方向

随着人们生活水平的提高，对于绿化美化环境的要求也随之提高。目前，人们较重视室外环境的绿化美化工作，而对于室内的绿化美化重视不够。多数人生活、工作的大部分时间是在室内，而不是室外，所以营造一个室内美的生态环境则显得十分重要，而君子兰则是室内生态绿化美化最合适的植物。它四季长青，叶花果均有较高的观赏价值，这是一般花卉、绿色植物所无法比拟的。若将君子兰这一产业向前推进，就要把握好君子兰发展方向，少走和不走弯路。

1. 高低品级君子兰并重

高品级君子兰以观叶为主，观花果为辅，低品级的君子兰则观叶与赏花并重，随着低品级君子兰生产规模的扩大，价格的下降，为发展君子兰插花艺术打开了方便之门。因此，低品级的君子兰价格适当，为一般百姓所接受，年宵花市场前景广阔，发展切花生产潜力巨大。这是君子兰产业发展的基础，万万不可忽视，这个基础越广阔，高品级的君子兰需求才会随之增加。人们在莳养普通品级的君子兰的过程中。不仅逐步学会了莳养，而且逐步提高了对君子兰品级高低的鉴赏能力，自然也就逐步开始对高品级君子兰产生兴趣和需求。

虽然高品级君子兰价格昂贵，有能力识别与购买者不多，但高品级君子兰也很难培育出来，数量极少。所以1985年君子兰遭厄运被无理打击之后，经过5年的沉寂它又重新昂首挺进花卉市场。高品级君子兰其价位仍然极高。2002年初，有一片叶小苗卖到3800元成交的，而次品级一叶小苗也有几角钱成交的，其价位高低之差达万倍。所以，不能笼统认为君子兰比金子还贵，是人为炒作；也不能认为君子兰太便宜，只是普通一棵草。君子兰品级不同，观赏价值不同，价格不同。就君子兰的发展而言，高品级君子兰与低品级君子兰二者应当并重，不可偏废。

2. 叶花并重

君子兰虽赏叶胜观花，但花的重要性也不可低估。特别是对低品级君子兰来说，人们大量的需求是年宵花，是叶花并重。而对于发展君子兰插花艺术的切花来说，则是以花为主，不管叶片质量如何，只要花大、色艳、花莛粗壮、高度适当就受欢迎。至于花的颜色则是赤、橙、黄、白、绿并重，没有必要片面追求黄、白、绿花。

3. 株型大小并重

无论是微型兰、小型兰、中型兰、大型兰、巨型兰，都是以鉴赏君子兰的主要十项标准和两项辅助标准来衡量其优劣的。不同的场合不同的环境，对不同大小株型的君子兰有不同的需求。现在已不是20世纪80年代，当年人均居住面积较小，大型兰摆放有一定困难，所以人们追求所谓"短叶"。如今是21世纪，新建住宅多数的大厅都为大型和巨型兰提供了用武之地，更不要说大的公共场所及会议用花了。

另外，随着君子兰盆景艺术及插花艺术的发展，对于大型、巨型君子兰的需求将增加。对君子兰盆景艺术来说，其叶片的长宽比不是越小越好，而是越大越好。长才显得舒展、大方、飘逸。特别是一个根茎上丛生几株成兰，只有高大才有发展空间，才显得壮观。株型大的花，多数花莛粗壮高大，而小型君子兰花莛较短，花朵在叶间开放，故名叶里藏花。这类君子兰不仅难于做切花用，而且在君子兰盆景中显示不出百花齐放的壮观景象。

所以，发展君子兰株型应大小并重，片面地追求短宽是错误的。特别是发展君子兰盆景及插花艺术要面对大众消费市场，应以大中型为主。

4. 发展高品级君子兰应叶片的颜色与脉纹并重

当人们片面地追求短、宽时，而忽略了颜色和脉纹；当人们片面地追求叶的颜色（20世纪80年代的花脸和90年代末的金丝）时又忽略了长宽比和脉纹，当人们片面地追求脉纹（麻脸）时，又忽略了四度（亮度、细腻度、刚度和厚度），当人们片面地追求"板儿"（刚度和厚度）时，又忽略了颜色。由于鉴赏君子兰难度较大，使一些人投了许多钱，走了许多弯路。君子兰界叫"交学费"。有人"学费"交了不少，自以为懂得了，可弯路还在走。在高品级君子兰领域漫游的痴迷者前仆后继，总有接班人。可无论如何走太多的弯路都不利于君子兰事业的发展，所以，我们制定了君子兰品级鉴赏评定标准，希望大家全面把握主要10项标准，在"四度"的基础上颜色与脉纹并重，而兼顾长宽比、株形、座形、头形。

综上所述，发展君子兰产业应高低品级并重、叶花并重、株型大小并重、发展高品级君子兰应在四度的基础上颜色与脉纹并重；发展君子兰插花艺术，切花与盆花并重；发展单株盆花与君子兰同根多株丛生盆景并重；在普及的基础上提高，在提高的指导下普及，这就是君子兰事业健康发展的方向。

牛俊奇

二、君子兰大家谈

（一）君子兰高速育苗技术

育苗是君子兰栽培过程中的一个重要环节，它的技术优势，直接影响君子兰的成长。本文阐述的高速育苗技术，是一项比较成功的技术，它的突出特点是：生根快，最快的30min即可生根；成活率高，普遍达到90%以上；长势好，与一般育苗法相比可提前1个月。

众所周知，成熟健全的种子，必须在一定条件下才能生根发芽。种子从播种到萌发这一过程中，种子本身的性状和周围环境条件等诸多因素，都会影响这一过程的进程，决定着种子萌发的快慢。例如种皮对种子萌发不利，因为它影响种子对水分的吸收；妨碍种胚的气体交换；阻碍胚根的伸长。种胚的健壮与否，胚根与种皮间距离的远近，种子体积的大小，又都会造成种子萌发的不一致性和生根快慢的差异。此外，环境温度是否适当，管理手段是否科学，也会影响种子萌发的速度。总之，萌发条件的优势，对种子萌发快慢起着决定性作用。经验证明，优化萌发条件，消除不利因素，即可加快种子萌发速度，达到高速育苗的目的。

君子兰高速育苗技术的具体操作方法如下。

1. 剥掉种皮

剥掉种眼周围的种皮，消除种子萌发的不利因素，缩短萌发过程，加快生根速度。剥皮方法：用一根内径合适的中空金属管作为剥皮工具，将它对准种眼，切断种皮，再用尖头小镊子将种皮取下。为了确保切断大、中、小三类种子的种皮，应分别使用内径为5mm、4mm、3mm的剥皮工具。剥掉皮的种子，要用湿纱布盖好。

2. 温水浸种

将剥掉皮的种子浸泡在温水中，水温开始的最高温度为40℃，以后的最佳维持温度为20～25℃。这样可保持种子的萌发条件即温度、水分、氧气均处于最佳状态。为防止水中缺氧而造成种胚窒息死亡，浸种超过4h后必须换水以补充氧气。如果环境温度达不到上述最佳维持温度，应将浸泡的种子置于恒温育种箱内，并将育种箱内温度调整到20～25℃。

3. 密植移栽管理

当幼根长到近2mm时，应将带幼根的种子密植到腐叶土中；当幼根长到25mm左右时，再将它按子叶朝向一致进行移栽。所使用的腐叶土必须经过筛选，使腐叶土的腐叶大小均匀适中，为此，可先用四目筛筛去粗叶，再用纱网筛筛去粉状物，余下的即为所需的腐叶土。密植后，必须使表层土保持湿润。

在上述操作以前，必须对所使用的工具和栽培基质进行消毒，以保证种子不被污染，能够健康成长。

4. 所用材料和工具制作

操作过程中，需要剥皮工具3个；尖头小镊子1把；恒温育种箱1只；四目筛、纱网筛各1个；纱布、容器若干。

剥皮工具制作：可从五金店购买内径为3mm、4mm、5mm的打眼铣作为剥皮工具，但要作进一步加工，对打眼铣端部外侧进行打磨，直

到端口锋利为止。有条件时，也可用不锈钢棒材在车床上加工制作。

恒温育种箱制作：恒温育种箱由箱体、育种盘、自动调温加热器和漂浮式温度计等组成，如图所示。

箱体用5mm玻璃黏合而成，分内、外两个玻璃箱。内外箱长宽方向的比例应符合图中尺寸要求；它们的高度则根据自动调温加热器的长度而定。内玻璃箱的内侧，还应粘贴着干玻璃条，作为放置育种盘的支架。内玻璃箱的底部黏合在外玻璃箱的底板上。待黏合剂干燥后，即可在内外

玻璃箱的空腔中加满水。

育种盘：其大小应与内箱相匹配；其数量根据需要而定。

自动调温加热器：两支，分别放置在箱体空腔的对角位置上。可购买市场上养殖热带鱼用的自动调温加热器代替，加热器功率视箱体大小而定，可用100W或200W等。

飘浮式温度计：1支，置于箱体空腔水中，作为监视水温用。

蔡鹤书

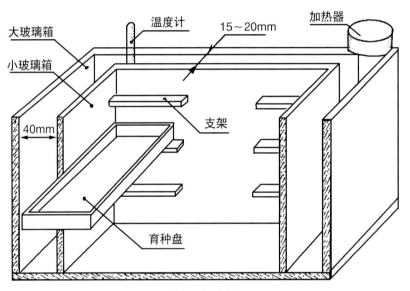

图 10-1 恒温育种箱

（二）浅谈君子兰杂交与授粉

君子兰是长春市的市花。君子兰在百花中具有独特的观赏价值，四季观叶，三季观果，一季观花，更重要的是它以叶、色、形、花、果构成一种任何花卉所不具备的韵味与风格。在观赏中给人一种美的享受。

培养高品级君子兰，首先必须要了解君子兰、观察君子兰、分析君子兰，更要掌握君子兰鉴赏

评定标准，用鉴赏评定标准去分析各个君子兰优缺点，最后再按鉴赏评定标准选择亲本君子兰进行杂交授粉去改良、发展君子兰。

君子兰鉴赏评定标准共10项，即叶片亮度、细腻度、刚度、厚度、脉纹、颜色、长宽比、株形、座形、头形等。

君子兰鉴赏评定标准是集中长春君子兰技师、和尚、短叶、圆头及各种类形君子兰的优点去其缺点而制定。单独拿出哪个品系兰都达不到

鉴赏评定标准，培养优秀君子兰必须用鉴赏评定标准分析每个名品君子兰的优缺点。

1. 长春四种基础兰

技师、和尚、短叶、圆头等优缺点分析。

技师君子兰优缺点

优点：(1)叶片表面细腻度好。

(2)叶片亮度高。

(3)叶片颜色浅而黄。

(4)刚度好。

缺点：(1)叶片头形尖。

(2)座基高。

(3)脉纹较好，横纹斜要改进。

(4)长宽比差。

和尚君子兰优缺点

优点：(1)脉纹竖格宽。

(2)花大而红。

(3)头形较好。

缺点：(1)叶片细腻度一般。

(2)叶片刚度差而且薄。

(3)脉纹不规整。

短叶君子兰优缺点

优点：(1)叶片刚度较好。

(2)头形较好，没有急尖。

(3)做父本兰，具有缩短大型兰叶片功能。

缺点：(1)叶片细腻度一般。

(2)座基圆柱形，要改进。

(3)需要增加叶片宽度。

圆头君子兰优缺点

优点：(1)叶片头形较圆。

(2)叶片顶端有一对对坑纹。

(3)座基比较好。

缺点：(1)叶片叶茎长。

(2)细腻度一般。

(3)叶片颜色深、亮度一般。

2. 技师、和尚、短叶、圆头四种派生君子兰的优缺点分析

圆头短叶正反串君子兰优缺点分析

优点：(1)株形、座形好。

(2)叶片头形、刚度、厚度、长宽比都比较好。

缺点：(1)叶片细腻度、亮度一般。

(2)叶片颜色比较深需改进。

和尚园头正反串君子兰优缺点分析

优点：(1)株形、座形好。

(2)叶片长宽比、头形比较好。

缺点：(1)叶片细腻度一般。

(2)叶片刚度需要改进。

(3)脉纹比较好，但横纹还需要规范。

技师短叶正反串君子兰优缺点分析

优点：(1)叶片细腻度高、颜色好、亮。

(2)叶片刚度、厚度好。

(3)脉纹比较好。

缺点：(1)头形需要改进。

(2)座基还需改进。

以上各名品君子兰通过分析，用鉴赏评定标准衡量都有不足，暂时没有十全十美的君子兰去作父本，只能采取母本缺什么补什么。

"圆头短叶正反串"为了去掉它的不足，保持优点，应选一株座基好、叶片细腻度高、颜色好的"技师圆头串"做父本去改良。

"和尚圆头正反串"应选一株细腻度高、刚度好的"技师短叶串"做父本去改良。

"技师短叶正反串"应选一株座形好、叶片头形圆而大的技师圆头串做父本去改良。

3. 怎样选择母本君子兰与父本君子兰

培养品级高的君子兰,母本与父本同样重要,往往有人忽略这点,只强调找到好父本就能出好子代,不注意"爹犟犟一个,妈犟犟一窝"这个遗传道理。在大千世界都有刚柔之分,阳刚、阴柔。做母本兰必柔,父本兰必刚。所以选母本兰它的叶片不能太硬、太厚、要薄而刚,细腻度好,脉纹突出,叶茎不要太长,座基好,就理想了。

选父本兰时,首先它的叶片刚度必须强而弹性好,也要有厚度,然后再看叶片细腻度、亮度、头纹等。如果头两点不够,后几个条件再好也不理想,因父本兰不刚、不厚,它强化不了子代的性状,子代不理想。

4. 君子兰怎样授粉

(1)掌握授粉时间　花授粉时,最好花要开在最佳状态,也就是花中雌蕊柱头出现黏液为好。授粉时间一般在9∶00点左右,因为冬天这时太阳已经出来了,温度光线都适合,这样座籽率高。

(2)一株兰不能授多种兰的粉　君子兰授粉,最好一株兰只授一种兰的粉,不要授两种以上兰的粉,因授多种兰的粉遗传基因杂,培育子代不好。

(3)母本兰与父本兰固定不变　君子兰授粉时,先通过实践,看母本兰授哪株兰的粉出现的子代好,就固定它为父本兰。根据"粉变在先,芽变在后"的君子兰遗传特点,为了保持父本与母本遗传基因不杂而稳定,父本兰除自花授粉它不再做母本兰,而母本兰也不再授别的兰粉,这样杂交授粉才能培养出比较相对稳定的子代君子兰。

陈殿武

（三）论君子兰产业发展及投资方向

中国君子兰从长春伪皇宫流入民间,经过几代养兰人的艰辛培育改良出一代又一代的优良品种。

中国君子兰在世界花卉中以它高雅的气质,集柔美阳刚之气于一身,以君子之风度一年四季观叶、观果又观花,有着极高的观赏价值,在万花丛中独占花魁,多次在世界花博会上荣获大奖、金奖。

君子兰以它独特的魅力,深受人们喜爱,华夏大地,大江南北,世界各国养兰人、爱兰人越来越多,达到了中国君子兰协会会长柴泽民先生提出让君子兰开遍全国走向世界各地的愿望。

君子兰如此高雅迷人,怎样才能在产业化的道路上健康发展呢?

1. 市场前景

君子兰在我国栽培历史比较短,但它以独特魅力征服了千千万万的养兰人,喜爱君子兰的人越来越多,君子兰的新品种层出不穷,君子兰有着极深的文化内涵,在全国花卉市场年宵花所占的份额逐年增加,在世界各地如日本、澳大利亚、美国、俄罗斯、南非等国家的养兰人也纷纷求购中国的君子兰,连日本的花友都称赞中国君子兰世界第一。君子兰可做插花、盆花,精品君子兰几十年来价格不断上涨,追求高品质的人越来越多。君子兰几经磨难也没有倒下,以它顽强的生命力,发展壮大。随着人们的物质生活不断改善,在精神文明上要求也不断提高,君子兰自然会走进千家万户,这样一个市场有着巨大的潜力。另外一部分经营国外花卉的企业也转行经营君子兰,所以说君子兰有着广阔的国内外市场。

2. 应提倡君子兰产业化发展

(1)加强宣传力度。

(2)提倡科学养花。跟上时代的发展,真正起到美化人们生活环境、推广无土栽培方法,做到无菌、无毒、无味,使爱兰者都能养好君子兰。

(3)利用先进方法调节温度，光照控制花期，在春节前多开花。

(4)大力宣传推广君子兰的插花艺术，提高鲜切花的保鲜技术。

(5)要提高君子兰品种系列化，组建股份制公司扩大规模化生产占领国内市场，打入国际市场。

3. 君子兰投资应注意的一些问题

(1)投资者要注意调查研究并请教有经验的一些养兰名家，首先学会对君子兰品级鉴别能力。

(2)投资者要防止不法之徒巧嘴游说，他们所采用的手法有以下几种：①冒名顶替以次充好、以一般品种冒充名家品种。②将花叶头型用刀削成圆的头型。③将兰质不亮的花叶进行打蜡、喷增光剂等方法进行增光，使花叶特别的亮，有经验能观察出来。④利用矮壮素及植物激素养出的君子兰称为药物兰，利用激素养出的君子兰宽、短、花、亮十分美观。但君子兰是多年生花卉，用激素只能维持一个生长周期，再出叶时变窄、变长，购回家后过一时期完全变了样，致使投资者都蒙受重大损失。

王宗善

（四）浅谈君子兰的培育及莳养方法

1. 君子兰育苗

君子兰是万花丛中的奇葩。观叶胜观花。它具备四季观叶，三季观果，一季观花，是一种奇花异草。

(1)君子兰既然名贵，作为养兰者，如何将君子兰向前推进，是我们养兰人的一大任务。那就必须选好品种，尤其是选母本兰时尤为重要。母本是基础，出幼苗好与次母本兰占75%。既然母本重要，什么样的母本为佳？无论是短叶、圆头还是和尚等，重点是兰的脖子。要选那些扁脖，圆

脖兰很难授粉，脖子较扁的既好授粉出苗又理想。着重选那些不薄、不厚、有刚性，有骨头有肉的兰作母本最佳。

(2)选父本兰时首先要考虑它们是否近亲，遗传基因很重要，遗传关系越远越好。然后再看兰的厚度、刚度、纹要高、要正，还有兰的细腻度等。决不能特短与特短、特厚与特厚、特薄与特薄互相授粉。要取长补短，你如果想出短兰，你就要选短兰做母本。随母系占85%以上。但是长兰也能出短兰，但占比例太少，基因不稳定，养好了它短，养不好它长。

(3)授粉时间，11月至翌年4月份8：00～10：00为佳，5～6月份白天的6：00为佳。过6月份以后就不要授粉，因为结籽少，还影响来年的出箭时间。当你选中那棵时，要防止小虫授粉，你就要在含苞待放时扒开授粉为佳，雌蕊就在花朵的下边，不在下方的是畸形。授粉时千万记住授完一种粉就不要再授其它粉，否则既影响母本兰变异，又使下代幼苗纹斜、纹乱。如果你授粉不强调父本兰的质量，母本兰跟着父本的基因而变异，这就叫做粉变在前、芽变在后。

(4)父本兰。为保证父本兰的纯度，使父本兰不变异，凡是确定父本兰就不做母本，保证父本兰的粉好使，不变异。

(5)选幼苗。当幼苗出第一片叶时，你想选短叶，就选一字形；当你选头时，你就选月牙形。以上所说幼苗茎部。

2. 如何莳养好君子兰

(1)配土。君子兰属于草本肉质根。能否养好关键在配土，以蒙古椴落叶腐烂好的叶子60%，河沙或炉灰15%，换土下来的老盆土上部占25%来配土。换土时间在春季4～5月份，秋季9～10月份，可随时换土。

(2)换盆。换盆时使用固体肥、麻籽、蓖麻籽还有发酵的豆饼、黄豆等，再加上少量骨粉即可。当你加肥之前首先看根部好坏，兰芯好坏，这两项有的项不好少给肥，两项都不好不加肥。

(3)选花盆。看花选盆宜适当，决不能用盆过大，盆小根必多，盆大根必少，烂根先烂里，发根必在外。

(4)浇水。浇水量多少为佳，一年四季分为两个阶段，春秋两季盆内要多浇点水，冬季和夏季适当减点水。盆内的花土和盆如果透气性好，多浇水也不会烂根。这叫两湿两干。如果在阳台上莳养兰要经常喷水。

(5)施肥。液体肥要经常浇，根据季节有增有减，如春秋季浓度要大些，夏季浓度要减、次数要减，浇肥的次数要根据盆内湿度而定，需要给大水时就浇肥。在配肥时切记氮磷钾混合肥为好。

(6)光照。凡是叶片较大的植物都非常喜光，可叶片大的植物不喜强光，君子兰同样喜欢常光，不喜欢强光。3月~4月、10月~11月期间中午遮光，早晚不遮光，5月~10月全天遮光；遮光度为85%。

(7)温度。温度夜间在15℃，白天25℃为最佳，但是君子兰原产于非洲的森林之中气候炎热的地方。只要遮光好、通风好，温度高低不是主要问题，不是绝对的。你只要细心没有养不好的兰。

刘广达

（五）长春君子兰编码法与命名原则

在分析了长春君子兰不同品种各部器官的形态特征的基础上，提出了品种分类的意见，并编写了长春君子兰检索表，这不仅在园艺品种分类上应用比较方便，也大体上符合系统进化次序的排列。正如植物学家林奈所说："人为系统只是在还未找着自然系统的时候应用，前者只能教我们识别植物，而后者则能教我们识别植物的本性。"为了应用方便，在君子兰园艺品种分类中相同，最好与植物系统分类尽量趋于统一，才能更好地反映各个品种在历史上的相互依从性与起源的共同性。

为便于品种整理和识别以及为选择杂交组合提供依据，我们在分类的基础上按品种的主要性状和品种间的区别，提出了长春君子兰品种编码法。这样就可以根据编码数字马上可以说出品种的性状特征。这一编码系统有科学、实用便于记忆的优点，并为输入给电子计算机，提供了方便条件。现就这种编码法说明如下：

1. 按主要性状

以分类的主要性状，即株型、花型、果形和叶尖形等主要性状特征为依据，定为四位数编码法。然后规定各性状特征在编码中所占的位置和数值。

2. 按性状典型差异

对每个性状特征，按其典型的差异，用不同的阿拉伯数字(1~9)做代号。

3. 加接尾数

对于同一主要性状有两个以上品种的则需加接尾数。接尾数包括花色、叶色、脉纹、花葶断面等变化范围小，可缩性大的性状特征。这些特征均未列入编码仅表示图片的次序，详见个体描述。

4. 编码方法

本编码法具有灵活方便的特点。对新选育或引进的品种，主要性状与现有品种相同，其他特点有明显差异时，只需增加接尾序数。如发现主要性状有新的突破，属于哪位数的性状特征增加哪位数的编码数值。本编码法的模式是：

(1)千位数　本位表示成龄植株的大小。

植株大型：1；植株中型：2；植株小型：3；植株微型：4。

(2)百位数　本位表示花朵盛开时花冠的形状。

含笑花型：1；杜鹃花型：2；百合花型：3。

(3)十位数　本位表示果实的形状。

扁圆形：1；圆形：2；长圆形：3；卵圆形：4；橄榄形：5。

(4)个位数　表示叶片先端的形状。

渐尖：1；突尖：2；钝圆：3；乳状圆：4。

(5)接尾序数　采用图片的次序为先的原则。对今后新选育或引进的品种，则表示育出或引进的先后次序。

现以礼花品种为例，编码为"2124.3"，代表的主要性状特征为：植株中型，含笑花型，果圆形，叶片先端乳状圆品种的第3个品种。又如王冠编码为"2253.2"代表植株中型，杜鹃花型，果橄榄形，叶尖乳状圆，属同类品种中第2个品种。

在对君子兰进行系统整理和品种分类的同时，自然要联想到君子兰的命名，因为许多种还没有统一的名称，随着人们对君子兰栽培日益增长的需要，以及育种工作的发展，育种者每年都会培育出更多的新品种（新类型）。这些新品种都应该给予恰当的中文名称。我国关于花卉品种的中文名称，向来十分重视，总要使人听到名字就能想象出花的姿色。有人认为君子兰的属名本身就是人格化的象征，君子兰当然不能单以姿色取悦于人，所以长春君子兰爱好者对于花色之艳丽与否，花形之锦簇与否，常不作君子兰品第的主要条件。这也是人们偏爱叶片的姿色的一个原因。并多以叶片的特征来命名。长春君子兰的名称还有用培育者的姓名、特征、职业名而命名的，这

些名称俗而不雅，有伤君子兰之称。长春君子兰固然美，名字也应当更美，使花与其名，相得益彰。但目前长春君子兰中文名称混乱，任意命名，结果造成一花数名或是同名不同花。有的把引来的品种任意改名，有的陈腐庸俗，有的荒诞离奇。我们在品种整理过程中，根据品种培育者的意愿更换了相应的中文名称，并通过不同规模的展览会、座谈会，征求了一些君子兰爱好者的意见。在命名时我们制定了几点命名原则，并建议今后给君子兰命名时也应注意以下这些原则：

(1)妥善处理旧名　凡有旧名者，如名称与花的形态基本相应，或沿用多年已被群众所接受，不再任意改名；或实属不雅，必须更改者，则尽量保持原名的寓意，如和尚宽阔的叶片先从鳞茎水平伸展，先端上翘花期正视像莲座上托着一位尊者使人能联想到和尚坐禅、佛光普照使人产生安详的效果，现改名为菩莲即能保持和发展了原名的形象感。

(2)名与花的姿色相适应　使人闻其名便能想象到花的形象，例如红棱艳的花瓣内有1～2片小花瓣，鲜红的彩色，好似幼女的头发上打的蝴蝶结轻轻地抖动着翅膀。又如火山，巨大火红的花序在翠绿的叶片之上，像在绿海中喷爆的火山，形成极为生动深远的境界。

(3)名能启发联想　使名字足以象征其花，从而焕发起人们高尚的情操，鼓舞斗志，产生美的感觉。例如金号角，数十朵金黄色的喇叭状的花朵，光彩夺目犹如号角，让人想象到军号齐鸣、万马奔腾的景观。又如礼花，在鲜红的花冠上，点缀着无数耀眼的金星，光芒四射灿烂辉煌，就象节日之夜观赏礼花。

(4)品种名称以2～4字为宜　力争朴实大方，通俗易懂。

(5)有利于区分易混品种 对同名异花的品种，经核对后应选定名实相符的一种，其余另起新名，对同花异名品种，则应选定其中一个较适当的名字，其它名字废止。对引入的外国品种名称，一般保持原名，可意译也可音译。

张广增 张秀生 白金龙

（六）关于长春君子兰园艺品种分类的探讨

近30年来，由于花卉园艺工作者和君子兰爱好者的杂交育种，已经选育出众多具有优良性状的植株，其类型之多，长势之好，为国内外罕见，这些名贵珍品被称为长春君子兰。这里提到的长春君子兰园艺品种，就是指新选育出来的具有代表性的君子兰的优良品种。为达到人们通常理解的园艺品种概念，尚需进行定向培育和普及有效的繁殖方法，稳定其各品种所固有的栽培性状，对于已经选育出来的数以百计的君子兰珍品，急需进行系统整理和科学分类，以资识别，为君子兰的进一步发展提供可靠的依据。

多年来，我们在君子兰杂交育种和品种系统整理中，对各品种的主要性状及其各品种间的差异，均做了较详细的记录，以寻求在君子兰品种分类上应以哪些性状作为依据，哪些是必须抓住的主要特征。

长春君子兰花、叶、果并美，都有很高的观赏价值，也许是"赏叶胜观花"的缘故吧，长春君子兰培育者对于君子兰叶片的姿态、长短、叶尖形状和脉纹，叶色等都非常重视，并常以叶片的这些性状作为园艺品种、品系识别的依据，并得到民间的承认。现有的各种分类方法，均是按某一特征而划分的。现将其主要模式列举如下：

1.按株型大小和叶片的长短分

君子兰的叶片长度系指成龄花从叶鞘包裹着的假鳞茎上部起包括叶基、叶片到叶尖的距离。叶是植物的营养器官，在不同的栽培条件下，不仅不同的品种表现得长短不同，就是同一品种不同的植株或同一植株在不同的生长季节、不同的营养栽培条件下也会产生差异。因此，测定叶片的长短是按同品种单株最长的叶片计算，株型则按单株冠幅对角线的最大部位计算。叶片的长短和冠幅是统一的，即叶片越长，株型越大。株型可分为：

(1)大型植株品种。叶片长45cm以上或冠幅80cm以上者为大型，如彩虹、朝晖等。

(2)中型植株品种。叶片长为32～45cm或冠幅对角线为60～80cm者为中型。如礼花、金凤凰等。

(3)小型植株品种。叶片长为22～32cm或冠幅对角线为40～60cm者为小型。如功勋、玉女等。

(4)微型植株品种。叶片长在22cm以下或冠幅对角线不足40cm者为微型。如玉玲珑、绿如意等。

君子兰株型大小，各有所适，不能互相排斥。植株大型、中型的品种陈列会场、厅堂显得壮观大方，小型、微型的品种，点缀窗前、几案，则玲珑可爱。

2.按叶片宽度和长宽比分

君子兰的叶片宽度系指成龄君子兰叶片的最宽部位。按叶片的实际宽度分：

(1)特宽叶品种。即叶片宽度为12cm以上者，如大玉带、蜡膜等。

(2)宽叶品种。即叶片宽度为9～12cm者，如钢花、春艳等。

(3)中宽叶品种。即叶片宽度为6～9cm者，如朝辉等。

(4)窄叶品种。即叶片宽度不足6cm者，如松针映雪、青岛红花等。

叶片的长度和宽度比例也是评价长春君子兰的重要指标。长宽比是评价各品系间株型的指标。如1980年长春市举办首届君子兰展览时，展出的大玉带，叶长80cm，叶宽14cm，长与宽的比值为5.7:1。在1984年长春市民间君子兰义展时，展出的玉玲珑，叶长仅为17.5cm，叶宽6.5cm，长宽比为2.7:1。叶宽而短更显得挺拔浑厚，玲珑可爱。人们常把叶片长是叶宽的3倍以下者，视为佳品，3~6倍者为良品，6倍以上者为一般品种。

3. 按叶尖的形状分

君子兰的叶尖(俗称头形)形状差异很大，遗传性状明显，营养栽培性状较为稳定，表现出品种的性状特征，是长春君子兰分类的重要依据。长春君子兰叶尖可分为以下类型：

(1)渐尖。叶片先端成锐角，如胜利、礼花、光辉均属这一类叶尖。

(2)突尖。在顶尖有明显的突起者为突尖。有尖突（即桃形）、平突2种。尖突为菩莲的标准叶尖，平突为春艳的标准叶尖。

(3)圆钝。叶片先端近半圆形，平滑或有不明显的钝尖者为圆钝。如玉环的标准叶尖。

幼苗期叶尖有的成截形，有的先端中央有小而浅的凹缺。多为第一代杂交功勋或菩莲的派生后代。

(4)乳状圆。叶片先端近半圆形，顶尖有圆形的重叠突起，呈乳头状者为乳状圆。如功勋品系或部分菩莲的派生种与功勋的杂交后代的标准叶尖。

4. 按叶脉的隐显分

君子兰叶片的脉序是由主脉、侧脉形成的平行脉与连接主侧脉的细脉形成的，按君子兰叶脉的表现类型分为：

(1)隐脉。叶脉不明显，叶面或叶背平滑无凸起，称为隐脉，如春艳、青岛红花等。

(2)显脉。叶脉明显的称为显脉，显脉又分为脉纹凸起的凸显脉，如胜利和脉纹明显而不凸起的平显脉，如秋水。

君子兰的脉序，在不同的生态条件下，差异很大。当光照不足或光照强度过大时，平显脉有的可变为隐脉；当营养条件适宜，磷、钾肥充足时，隐脉及平显脉，有的也可变化为凸脉或凸显脉。至于脉距的宽窄，脉纹组成形式多受叶片的长宽比的影响，只能作为识别品种的参考条件。

5. 按花型分

君子兰的花为生殖器官，虽花型变化不大，因品种不同，仍存在着差异，且遗传性状较为稳定，很少受生态条件的影响，可作为品种分类的依据。君子兰主要有3种花型：

(1)含笑花型。内轮花被为匙瓣，花冠盛开时不外翻，瓣与瓣之间呈覆瓦状，开张角度小于花瓣长。

(2)杜鹃花型。内轮花被为圆瓣，呈倒卵圆形，花冠盛开时外翻，瓣与瓣之间呈覆瓦状，开张角度与花瓣长近似相等。

(3)百合花型。内轮花被为舌瓣，花冠盛开时外翻，瓣与瓣之间从基部以上分离，开张角度大于花瓣长。

6. 按果形分

君子兰的果实硕大，着生时间长，生长期犹如珍珠集合，成熟期好似玛瑙荟萃，也是重要的观赏部位。果实大小，籽粒多少，虽因栽培条件和授粉技术区别很大，但因品种不同，果实形状仍有区别，有以下5种：

(1)扁圆形。果长度小于果横断面的直径，呈扁圆，如礼花等。

(2)圆球形。果长度等于果横断面的直径,呈圆球状,如菩莲等。

(3)长圆形。果长度大于果横断面的直径,从果柄处至果顶处粗细相似呈短筒状,如玉容朱颜等。

(4)卵圆形。果长度大于果横断面的直径,多为靠近果柄处粗大,果顶处细小,呈卵圆状,如滴翠等。

(5)橄榄形。果长度大于果横断面的直径,果实中间粗,接近果柄和果顶处渐细呈橄榄状。如小白菜等。

我们在多年的常规育种中,认为以单一的形态特征进行君子兰园艺品种分类,已不能适应君子兰品种与日俱增的要求,只有抓住主要矛盾,综合上述各种分类的特点,才能建立新的完整的分类系统。

白金龙 张广增 张秀生

(七)金丝兰怎样能定型

笔者养兰的历程并不算长,但对培养金丝兰定型总结出一点点体会。希望养兰人能以此借鉴,把金丝兰搞好定型,使其消费者和酷爱金丝兰的人,一看见此兰就神清气爽,心情舒畅,精神倍增,都有爱不释手的感觉。这样才能使金丝兰更加光彩夺目、鲜艳绝伦。

大家都知道,很漂亮的一株金丝兰往往就出现了全是绿叶。有的甚至很难再出现叶片有金丝道。究其原因是怎么一回事呢?这就是金丝兰现在还没有搞定型。出现了返祖现象。要想制止出现这种现象,坚持给金丝兰点粉时注意一定不要杂交。就是说金丝兰不能用单色兰点粉。一点单色兰就会返祖归根。因为金丝兰的老祖宗就是单色兰,你要再点单色兰它肯定会产生回归现象。

如心情比较急噪,为了使自己养的金丝兰早日达到像好单色兰一样,所以,就选择了单色兰做父本,造成了金丝兰往往就出现了绿叶。很难定型。当然我不否认有的下一代是比以前好。但是,它很难坚持片片叶都是金丝。因为它祖宗本来就是单色兰。用单色兰做母本,即使用金丝兰继续做父本,还会出现返祖现象。何况用单色兰做父本呢!我发现每年金丝兰做父本出的金丝苗一年比一年多。甚至刚出的小苗是单色兰,而逐渐生长就会出现金丝的叶片。这就是说明,要金丝兰定型,也不是难事,那就是贵在坚持选择父本是金丝兰。

苗硕川

(八)日本君子兰育种与商业化

日本人所喜欢的君子兰大致上与中国一样,然而,详细观察也能发觉其区别。这种差别对商业来讲往往是有用的。如很多种国人喜欢缟兰,而日本人却喜欢道兰。日本的君子兰市场与中国相比小得可怜,一年当中只有君子兰开花的一个月内在花店见到君子兰,其它时间几乎见不到君子兰。因为,在日本君子兰只不过是百花中的一员,并没有其它特殊身份。爱好者也很少,从种子或苗期培养的人寥寥无几。由于栽培技术和价格上的原因,花农们易选择其它的花卉,因此在日本专门从事君子兰生产的花农也寥若晨星。但是,就这些屈指可数的君子兰花农正从事着国际性的君子兰育种和商业活动。我最近用中国的君子兰和世界最大的黄花君子兰进行杂交,出口其种子。要想在商业化道路上处于不败之地,关键是必须充分了解君子兰的特性。特别是杂交育种和苗,通过植物检疫可以出口。

世界上很多国家人喜欢君子兰的花,而不仅

仅是它的叶子，庭院内栽植的量较大，因此我们的目标是培育出高大株型的君子兰后代，增强其美感。需要指出的是当你从事商业活动时，理所当然要宣传自己的产品，同时要注意对方的需求。

在君子兰商业化栽培方面，日本一家公司曾用组织培养的方式对黄花君子兰（vico-yellow）进行扩繁。问题是后代变异很大，无论是花色还是株型方面。因此，这种商业性栽培被迫停止。因

为，众所周知从事商业活动必须讲求信用，否则当你获得一些经济利益的同时也损坏了你的形象。目前，在育种方面只用人工杂交的方法进行，至于其它新技术如克隆技术等在君子兰育种方面几乎没有成功的例子，不知是否君子兰是一种进化的植物？

中村喜一（日本） 图力古尔译

三、君子兰书刊摘要

编者按：

　　1980～1985年初，是君子兰事业发展的繁荣期，这期间一些书刊关于君子兰的鉴赏、养护、杂交技术发表了大量有价值的文章。所以，摘录一部分供君子兰爱好者参考。

（一）君子兰怎样才能生长快开花早

　　莳养君子兰的人，都盼望自己的君子兰能早一天窜箭开花，但是，怎样才能使君子兰生长快，达到这个目的呢？长春市有一位君子兰爱好者，几年来刻苦钻研栽培技术，科学莳养，做到了播种后一年生长9片叶，二年窜箭开花。

1. 在播种上抢时间

(1)播种时机　君子兰开花从最后一朵花授完粉算起，满210天种子就成熟了。这期间，前100天是种子发育期，后100多天是成熟期。满120天，不要看果实红没红，只要用手一捏，听见有咔咔的响声，就证明种子离核已经成熟了。这时可以把箭拿下来，马上播种。有的人把箭拿下来之后，总喜欢把它困一下，如把箭吊起来说是度度养分。这没有必要。实际上种子到210天就成熟了，这

时就要抢时间播种。

(2)播种方法　播种时，完全可以使种子提前发芽。最快的办法，是用一个小方盘(木盘、瓷盘、搪瓷盘可以)，盘子要消毒干净，不要带进细菌，污染了种子，底下放几层纱布，把种子摆在纱布上(不要管胚芽朝哪个方向)，顶上再放几层纱布，往上浇水，然后把多余的水控出去，这样通过纱布的湿度很均匀，容易使种子发芽。做法是：每天把纱布用水浸一次，如果感到室温不够，可用玻璃板、塑料布盖上，保持温度和湿度；浸纱布的水应该用困过的水，稍加一些温水，这样播种发芽齐，发芽率高，发芽快，能比种在沙子里提前20天出芽。从播种到发芽，能抢出20天，就给花的早开打下了第一个有利的基础。

2. 在育苗上抢时间

花芽长到大约半寸左右时就出叶鞘了。因为

没见到阳光，叶鞘开始是白色的；但是已经能辨认出方向，可以往沙子里移种了。移种时可以用筷子扎眼，然后把苗移进去。大约经过20天左右，叶鞘已经长得非常饱满，到了出叶的前夕，这时就要往营养土里挪苗。虽然这期间它基本上不吸收其它养分，而是完全由母体带来的营养供给养分，但是为了让它适应营养土的环境，还是要挪到营养土里；挪到土里再过15～20天，就顺利地长出了第一片小叶。

长叶前夕，小苗埋进营养土里大约1周，为了使它适应环境要浇上经过稀释的肥水。

一般来说，育苗第1片叶很容易出来，长第2片叶完全要靠根尖很弱的根毛吸收养分。所以长第2片叶极难，叶片还往往长得尖了，颜色也不好。这期间，如果让小苗按人的主观要求更快地生长，就要供给它稀释的肥水，这样能比一般养法提前20天。

在播种和育苗两个关键时期缩短40天，窜箭开花时间就可能缩短4个月到半年。

(1)小苗期要注意的问题　君子兰小苗生长期喜温、喜光。一片叶的小苗光照要稍长些，温度要稍高些，生长更快。

(2)盆土的合成和换土换盆　盆土的合成对君子兰的生长十分重要。小苗和大花在盆土上要有区别，小苗用的阔叶土要稍细些。小苗和1年生君子兰盆土合成的比例是：阔叶土60%，落叶松针10%，炉灰渣20%，腐熟的马粪10%。马粪是否腐熟的标志：①闻着无臭味，②不再是黄颜色，而是变成棕红色或棕黑色。

盆土的合成还要考虑莳养地点、温度条件。如果是24h供热的宿舍，室温较高，可以把炉灰渣换成粗砂。这样盆土吸热快，散热也快。一般家庭夜深时室温较低，要用炉灰渣，以利保水渗

水，散热慢，保温好。

2年生和成龄君子兰盆土的配比是：阔叶土(叶片大些，树根、细枝碎块也可以)70%，落叶松针10%，炉灰渣10%，粗沙10%。粗沙一部分放在盆底，可以利水，同时也方便下次换盆。粗沙一部分放在假鳞茎周围，水大时防止沤坏假鳞茎基部。

换土：1年生的君子兰苗，可在春秋进行。二年生、成龄大花要在6月份进行。夏天气温高，细菌容易繁殖，君子兰生长慢些，需要提前换上透水透气好的新营养土。6月份换土的好处，一是把冬季埋进的固体肥的残存部分换出去，防止君子兰烂根，二是使君子兰早点扎根，早点吸收营养，有利于早开花。特别是成龄花，6月份换土，10月份就不必换了，这时加上固体肥，窜箭开花前肥料供得足足的，到来年1月份就能开花。如果10月份换土，扎根晚，开花也要推迟。

换盆：随着君子兰的不断生长，要根据花的大小换上相应尺寸的花盆。一般情况下，1年生的大苗换3寸半到4寸盆，2年生的中型苗开春时换5寸盆，秋后换7寸盆，成龄大苗一般换1尺盆；以后不必再换。

3.花前和花期管理

君子兰窜箭开花结籽，时间多数在新年到春节期间，有的在2、3月份。在这之前一段时间的莳养管理非常重要。换好土、施足肥，直接关系着窜箭开花。

(1)开花前换土时要注意的问题　治好烂根。成龄花在6月份换土时，把盆土扣出之后，要检查根部。如有烂根，要在烂根部位上面切掉烂根，在切断创面时抹一点消炎药，也可以抹一点纸烟灰或木炭末。如果烂根少，处理好就把植株直接埋到盆土中。如果烂根多(数量在1/3～1/2)，处理

完最好"困"几天，彻底灭菌，然后再埋进土里。烂根严重的，处理完先埋到粒砂(小米粒、黄米粒大小)中长出新根，待新根生出再埋进土里。总之，烂根不治好，生长不旺，很难窜箭开花。

埋好盆土。换土时会发现，中龄花下面中间往往是空的，换土时要把装在花盆底部的土做成馒头形，把花摆进盆里后，把根部埋实，使它容易吸收养分，如有空隙，则根不能得到养分，影响开花。

埋土适宜深度是不超过假鳞茎的1/2处。埋深了，土和肥料容易进入假鳞茎里，造成溃烂。埋得太浅，有的根部露在外面，阳光一照，根部发绿，不能吸收养分，还容易在叶片中间生根，挤掉叶片。

(2)防止夹箭　花期前，对君子兰要氮、磷、钾肥都施用，要多施些磷肥，促使早日窜箭开花。

这期间要注意观察，如果发现假鳞茎凸起，说明花箭正在形成。还有一种现象是一个新叶片突然歪向一边，或新出的小叶不往上长了，说明是在给花箭让路。这期间要停止施肥，如果再施肥，叶片板更硬，假鳞茎也更硬，容易夹箭。

有些人盼花心切，沉不住气，老想扒开叶片看看有没有箭，这样做也容易造成夹箭。因为经常扒叶，给了花蕾见光的机会，见光机会多，就会使花蕾长大过早变色发红要开，使叶腋更紧，出箭就困难了。

窜箭的一般规律是，成龄大花在上次出箭位置隔3片新叶窜箭；在假鳞茎凸起相对一面窜箭，停肥后注意观察，看假鳞茎凸起部分是否上长，如果逐渐上长，说明箭正在往上窜，如果不往上长，就要多浇水，少见光，或者让君子兰间接见光，促使箭窜出来。浇水量平时用8作基数，出箭过程中可增加到10，箭出来以后减少到4。

(3)适时授粉　君子兰开花,什么时候授粉好?最好时机应该是，花瓣一张嘴，雌蕊已经露出来，着光20分种以后。因为这时雌蕊的柱头已经分泌黏液，这时授粉有利于改良品种。

花在假鳞茎中开了，授不授粉？也要授粉，这样可以通过性反应，促进窜箭。

给君子兰授粉不要看花授粉，就是不要看别人那株花好，就取来授粉，应当看父本与母本的亲缘关系,选用亲缘关系远些的优良品种的花粉。

君子兰雌蕊受精后开始吸收养分膨大，授粉期间要控制施肥量，等到大部分花开完了，只剩少数几朵尚未开，已经授完粉坐下的果正在长大，就要加施氮肥，以促使果实生长成熟，如果肥供应不上，造成营养不足，果实就会坐得少，长得小，有的还会中途夭折。看果实是否已经坐住，要看花落时果实是否已经发亮，如果发亮，就是已经坐住了。

刘永义

(二)潘日长谈短叶花脸的培育

第一汽车制造厂工人潘日长，从1972年莳养君于兰。13年来，他潜心培育短叶花脸品种颇见成效，在上海一位花迷赠送的锦旗上，他被誉为"君子兰大师"。

他培育的短叶花脸,头圆、脸花叶片宽12cm，长22cm，竖看一条线，横看象把扇，小巧玲珑，堪称珍品。

这些精美的艺术品究竟是怎样培育来的呢？下边就把他的养花经验介绍如下：

1. 选择好母本和父本

培育"短叶花脸"，应选叶片较短，脉纹清晰的三年生的短叶成龄花作母本。因为这样的花窜箭快，开花结实早，适于培育新品种。

父本最好选和尚或花脸和尚，注意挑选叶鞘短、叶宽在 10cm 以上的植株。

2. 采粉与授粉

采粉，根据经验，当君子兰花开 2、3 天，花粉呈黄色颗粒状时，采摘为好。

授粉时间，最好在 8：00～9：00 点钟，这时花开得最旺盛。雌、雄蕊生命力最强。为了保证质量，第 2 天上午要再重复授一次。有些果实自动脱落，其原因之一，就是授粉晚了没授上，一般授粉期不要超过 3 天。

这个时期还要多浇水，水大可使花开得旺，开得艳，亲合力强，易于受精。

3. 结果期的管理

君子兰从最后一朵花授粉后算起，大约 7～8 个月时间，种子才能成熟。经验表明，在这个时期，可施用些黄豆、芝麻、骨粉，但必须是经过彻底发酵。否则会产生高热，容易烧坏根。

果实生长期，一般在春夏季，更应多浇、勤浇些水。有人认为，水大了容易烂根。其实不然，特别是夏季，花窖里的温度高达 40℃ 左右，只有多浇、勤浇水才能起到降温的作用，这既可冲淡肥料又可防止烂根。另外，君子兰使用的是疏松的腐殖土，透水性较强，浇得多也不会积存在盆内。有的人往往等花盆内的土干透了再浇，这样会造成肉质根内的水分散失，使植株体内的供水失调，轻者生长缓慢，重者会使果实脱落。

果实成熟的标志是果皮的颜色变红或褐红，这时的种子饱满，出芽率高，苗也茁壮。

4. 播种

多年的实践证明，用锯末播种最为理想。方法是：将混合锯末铺在浅花盆里（约 4～5cm 厚），摆种子时种胚（即芽眼）向下，露出 3/10，然后用温水浇透，放在 15～25℃ 的环境里，1 周即可出芽。

再等一些时候，种子出裤了便从锯末中起出，栽到花盆里。这时的土，最好是大花用过的土，（因为其中有一部分肥料），再加一部分新土可使叶片长得厚而亮。

5. 选苗

选苗时间要在第 1 片叶收裤、脉纹出来后。要将那些裤扁、脖短、头型圆、脉纹凸出、板厚而亮的植株选出来。尤其对那些根系发达的植株，一定要优先选出来。

1 年以后，一般植株可达 5～6 片叶，这时可再筛选一遍。选择时除了以上标准外，还要注意叶宽在 3cm 以上，长不超过 10cm。2 年以后，再选一次，叶宽要在 7cm 以上，长在 25cm 左右。

短叶的弊病是叶较窄，为了改变这种状况，这就必须保证假鳞茎的粗壮，即保护每片叶子不受损伤。为此就要：

(1)花不要摆得太密，以免搬动时碰伤叶片。

(2)换盆时最好两个人协同动作，尽量不伤根损叶。

(3)施肥时要小心，不要浇在裤内，万一浇进去，可用清水冲洗。

3 年后花成龄上箭，这时可作最后一次挑选。选出叶宽短、头形圆、脉纹清晰凸起，色淡浅的植株作为第二代母本，再与宽、短、圆、花的父本进行杂交。如此循环往复，一代代筛选，就会培育出理想的"短叶花脸"来。所以"短叶花脸"同其它品种一样，是经过精心莳养、繁殖，反复去劣存优的筛选而出的。

6. 保持宽、短、圆、花的秘诀

诚然，要使君子兰的叶保持宽、短、圆、花，首要的是品种，只有选育出遗传基因稳定的母本与父本，才能保持其外形特征。这里说的秘诀，不过是养兰方面的一些体会。

肥：最好选用颜色较浅的大豆、芝麻，进行彻底发酵(即沤制2年以上)，沤制好后，捞出晒干、压碎，即可作为固体肥。一般成龄花可取7份土、3份肥，盆底放5cm厚作为底肥，1年1次。夏季追肥每次不超过半月；秋季要增肥，浓度可适当大些；春季和冬季照样施肥。

水：水是植物的血液，肥靠水输送，特别是炎热的夏季，每天要浇一遍透水，并在叶面喷洒些水，以利降温。有人认为水大、肥大，会使叶长窜，这是没有根据的。因为缺肥缺水，营养供应不足，加上夏季气温高，叶子才长得又薄又窄。因此，只有肥大、水大，叶片才宽、厚、挺拔。

根：俗话说，养花要养根。根系发达叶才能宽厚，花才能艳丽，果实才能饱满。要使根长得粗壮，除了水、肥外，还要注意选好盆，一般要求是盆的大小以使全部根能稍稍笼住些为准，特别是1年生的花，不能用大盆，要使盆的空间适当小些，根受到些限制才能长出支根，根系发达叶片自然变宽。

叶：怎样保持短叶君子兰的叶形整齐美观呢？叶形整齐与否受多种因素的影响，第一是品种的特性，如染厂、大老陈等的叶形，生来就不整齐，而黄技师、和尚、油匠等品种，生来叶形就比较整齐。

除品种之外，叶片的管理技术也不可忽视。我们知道君子兰叶片对光的反应极其敏感。实践发现，平行光照(即叶子方向与光照方向平行)比垂直光照均衡，因此花盆的摆放以叶片与光照平行为佳，每隔1周左右应将花盆旋转180º，有利于保持叶形的整齐。

对君子兰幼苗的歪斜叶片，可采用强制法纠正，时间最好为中午。此时叶片柔软，纠正时，用曲别针或小夹子，夹前先在歪斜的叶片上敷一层硬纸片，以防夹坏叶片，然后把它固定在邻近的叶片上。也可在歪斜的一侧，用深色纸遮挡上，偏斜的另一侧受光的作用，就会渐渐被拽过去。当然这种方法多适用于未定型的新叶片，对于那些定型的老叶，就无能为力了。

刘峥

(三) 君子兰冬季管理三要素

在北方冬季气候条件下怎样管理好君子兰，使其不减蜡光晶莹、怡红的美姿呢？多年来的实践证明，在君子兰的冬季管理中，温度、肥、水的管理最为重要，我们就称之为君子兰冬季管理的三要素吧。

1. 温度管理

君子兰原来是生长在非洲森林中的野生植物，那里一年四季温暖凉爽，年最低温度不低于零上10℃。而我国的气候条件比较复杂，有三条温度带，除热带地区外，由于寒潮的影响，冬季均可出现霜冻。黑龙江省1月份平均气温竟然可达到零下30℃。可见我国冬季绝大多数地区的气温与君子兰原产地的气温差别很大。如果稍有疏忽，君子兰就有冻伤、冻死的危险。因此君子兰在冬季管理中，温度管理最重要。那么东北地区冬季君子兰在什么样的气温条件下生长的最好呢？白天保持15～21℃最为适宜，夜间不要低于12℃。花期控制在14～21℃为宜。温度过高或过低都容易造成夹箭。

2. 施肥管理

冬季君子兰生长比较旺盛，要适当追肥。苏子、芝麻、黄豆较好。但使用其中任何一种都需炒熟或蒸熟后使用。其特点是：肥效快、不伤根、不污染环境。使用时先在盆边上扒出一道小沟，将固体肥料均匀撒入，然后覆土。施肥数量多少，

要根据花的叶片多少和品种而异。一般成龄花可施肥2g左右，其它花酌减。一般40天左右追施一次为宜。

3. 水分管理

冬季可适当加大浇水量，一般在5天左右浇一次即可，但要一次浇透。另外，要使水温与土温接近。在花期要少浇水。当然，在君子兰冬季管理中需要注意的问题还很多，但最主要的是以上3点.做到了以上3点，君子兰在冬季便可根壮叶茂、争芳斗艳迎新春了。

郭凤仪　房林相

（四）君子兰种子快速催芽

目前，君子兰培育中的一个障碍是种子发芽缓慢。从播种到长胚根，在温室培育一般也需25天左右，播种后至长出芽鞘需要40～45天。一般家庭培育，有的长达2个月才发芽出苗。因此，探讨快速催芽技术是应该引起重视的。

吉林农业大学园艺系根据君子兰生长发育特性，在温度为20～25℃，湿度为85%～95%，散射光为5000lx左右，基质为直径0.15cm的颗粒细砂的条件下，将500粒种子分3批在生物培育箱中进行试验。证明：采后用10%的磷酸钠处理20分钟，洗净后放在温度与室温相同的水中浸泡24小时后播种的染厂的乳熟期(果实生长了6个半

月)的种子，最快的6天出芽，最迟的15天出芽。采后立即浸种24h后播种的"和尚"的腊熟期(果实生长7个半月)的种子，最快的3天出芽，最迟的10天出芽。分别比温室催芽的种子提前7～15天发芽。发芽率均在95%以上。

试验还表明，在生物培育箱中，腊熟期的种子比乳熟期的种子发芽快，完熟期(果实生长8个半月)的种子比腊热期的种子发芽快。这为君子兰最佳采种期的确定提供了一个依据。

徐惟诚

（五）君子兰常用的肥料的pH值

有的君子兰肥料也施用多了，根子又无毛病，为什么叶长得不水灵、不鲜嫩？其原因就是没有调配好肥料溶液的pH值。

溶液有酸碱区别，其酸碱程度常用pH值来表示。pH值等于7为中性溶液；pH值小于7为酸性溶液；pH值大于7便是碱性。君子兰肥料溶液偏酸性为最佳（pH=6.5～6.9）。

测定pH值最简便方法是pH值试纸。这种试纸在不同酸碱度的溶液中呈现出不同颜色，把呈现颜色与标准比色卡对照便知该溶液的pH值，即酸碱度。君子兰常用肥料的pH值如下表。从表中可见，为了使您的盆土保持最佳的pH值，用一个阶段的酸性肥，然后再用一点碱性肥，这样君子

pH值表

肥料溶液	pH值	肥料溶液	pH值
白芝麻	5.5	白葵花籽	6.5
大豆饼	5.7	长春市自来水	6.5～6.7
线麻籽	6.8	淡水鱼下水	7.0
骨粉	7.4	马蹄	7.5
鸡血	8.0	茶水	7.2～8.5

兰就长得理想了。　　　　　　　潘鸿儒

（六）一年花开三度的君子兰

被誉为高贵之花的君子兰，长大以后，一般1年1次花，1年开2次花的很少，至于开3次花的则属罕见。

笔者前年7月从北京带回1株有16片叶子的垂笑君子兰。它是分盆时出来的老株，长势较壮。回到广州后，把它移栽到一个大花盆。移时，在盆底垫上了一些木炭和碎砖，并埋进3块马掌（马蹄甲）作基肥。以后把它放在阳光较少的阴凉处，经常（约半月1次）施一些薄薄的用花生麸泡的液肥，不久即长出一株嫩芽。到了春节，即抽箭开花，花期长达20多天。花谢后，即追施液肥，并放了一些花生麸。不久，把未结籽的花箭剪去。随后，它又长出两株嫩芽。到了7月，第二次开花，花期也有20天左右，但花箭较春节的稍短。8月份花谢，立即追施液肥。以后把未结籽的花箭剪除，并经常施一些液肥和花生麸、大豆饼，9月份还下了几十个生蚬作肥料。高温时把它放在室内通风处。到了11月，它竟3次吐箭开花。这次花期也有20天左右，只是花朵较少，只有20多朵。去年12月份花谢后，笔者再在花盆里埋下3块马掌，并经常施液肥，好让它在今年2、3月间再开1次花。

广州云鹤园醉兰室主

（七）南方也能养好君子兰

不久前，笔者在广东沿海地区考察君子兰栽培现状时发现，尽管那里养植君子兰的人还不多，但是有些却养得很好。广州有一位省报的总编辑，家里养了十几种花，君子兰就有两盆，一盆垂笑君子兰，去年开了3次花。长春的同行3年前送给一株大花君子兰小苗，现在已经长出18片叶，眼看就要开花了。华南植物园的兰圃里，有一株大花君子兰、两株垂笑君子兰正在开花，几株花的根部蘖生的芽子，已长出6、7片叶。

南方沿海地区栽培君子兰，有得天独厚的自然环境，冬季最低气温是零上4~5℃，夏季最高气温37~38℃，室内莳养君子兰冬季不需要采暖防寒，夏天只要庇荫降温就行了。如果安装一部那里已经普遍使用的空调设备就更好了。沿海地区环境湿度大，也有利于君子兰的正常生长。根据养得好的同志的经验，用东北地区使用的微酸性的森林腐叶土做盆土，能养好君子兰。如果在配比上搞得好，利用当地的塘泥加上碎砖块和木炭渣，也能养好君子兰。

柳宁

（八）君子兰怎样授粉

莳养君子兰，培育新品种的关键一环，是花期授粉。授粉的方法是否准确，授粉的时机是否适宜，父本的选择是否合理，这些不仅关系到君子兰的结籽数量，而且也关系到所培育的小苗的质量。

经常有人问"我的花为什么结不住籽"和"结籽不多"的问题。君子兰结不住籽的原因很多，如光照时间太短，君子兰长势不旺、花根腐烂、枯萎或衰老，施肥过量，所授的花粉已经过期或失效等等。在这里仅就授粉方面的因素谈谈个人的体会。

1. 授粉的部位

有人认为把花粉点在雌蕊上，就达到了授粉的目的。所以有的人授粉时，把花粉点在雌蕊柱头分叉（植物学上叫柱头裂，三个分叉叫三裂，四

个分叉又叫四裂）起点的中心，结果不是不结籽，就是结籽不多。其原因，是因为柱头指的是柱头分叉（柱头裂）的顶端，而分叉起点的中心则属于雌蕊柱的组成部分，它是向子房输送花粉的通道，而柱头则是吸收花粉细胞的门户。所以点粉的位置不对，是君子兰不结籽的原因之一。正确的授粉方法，应当是把花粉点在柱头分叉的顶端，而不是点在柱头分叉的中部或柱头分叉起点的中心。

2. 授粉的时机

有的人在小花的花瓣刚张口就授粉，甚至有的人不等小花瓣张开口就授粉，也有的人等小花张开四五天去授粉。他们不是过早授粉就是错过了授粉时机，因而影响了君子兰的结籽率。那么怎样掌握君子兰的授粉时机呢？最好的授粉时机是小花的花瓣张开以后，在雄蕊上散出花粉的第二天。因为这时雌蕊的柱头亦开始成熟，用放大镜可以看到，在柱头分叉（柱头裂）的顶端有黏液分泌出来。这时花粉落在柱头上，花粉粒才能萌发，发出花粉管，这时花粉粒的营养核和生殖核才能进入花粉管，经花粉柱输送到子房和卵细胞及极细胞结合（受精），而育成花籽。否则授粉过早，柱头尚未成熟，因而落在柱头上的花粉粒暂不能萌发和生出花粉管，因而花粉的营养核和生殖核暂时不能进入子房与卵细胞及极细胞结合。等到柱头成熟时花粉的部分细胞已经死亡，没有死亡的细胞其生命力也已经减弱，所以结籽不多或不结籽。如授粉过晚，则柱头已经衰老，所分泌的黏液已经干枯，这时落在柱头上的花粉粒就不能萌发和生出花粉管，因而花粉的营养核和生殖核同样不能进入子房。所以也结不了籽。因而，在君子兰开花时，一定要掌握好授粉的时机，否则过早或过晚授粉都会影响君子兰的结籽率。

3. 远缘杂交

有的人在选取花粉时，只从君子兰外观的花纹色型上选取花粉，而根本不注意母本和父本之间的亲缘关系，往往将两株同宗的君子兰互相授粉。结果结籽不多，或者结不住籽。所以在授粉以前，必须弄清楚两株花的所属体系（如技师、圆头、和尚、短叶等），最好要知道你那株原来的母本是属于哪个品种，父本属于哪个品种。要选取外型好而亲缘远的君子兰作为父本。从而达到结籽多和出苗好的目的。

总之，要选取外型好而亲缘远的花粉，在雌蕊的柱头成熟时，将花粉点在柱头分叉的尖端上，才能达到结籽多，出好苗的目的。

袁清林

（九）怎样选购君子兰种子

一般优良的君子兰种子播种后，如能保证水分、温度、空气等条件适时、适量，出苗率均能达到98%以上。那么，怎样在选购时鉴别种子发芽力的强弱呢？一般应注意以下几个方面：

1. 母株性状要优良

在购种时，最好能看到母株，如再能见到授粉的父本更理想。一般父母本生长健壮，无病虫害、抗逆性强并有较好的观赏效果时，其种子发芽力较强，苗株性状良好。

母株在结实过程中如有心腐或根腐等病态及虚弱不健壮现象时，所结的种子发芽力明显减弱。

2. 结果时间要适宜

君子兰正常花期多在1～4月。这是君子兰生长的旺盛季节，也是多数君子兰盛开之际，此时便于充分选择理想的、亲合力较强的亲本进行授粉。如此，所孕育的种子容易具有充实、饱满、抗逆性强等多数优点。这部分种子多在当年9～11

月成熟，一般发芽力较好。

有些君子兰母株因某种因素影响，花期延迟在5～7月。由于气候条件逐渐不利于君子兰生长，多数生长速度开始减慢，有的甚至被迫休眠。即使有些植株此时开花，因自身生长不旺，选配授粉株有困难，而且不少花粉因环境条件不良，易产生败育现象，这个时期所孕育的种子发芽力较弱。这部分种子多在12月～翌年2月成熟。因此，选购种子时，应选早春开花，入秋成熟的种子，有助提高播种出苗率。

3. 发育要完全

一些君子兰种子虽已成熟，却因某些因素影响发育。例如有的种子无明显珠孔、还有些因授粉亲合力不强，以及个别自花授粉所产生的种子，往往不易出苗或苗势很弱。因此，在选购时，最好逐粒观察，选优去劣，对提高播种出苗率会有好处。

张淑清

（十）怎样选择君子兰幼苗

君子兰从观赏价值方面讲，有上、中、下之分。君子兰小苗选择的一般情况：

1. 看叶裤

叶裤即紧挨着叶子茎部的小胎叶，小苗的叶子就是一片一片从它上面生长出来的。叶裤宽、扁、厚、亮、硬，形状呈倒梯形的，而且仔细观察叶裤上竖纹宽、匀称、上下一致的小苗，长成以后，一定为佳品。

2. 看叶片

叶片斜立、宽、厚、亮的，色泽浅绿，黑筋黄地、脉纹凸起，竖脉格宽、少，间距大者为上品。头形圆、勺状，用手去摸叶片，手感细腻，凸起的脉纹，并不粗糙，如缎子的手感一般就更佳

了。

3. 看假鳞茎

假鳞茎扁的为好，圆柱形的为中、下品。

4. 选盘头苗

盘头苗就是同株的君子兰种子，同期播种，在莳养条件相同的情况下，先出土的小苗长势更强。但有时由于变异情况，后出土的小苗也有少数长成上品。

5. 看脉纹

君子兰的品种可以从小苗的脉纹上看出，如：和尚的竖纹宽，横纹为三长一短，竖纹越宽，横纹间距越大，越为上品；黄技师的竖纹宽，横竖纹呈大日字形；油匠和黄技师的差别只是脉纹上的一点点差别，油匠竖纹的"黑筋"比黄技师略粗一些；短叶纹的横纹比较密集，横纹为三三排列，在叶尖部脉纹极为密集，形成"芝麻纹"。

君子兰小苗的选择也有不一般的情况，如黄技师第一片叶并不太宽，看起来好象薄，头形尖，但只要色泽浅黄，反正面脉纹凸起，叶扁，色泽光亮的小苗成龄后，也多成为佳品。

冷广彦

（十一）君子兰的基本品种及其发展

1. 长春君子兰热

山野草木之花，可爱者甚多，如菊被称为花之隐逸者，莲被称为花之君子者，牡丹被誉为花之富贵者。在历史上洛阳曾掀起过牡丹热，一时把牡丹誉为国色天香。

而今，长春又掀起了君子兰热。当千里冰封，万里雪飘之际，北国春城君子兰市场的繁荣不减盛夏，人们拥挤得水泄不通，其热正炽，大有席卷全国之势，外地人来长春引种者络绎不绝，颇蔚为奇观。

君子兰热是怎样形成的呢？有人说：它是一些爱好者宣传的结果，笔者认为这句话只对了一半，宣传是起作用的，你不宣传，人家怎能知道。但问题在于你宣传了人家未必信服，如大丽花在50年代中期曾在吉林市召开过"大丽花命名大会"，出过专辑，也算得上宣传了，但只不过是昙花一现而已。君子兰热兴起的真正原因，在于君子兰的花、叶、果都有极高的观赏价值及独特高贵的品格。菊可以傲雪凌霜，而君子兰每当新春佳节，亦傲然怒放于寒窗之下，为人们带来节日的欢乐；莲出淤泥而不染，濯清涟而不妖；君子兰则端庄素雅、婷婷玉立，颇有君子之风度；牡丹富丽堂皇，有如贵妃出浴，真有回头一笑百媚生，六宫粉黛无颜色之势。君子兰的花箭凌空高耸，花序大而火红，绚丽夺目，其姿态之雄伟，气势之豪放，自胜牡丹一筹，君子兰花期之长，颇为罕见。果实有如珍珠集合，玲珑可爱，石榴、金橘亦退让三分，尤其君子兰叶片终年常绿，又颇有松柏的高贵品格，其寿命之长，使人叹为观止。据花工张友悌讲，他亲眼见过70多年的君子兰，笔者养的黄技师与和尚均达24年之久，其丰姿秀色，不减当年，可谓永葆青春的"长寿草"了。由此可见，广大群众如此珍爱君子兰，良有以也。

2. 君子兰的基本品种及其发展

所谓君子兰的基本品种，是说这些品种各具有独特优点，遗传性状良好，为将来培养更高级的新品种所不可缺少的最基本的品种，个人看法可能不同，提出来供大家探讨。

(1)黄技师　这是用人的职称命名的。黄技师叫黄永年，是长春生物制品所的技师。在20世纪50年代末期，姜油匠把一株君子兰寄养在王宝林家（王宝林是教师，当时养兰名手），翌年培育14株纯苗（按：自花授粉所得），分散到市内爱好者，

黄永年也得到此苗，并且养得很好。以后人们就把这种兰叫黄技师。笔者当时也得到1棵，刘运铎得1棵，刘宝珍有1棵，其他了解不准确，不敢乱说。第二年是用大胜利粉串的，得40余苗，这就是杂交种了。不久这棵母本就丢了，至今没着落。许多人都说他有技师，实际纯种甚少，因而对技师的评价造成很多误会。黄技师有如下特点，第一叶片特亮是无与伦比的。第二脉纹突起，脉纹特大。第三颜色浅，翠绿欲滴。第四花梗特长；花序大，花瓣上有粉状物、闪耀金光。第五遗传性状良好。以上特点都呈显性遗传，无论作母本或父本，其子代都出现花脸。甚至可以说，几乎所有的花脸都渊源于黄技师。

(2)和尚　1958年为客车厂木工师付吴鹤亭所养，开两次花后，转让给王宝林与普明和尚二人（普明系长春般若寺和尚），价100元，翌年王宝林留下一个芽子，大兰归普明了，后来人们就把这棵兰叫和尚。笔者的和尚是第二次苗中(50多株)择优的5个，后又精选1个。和尚的特点，第一叶片头圆宽厚，第二叶脉整齐，表里都明显，竖脉呈双轨型。第三自花授粉率高，结实特多。第四遗传性状良好。如做父本，头型、宽度呈显性遗传，如做母本与黄技师杂交，子代呈花脸，综合优良性状良好。如与小胜利杂交，择优而变为短叶。

(3)短叶　这是一个新品种。其特点，第一株形较小，第二头型好叶厚挺拔，第三遗传性状良好，无论做父本或母本，对头型好，叶片厚而挺拔都呈显性遗传。

(4)大胜利　系宫廷花卉。抗日战争胜利后，流落民间，后转到胜利公园，故名之曰大胜利。其特点，第一叶片呈棒锤型，叶脉突起显著。第二花箭特粗大，花朵特多。笔者亲自数过多达48朵。

第三，花序开放极为整齐，可在三五天之内全部开放，颇壮美。第四遗传性状良好，自花授粉较高，结实特多，如用八瓣锦作父本杂交，子代花多、花大、花红堪称首屈一指。

(5)八瓣锦　约在1956年为钟表工人师傅周东阳所养。其特点，第一每朵花多呈8瓣。笔者养的一棵有1朵花11瓣。第二花鲜艳，每个花瓣上部为红色，下部为白色(一般多为黄色黄红色,)看起来红白分明，颇润雅。第三花序往往呈二层楼型，似两个花序相接，颇为奇观。

(6)花脸　花脸种类繁多，如和尚花脸，技师花脸，短叶花脸等，株型有大有小。大凡父本或母本叶片颜色一深一浅者易产生花脸。其特点，第一叶片色浅绿叶脉深绿，使人感觉如罗纱如西瓜皮，极富观赏价值。第二遗传性状一般，子代较好，花脸程度不一。

3.关于君子兰的发展问题

君子兰是叶、花、果都有极高观赏价值的珍贵花卉，但人们对叶有偏爱，对花果能充分重视，今后应叶花并重。应当培养箭粗壮、花朵多、花朵大、花色多，颜色鲜艳的品种。要培养这样的品种，大胜利、黄技师都是必不可少的品种。当然花朵颜色多样化、重瓣、有香味也是努力的方向之一。

不论任何一个品种的君子兰，如果叶片呈花脸，其观赏价值倍增，可以说花脸的美是绝对的，真正好花脸，远犹嫦娥披纱，近似明眸皓齿。因此花脸是新品种的最重要方向。另外同样是君子兰，亮比不亮的要美得多。亮也是一个绝对条件，也是新品种培养的方向之一。叶脉突起的比不突起的要美得多，也是一绝对条件，带有方向性。此外如叶片厚、挺拔、头型圆，也是人们追求的方向之一。关于株型的大小问题，我认为不可偏废，

就国内需求来看，应以中型、小型为主。

最后一个问题是君子兰的价格问题，能否多年持续高涨，抑或迅速低落，我认为规律是这样，大凡名贵花卉，或珍禽异兽，在最初传播期，价格都是昂贵的，不足为奇。待数量增加到某种高峰，传播亦较普遍，价格逐渐停滞，达到饱和时，则价格逐步下跌，这也是不足为奇的。待下跌达到某种限度时，又会回升，经过多次波动，价格就逐渐变成相对稳定。但君子兰在众香园里，就是在将来也会占据重要位置，又因其培养周期长，其价格也必然保持高水平。当然不会像现在这样高了。这一抛物线形的发展是不以人们意志为转移的。它完全是受价值规律和市场规律所支配的。

贡占元

(十二) 为大胜利正名

大胜利本是长春君子兰早期优良品种之一。现在大胜利的纯种已不多见。有人认为大胜利是最低劣的君子兰的代名词。为去伪存真，所以大有为其正名之必要。

又因大胜利原来展放在胜利公园，后逐渐流入到个人手中，受到人们的喜爱。它的叶宽达8～9cm左右，叶后有一条加强筋，头型椭圆，成棒槌形，脉纹前后凸起到底，纹路规整，呈翠绿色，光泽如蜡，细腻，富有弹性。望其形，元宝塔型座，叶片挺拔向上；赏其花，鲜艳火红，小花朵朵向上，紧密拢起，里外闪耀着金星，花箭扁宽达5cm左右，其上有两条深沟；观其果，红色呈球形，圆实可爱。因其优点突出，常被君子兰爱好者选用为父本，后代品质更加优良，其中黄技师的父本就是大胜利。现在人们所喜爱的君子兰珍品和佳品都有黄技师的基因，也可以说皆有大胜利的基因。现在有不少人把叶片黑瘦的低等君

子兰统称为大胜利，实在不公平。

当前，出于有的爱花者受到居住条件的限制，都喜欢小型花。随着人们生活水平的提高，居住条件也必然会得到改善，小型君子兰对环境的美化就有点力不从心了。被取代的必然是头圆、叶宽、脉纹凸起，光泽黄亮，叶长得大的中型君子兰。家庭养花如此，宾馆大厅、会客室、影剧院的美化，则更需要这样的大、中型君子兰。这样，大胜利、黄技师(油匠)、和尚、大圆头、二圆头……大中型君子兰就会被更多的人所喜爱欣赏。过去重视者会更重视，过去遗弃它的也会重新对其产生新的感情。

陈殿武　王德林　张云瑞

(十三) 君子兰的化学成分及其药理作用

君子兰 *Clivia miniata* 为石蒜科植物，原产于非洲，从30年代引入我国后，至今发展迅速，已成为我国广泛栽培的花卉。君子兰除具有较高的观赏价值外，可否药用?虽然民间有些应用，但还没有科学依据和说明，现将国外研究概况介绍如下：

1. 生物碱类成分

石蒜科植物绝大多数都含有生物碱类成分，君子兰也不例外。早在1954年就从君子兰中提取分离出石蒜碱(Lycorine)，其后在1956年又从根茎中分得石蒜碱和Clivanine。以后陆续发表20余篇文献，到1982年止，分离出的生物碱类有君子兰碱(Clividime)、君子兰双碱(miniatine)、阿姆白林(Ambelline)、高石蒜碱(homolycorine)、亥派斯特林(hippeaStrine)、君子兰明(Clivimine)、君子兰亭(Clivitine)以及 Cliviamavtine、cliviaaline、Clivojuline、Cliviahakine 等微量生物碱，共13种生物碱。总生物碱含量可达0.15%～0.21%，皮层

部分可达 0.26%，其中以石蒜碱含量最高。

2. 花色甙类成分

从君子兰花和叶中分离出三种花色甙类，即矢车菊素 3—0—ß—(2G—木糖基芸香糖甙)，矢车菊素 3—0—ß—(2G—葡萄糖基芸香糖甙)和纹天竺葵素 3—0—ß—(2G—葡萄糖基芸香糖甙)。

3. 药理作用

君子兰提取物对HyrmenocalliS病毒、LictoraliS病毒、Cox Sackie ViruS 病毒、SemlikiforoSt 病毒等均有非常强的抑制活性。其中石蒜碱在浓度 1ug/ml 时，对脊髓灰质炎病毒有抑制作用，但超过 25ug/ml 时反而产生细胞毒作用。脊髓灰质炎病毒是致小儿麻痹症的病毒，君子兰将来可以用于治疗小儿麻痹后遗症上。

石蒜碱除具有抗病毒作用外，药理试验还证明，石蒜碱对癌细胞有氧或无氧酵解均行明显的抑制作用。石蒜碱内铵盐(AT—1480)对小鼠 EC 有明显抑制作用，还可延长患艾氏癌的小鼠生命。

石蒜碱及其衍生物 AT—1480 是当前抗癌药物之一。主要用于消化系统肿瘤如胃癌、肝癌、食管癌等治疗上，对淋巴癌和肺癌亦有一定的疗效。所以《长春君子兰报》1985 年 2 月 18 日报道的杨连城同志患肝癌，服用君子兰得到起死回生，是有科学根据的。

石蒜碱尚有明显的催吐作用，可用于食物中毒的催吐剂，毒性低。石蒜碱的盐酸盐对小鼠LD5042mg/kg。

石蒜碱还有一定的祛痰作用，可用于治疗咳嗽。

君子兰中其它微量生物碱的药理作用尚未见报道。

笔者相信君子兰除具有较高的观赏价值外，

在不久的将来，在广大医药工作者的努力和研究下，药理作用会更加清楚，特别是其中的微量生物碱，有可能是抗癌作用更强的一种新药。

李树殿

（十四）君子兰发展之管见

君子兰由伪满宫廷流入民间40多年来，培养研究方面有了很大发展，由原来几个品种繁育出许多个品种，珍品辈出。随着人民生活水平的提高，君子兰已风靡东北各大中城市，现正向北京、天津、河北以及西北、华东等地区扩展。当前君子兰的繁荣发展景象，可谓是方兴未艾。

最近有很多群众询问，君子兰的发展前景如何？本人有如下几点认识。

1. 价值问题

从国内花卉市场交易情况来看，君子兰价格比其它花卉为高。原因虽有许多，但主要的还是君子兰珍品稀少，屈指可数。俗话说："物以稀为贵。"殊不知一株君子兰珍品的培育，浇灌了主人多少心血！从异花授粉、种籽成熟、育苗、培植造型到开花结籽，长达4～5年时间，而珍品的育成，只能是千株、万株中之一。

如果形容工艺品栩栩如生，君子兰则是活的艺术品，所以可与珍贵的珠宝、书画、工艺品相媲美。

2. 市场价格趋向

高档君子兰除本身价值外，受人的心理因素干扰造成价格偏高亦属有之。如何能使之平稳下降？只有培育发展，使其日益增多，其价格自然会降低。

3. 是否利国利民

有些人指责养兰不是为了欣赏，是为了赚钱。诚然，许多经营者确实有双重目的：一让君子兰普及，美化千家万户，陶冶人的情操，促进身心健康，二为国家，集体获取一定利润。事实证明，目前国家从有关君子兰花卉公司、个体户、市场收取的税利已相当可观。如果为了扼制少数人成为暴发户，国家可适当对公司、个体户根据其规模大小、获利情况多少，采取递增办法提高税率，这样使国家、个人都得利。

4. 能否打入国际市场

目前是很困难的，但也无需急躁。一件新事物的萌发，暂时很难被客观所接受，是常有的事。我国的工艺品不是历尽艰辛方被国际市场赏识么。笔者认为，随着君子兰国内市场的日趋繁荣发展，几年之后必被国际市场吸收，君子兰花卉事业发展前景，定是无可限量。

夏景春

（十五）让君子兰花开遍祖国大地

君子兰花早就被人们所喜爱，特别是近几年来更加受到君子兰爱好者的关怀和爱护，它在全国人民的心中占有重要位置，成为百花中的佼佼者。以它那独特的风貌屹立在人们面前，显得英姿潇洒、挺拔俊俏。

笔者过去对君子兰不太了解，也谈不上有爱花之癖，随着君子兰花的不断发展和养花事业的影响，也逐渐的爱上了它。笔者时常在工作之余到邻居家去看花，当看到一盆盆高大挺拔的君子兰花在窗前盛开着、微笑着向你表示欢迎时，心里真是豁然开朗，有说不出的高兴。在它面前给人产生清新愉快的感觉，把你带到了美的境界中，使得身心上一天的疲劳消失一空。这是多么令人赞美的好花呀！

笔者认为人们赞美它，也不仅仅是因为它美丽端庄，其中主要的还是喜欢它总是那么从容不

迫、四季常青，给人以永葆青春的感觉和美的享受。它能美化室内外环境、美化我们祖国的大好河山。使我们伟大的祖国到处充满青春活力。把祖国打扮得更加美丽壮观、朝气蓬勃。它能使人们在振兴中华的事业上焕发出革命的青春和力量。激励着人们像它那样刚毅、挺拔、充满旺盛的革命精神为建设四化的宏伟目标而顽强地工作着、学习……

让君子兰花开遍祖国大地，装扮得祖国更加美丽！

李永祥

后记 POSTSCRIPT

　　《中国君子兰》一书是中国君子兰协会"十五规划"的重要著作之一。撰写本书的目的是为了系统地总结我国半个多世纪以来在君子兰生产栽培、品种繁育以及科学研究等方面取得的新经验、新技术和新的成果，为进一步促进我国君子兰产业化的发展，以期加快其商品化，国际化进程，满足日益扩大的国内外市场需求。

　　本书共分十章，全书由周兴灏、杨殿臣统稿。撰写分工如下：第一章杨殿臣；第二章谷颐；第三章周兴灏；第四章谢成元、李淑芳；第五章图力古尔；第六章一、杨殿臣，二、牛维和，三、周兴灏，四、牛维和，五、李廷华，六、郭文场，七、包海鹰、图力古尔；第七章牛俊奇；第八章牛俊奇；第九章刘绍礼、李廷华；第十章牛俊奇等编写。本书摄影由陈宣耀、王建军、连相如、刘晓圣等，绘图吴志学。扫描电镜图由白求恩医科大学基础部提供。本书初稿完成后，东北师范大学博士生导师、资深教授祝廷成先生进行了精心的审校，并提出了宝贵的修改意见。书中引用了大量的国内外文献资料、图表和照片，对顺利完成本书的编写发挥了重要作用；另外，赵毓堂、徐书绅、陈虎保三位教授及金安、孙桐林、黄帮伟先生提供重要参考资料，一并表示衷心感谢。

　　本书的编著者们都是与君子兰相关学科的专家、教授以及有丰富经验的实践者，他们结合自己在君子兰方面的研究成果，在各自发挥专长的基础上，紧密协作，精益求精，力图体现出实践性、科学性、先进性、观赏性，使本书成为一部反映我国君子兰最新生产栽培技术，品种资源现状和当今科学研究水平的一部科学技术专著。

　　本书是我国君子兰最具权威的第一部大型的图文并茂的科技专著，限于时间和水平，错误和不妥之处，在所难免，希望同行专家、广大读者，不吝赐教。

周 兴 灏

2002 年 10 月 20 日于长春